"十二五"江苏省高等学校重点教材
编号：2013-2-022

PSYCHOLOGY

心理学实验
的理论与实践

戴斌荣 李德勇 主编

南京大学出版社

图书在版编目(CIP)数据

心理学实验的理论与实践 / 戴斌荣,李德勇主编. ——南京:南京大学出版社,2013.12
ISBN 978-7-305-11110-5

Ⅰ. ①心… Ⅱ. ①戴… ②李… Ⅲ. ①实验心理学—高等学校—教材 Ⅳ. ①B84

中国版本图书馆 CIP 数据核字(2013)第 020338 号

出版发行	南京大学出版社
社　　址	南京市汉口路 22 号　邮　编 210093
网　　址	http://www.NjupCo.com
出 版 人	左　健
书　　名	**心理学实验的理论与实践**
主　编	戴斌荣　李德勇
责任编辑	接雅俐　王抗战　　　编辑热线　025-83594997
照　　排	江苏南大印刷厂
印　　刷	南京新洲印刷有限公司
开　　本	787×960　1/16　印张 18.75　字数 327 千
版　　次	2013 年 12 月第 1 版　2013 年 12 月第 1 次印刷
ISBN	978-7-305-11110-5
定　　价	37.00 元

发行热线　025-83594756
电子邮箱　Press@NjupCo.com
　　　　　Sales@NjupCo.com(市场部)

* 版权所有,侵权必究
* 凡购买南大版图书,如有印装质量问题,请与所购图书销售部门联系调换

前　言

心理学正日益融入我们的生活。目前它几乎已成"热学",不再神秘。但也不可讳言,从"心理学"这棵大树繁衍开来的过度茂密的枝蔓,使其主干倒显得有些不明了。没有心理学主干的支撑,心理学之树的常绿是难以持久的。心理学的主干是什么?当然是实验心理学!著名心理学史家波林(E. G. Boring)曾经说过,一部心理学史,便是一部实验心理学史。自从 1879 年,心理学独立的旗手冯特(W. Wundt)在德国莱比锡大学创建世界上第一所心理学实验室以来,许多心理学工作者,利用各种精密的心理学仪器设备,严格控制各种无关变量,开展了一系列的研究,其中一些研究堪称经典,取得了大量有价值的成果。这些研究与成果已成为构筑当代科学心理学大厦的"基石"。可以毫不夸张地说,现代心理学的每一次重大发现,都离不开实验心理学研究方法的突破;心理学工作者的每一个科学论断,都离不开实验心理学研究成果的支撑。学习和掌握心理学实验的基础理论、经典研究和实验操作,无论对于一名心理学专业的大学生,还是对于立志从事心理学研究与应用的专业工作者,无疑都是很重要的。

盐城师范学院教育科学学院自 2001 年开始招收师范类专业心理教育、2002 年开始招收非师范类专业应用心理学本科生以来,就高度重视心理学的专业建设与实验室建设,藉以培养心理学专业学生心理学实验的理论与技术。在大家的共同努力下,我校的心理学实验室于 2007 年被批准为江苏省基础课实验教学示范中心,之后于 2010 年心理学实验室又得到了中央财政支持地方高校专项资金的资助,心理学实验室的仪器设备、实验条件得到了进一步改善。有了这些平台,心理学专业建设的步伐加快,成效显著。2012 年,我校应用心理学专业被评为江苏省重点建设专业。回首心理学专业建设十多年的历程,大量繁杂艰巨工作的主线之一就是重视学生的心理学实验理论课的教学和实验实践技能的训练,《心理学实验的理论与实践》一书就是一个缩影。

本书共有三编构成,第一编主要介绍心理学实验的基本理论,因为加强心理科学的理论建设,是改革开放新形势对心理学研究工作者提出的一项重要任务,也是心理科学自身发展的重要环节,对推动和指导教育实践乃至提高中华民族的人口素质、全面建成小康社会都具有重要的现实意义。第二编主要介绍一些心理学经典实验，这些实验都是从心理学的专业文献中汲取而来的。它们都是心理学的某个领域中技艺高超地操纵实验的极好范例。我们相信通过学习专家们的实验研究方法，既能帮助初学者学会巧妙的实验设计方法，又能帮助他们掌握心理学多学科方面的知识。第三编主要介绍常见心理学实验的操作方法，因为心理学实验的基本理论，需要在实验实践中不断地加以应用才能更好地理解和掌握，才能形成牢固的专业技能。为此，我们把近年来给心理学专业学生开设的实验汇聚起来，以供后学者参考。

由于本书强调理论联系实际，力求体现科学性、学术性、前沿性和知识性，因此，既可作为高等院校心理学、教育专业本科生实验教材，也可作为心理学专业工作者、教育学、社会学、医学、法学等研究工作者的专业参考书。同时亦适合于对心理学实验感兴趣的，具有大专文化程度以上的一般读者阅读和参考。

应当说明的是，《心理学实验的理论与实践》是在课题组成员十多年来从事心理学专业学生实验教学的理论与实践的基础上写成的，是集体智慧的结晶。具体分工如下：第一编：戴斌荣；第二编第一部分：刘春梅，第二、三部分：厉飞飞，第四部分：杨小晶，第五部分：张军华，第六部分：李德勇，第七部分：陆芳；第三编：李德勇、刘春梅。刘春梅作为心理学实验室的指导教师和建设者，除了负责撰写书稿有关部分外，还协助主编完成了书中大部分的图表绘制和校对工作。全书的框架结构和统稿、定稿由我和李德勇负责。

应当感谢的是，书中所引材料的作者、译者，没有他们无私奉献的大量科研成果，要完成本书的撰写是不可能的。受篇幅所限，参考文献未能全部列出，敬请见谅。还应感谢为本书的写作提供大量心理实验操作指导与说明的广大心理学仪器生产厂家，是他们为全书的顺利完成提供了第一手资料。此外，我的部分研究生和历届心理学专业的本科生协助我们做了大量的资料收集整理和心理学实验课程教学效果的积极反馈工作，在此一并致谢。

应当指出的是，我们力求遵循研究问题，首先要想清楚，然后要讲清楚，最后要写清楚的思路，但由于我们的水平与能力所限，书中难免有各种缺点和错误，这些不足，或是我们没有想清楚，或是我们没有讲清楚，最终导致没有写清楚。恳请同行专家和广大读者批评、指正。

戴斌荣

2013 年 11 月于盐城师范学院心理学实验室

目 录

第一编 心理学实验概述

第一部分 心理学实验的特点及类型

一、心理学实验的特点 ………………………………………… 1
二、心理学实验的类型 ………………………………………… 4

第二部分 心理学实验中的变量

一、心理学实验中的变量概述 ………………………………… 6
二、自变量 ……………………………………………………… 8
三、因变量 ……………………………………………………… 11
四、无关变量 …………………………………………………… 15
五、变量混淆及控制 …………………………………………… 18
六、信息论与信号侦察论在变量控制中的应用 ……………… 22

第三部分 心理学实验设计

一、心理学实验设计的基本问题 ……………………………… 24
二、被试内、被试间和混合设计 ……………………………… 27
三、独立组设计与匹配组设计 ………………………………… 32
四、横断研究设计、纵向研究设计、时间-延缓设计 ………… 33

第四部分 心理学实验结果处理

一、心理学实验数据的类型 …………………………………… 37
二、心理学实验数据的记录与整理 …………………………… 38
三、心理学实验数据的统计与分析 …………………………… 38
四、心理学实验中的误差 ……………………………………… 40
五、心理学实验报告的撰写 …………………………………… 41

第五部分　心理学实验效度

一、心理学实验效度概述 ………………………………………… 45
二、心理学实验内部效度的影响因素 …………………………… 46
三、心理学实验外部效度的影响因素 …………………………… 48

第二编　经典心理学实验介绍

第一部分　心理物理法

一、最小变化法 …………………………………………………… 51
二、恒定刺激法 …………………………………………………… 56
三、平均差误法 …………………………………………………… 60
四、信号检测论 …………………………………………………… 62
五、对数定律 ……………………………………………………… 64
六、幂定律 ………………………………………………………… 65

第二部分　反应时实验

一、减法反应时实验 ……………………………………………… 68
二、加法反应时实验 ……………………………………………… 73
三、开窗实验 ……………………………………………………… 76

第三部分　感觉与知觉实验

一、双耳分听实验 ………………………………………………… 78
二、听觉掩蔽实验 ………………………………………………… 82
三、视崖实验 ……………………………………………………… 85
四、三维图形的知觉测验 ………………………………………… 89

第四部分　记忆与思维实验

一、遗忘曲线实验 ………………………………………………… 93
二、记忆重构实验 ………………………………………………… 104
三、量水问题实验 ………………………………………………… 109

第五部分　学习心理实验

一、经典条件反射实验 ………………………………………… 112
二、桑代克迷箱实验 …………………………………………… 114
三、操作性条件反射实验 ……………………………………… 117
四、托尔曼的学习实验 ………………………………………… 120
五、模仿学习实验 ……………………………………………… 124
六、割裂脑实验 ………………………………………………… 128

第六部分　社会心理实验

一、晕轮效应实验 ……………………………………………… 134
二、从众心理实验 ……………………………………………… 138
三、服从实验 …………………………………………………… 141
四、皮格马列翁效应实验 ……………………………………… 147

第七部分　认知与情绪心理实验

一、条件性情绪反应实验 ……………………………………… 151
二、习得性无助实验 …………………………………………… 154

第三编　常见心理学实验汇编

第一部分　心理物理法实验

一、平均差误法——长度和面积估计能力的测定实验 ……… 158
二、恒定刺激法——绝对感觉阈限的测定实验 ……………… 161
三、恒定刺激法——重量差别阈限的测定实验 ……………… 164
四、恒定刺激法——音高差别阈限的测定实验 ……………… 165
五、最小变化法——明度差别阈限的测定实验 ……………… 167
六、最小变化法——闪光融合临界频率的测定实验 ………… 170
七、对偶比较法——颜色爱好的测定实验 …………………… 171
八、信号检测论——有无法实验 ……………………………… 173
九、信号检测论——迫选法实验 ……………………………… 175

十、信号检测论——评价法实验 …………………………………… 178

第二部分 反应时实验

一、简单反应时实验 ………………………………………………… 180
二、选择反应时实验 ………………………………………………… 182
三、辨别反应时实验 ………………………………………………… 184
四、减法反应时实验 ………………………………………………… 185
五、加法反应时实验 ………………………………………………… 187
六、句子-图形匹配实验 …………………………………………… 189
七、反应时与判断关系的实验 ……………………………………… 191
八、心理差异量的测定实验 ………………………………………… 192

第三部分 感觉实验

一、视觉后像形成实验 ……………………………………………… 195
二、视觉螺旋后效实验 ……………………………………………… 196
三、听觉能力测定实验 ……………………………………………… 198
四、色觉视野范围测定实验 ………………………………………… 199
五、颜色混合实验 …………………………………………………… 200
六、视觉暗适应实验 ………………………………………………… 202
七、痛觉阈限测定实验 ……………………………………………… 203
八、皮肤温度测定实验 ……………………………………………… 204
九、运动觉测定实验 ………………………………………………… 205

第四部分 知觉实验

一、深度知觉实验 …………………………………………………… 207
二、时间知觉实验 …………………………………………………… 209
三、速度知觉实验 …………………………………………………… 214
四、似动现象实验 …………………………………………………… 215
五、图形后效实验 …………………………………………………… 217
六、知觉恒常性测定实验 …………………………………………… 219
七、错觉实验 ………………………………………………………… 220
八、图形识别实验 …………………………………………………… 221

第五部分　注意实验

一、视觉搜索中的非对称性实验 …………………………………… 222
二、注意分配实验 …………………………………………………… 224
三、注意广度测定实验 ……………………………………………… 226
四、注意集中能力测定实验 ………………………………………… 228
五、注意起伏实验 …………………………………………………… 230

第六部分　记忆实验

一、瞬时记忆容量测定实验 ………………………………………… 232
二、短时记忆信息提取实验 ………………………………………… 233
三、短时记忆容量测定实验 ………………………………………… 234
四、工作记忆广度测定实验 ………………………………………… 236
五、记忆错觉实验 …………………………………………………… 237
六、记忆的加工水平实验 …………………………………………… 238
七、空间位置记忆广度测定实验 …………………………………… 239
八、内隐记忆实验 …………………………………………………… 240
九、前摄抑制与倒摄抑制实验 ……………………………………… 242
十、意义识记与机械识记实验 ……………………………………… 243
十一、有凭借再现与无凭借再现实验 ……………………………… 244
十二、再认能力测定实验 …………………………………………… 245

第七部分　思维实验

一、概念形成实验 …………………………………………………… 248
二、汉语词汇加工过程抑制机制的实验 …………………………… 250
三、句子理解速度实验 ……………………………………………… 252
四、思维策略实验 …………………………………………………… 253
五、天平实验 ………………………………………………………… 253
六、问题解决中思维策略实验 ……………………………………… 254

第八部分　情绪实验

一、情绪的皮肤电反应实验 ………………………………………… 256
二、情绪对动作稳定性影响实验 …………………………………… 256

三、表情认知实验……………………………………………………… 258

第九部分　动作技能实验

一、迷津学习实验……………………………………………………… 260
二、镜画实验…………………………………………………………… 261
三、集体学习曲线制作实验…………………………………………… 262
四、学习迁移实验……………………………………………………… 263
五、动作的协调与稳定性实验………………………………………… 264
六、脚踏动作测定实验………………………………………………… 266
七、手指灵活性测定实验……………………………………………… 267

第十部分　认知心理学实验

一、认知方式测定实验………………………………………………… 268
二、串行-并行加工实验……………………………………………… 269
三、空间认知发展实验………………………………………………… 271
四、辨别学习的策略实验……………………………………………… 272
五、空白试验法实验…………………………………………………… 273
六、视知觉的整体加工和局部加工实验……………………………… 273
七、字词优势效应实验………………………………………………… 274
八、条件反射形成实验………………………………………………… 275
九、心理旋转实验……………………………………………………… 276

第十一部分　心理学演示实验

一、错觉图形演示实验………………………………………………… 278
二、知觉特性演示实验………………………………………………… 280
三、深度知觉演示实验………………………………………………… 281
四、观察力演示实验…………………………………………………… 282
五、机械记忆与意义记忆演示实验…………………………………… 282
六、表象和想象演示实验……………………………………………… 283
七、螺旋后效演示实验………………………………………………… 284
八、明度对比演示实验………………………………………………… 284
九、颜色视觉演示实验………………………………………………… 285

参考文献……………………………………………………………… 287

第一编　心理学实验概述

第一部分　心理学实验的特点及类型

> **教学目标**
> 1. 了解实验法的主要优点和局限性；
> 2. 理解实验、心理学实验等概念；
> 3. 掌握心理学实验的基本特点；
> 4. 掌握心理学实验的多种分类。

一、心理学实验的特点

观察是许多科学分支的主要研究方法之一。天文学的发现是靠观察得到的，达尔文的进化论建立在对自然界周密的观察之上，心理学也依靠观察获得了重要的发现。在"十年动乱"期间，我国心理学家荆其诚在干校养猪时，曾观察到非常有趣的母猪哺育幼仔的行为模式：母猪先后分娩仔猪以后，每一仔猪立即找到母猪身上的一个合适的乳头，而且从此以后始终从这一乳头吃奶。更有趣的是，母猪在喂奶时会发出一种特殊的呼噜鼾声，一旦它在喂奶中途入睡，停止发出呼噜声，其乳腺也就会停止分泌乳汁；而这时正在吃奶的小猪中必会有一头仔猪从侧卧的母猪背后绕到母猪的头部，用鼻子拱动母猪的鼻子，似乎在通知母猪继续放奶；于是母猪醒来继续发出呼噜声并分泌乳汁。这些行为模式在每一窝中都以完全相同的方式出现，以达到母猪哺育后代的目的。但观察只能等待所要观察的事物出现时才能进行，或只能对已有的事物进行观察。

实验是在严格控制的条件下，有计划、有组织地变化实验条件，根据观察、测定、记录与此相伴随的现象或行为，以确定实验条件与现象或行为之间的关系。概括地说，实验就是在严格控制条件下的观察。实验为人们提供了检验假设的方法。研究者在确定一个研究课题之后，就要提出一个实验假设。实验就是要对假设加以检验，即根据实验中所观察的变量关系肯定或否定假设。

由于实验能够控制操作因素和观察结果，因此它对于发现和发展知识系统来说,是精确、有力的科学研究方法,特别是它能作出变量之间的因果关系推论。米勒(J. S. Miller)早就提出了因果关系推论的标准:① 一个原因在时间上总是先发生,然后才有其结果;② 所假定的原因与其结果之间相互关联;③ 其他可能的原因关系解释都被排除。为此,他进一步提出因果关系分析的方法:① 一致法,即原因存在就将出现结果;② 差异法,即原因不存在,也将没有结果;③ 共存法,上述两种关系如果能满足,就能排除其他解释,做出有力的因果关系推论。米勒认为,如果研究时,在一种情况下发生一种现象,在另一种情况下却不发生这种现象,这两种情况除一种因素外其余完全相同,那么这两种情况之间的差异,就是两种情况下发生不同现象的原因或原因不可缺少的部分。从另一个角度说,如果两种情况原来完全相同,然后把一个因素加到一种情况中,而另一种情况不增加任何因素,那么发展变化的任何差异,都是这一外加因素造成的;或者两种情况原来完全相同,然后在一种情况中消除一个因素,而另一种情况没有变化,这时,情况的任何变化的差异都可归因于消除的那个因素。这些思想是实验研究中最简单的单因素实验的理论基础,它在物理学等自然科学研究方面也十分有用。

  实验法的主要特点:① 实验者总是带着特定的目的去进行实验。这样,他至少知道他将要观察行为的哪些方面,什么时候去观察它们。也就是说,实验者规定了他将要研究的事物。② 实验者设置的实验条件为他的观察创造了最好的条件,他可以选择方便的时间和地点使现象发生,并在事前为观察做好充分的准备。③ 实验者设定了明确的实验条件,别人可以使所要研究的现象在同样的条件下重复发生,反复进行观察,验证观察的结果。同时可把条件叙述出来,使别人能照样重复,核对结果。因此实验具有可核对性或可验证性。④ 实验者可以对各种条件进行严密的控制,比较容易摆脱偶然因素的干扰。也可以把复杂的条件分析成若干具体的方面,加以简化,观察因这些条件的变化而引起的现象的变化,从而推测两者的因果关系。

  实验有许多优点,是进行科学研究的一种可靠的方法。但它也有局限性,实验总是具体实践的一种近似或缩影,要想把实验结果应用于实践,应当慎重。实验研究者只有不脱离实际,把单因素实验和多因素的现场活动结合起来,才有可能使实验结果起到应有的作用。

  心理学实验是指利用现代科学技术的新成果——各种精密的心理学仪器设备去研究被试的心理规律,它区别于思辨的方法。波林(E. G. Boring)曾经说过:"把实验法应用于心理问题是心理研究史上无可比拟的伟大杰出事件。"1879 年威廉·冯特(W. Wundt)在德国莱比锡大学建立了世界上第一个心理学实验室,确立了一批实验课题,并培养了一批研究心理学的新人。所以国际心理学界把1879年定为科学心理学的诞生日。由于心理学实验是以理论假设为基础,并对实验过程中的无关变量进行了严格控制,因而其研究结果具有更高的科学性,所得到的结论对于揭示被试的心理规律具有重要的意义。

人物栏:冯特

冯特(W. Wundt,1832—1920)德国心理学家,实验心理学的创建者,构造主义心理学派的奠基人。生于德国曼汉市附近的巴顿一牧师家庭。1851年入杜平根大学,翌年秋转海德堡大学继续学习医学和哲学,毕业后留校教授生理学。1856年春到柏林大学师从"生理学之父"缪勒学习和研究生理学,同年返回海德堡大学,先后获医学和哲学两个博士学位。1858年后任赫尔姆霍茨的助手10余年,开始研究生理心理学。1874年任苏黎世大学哲学教授,其兴趣由生理学转向心理学。1875年起任莱比锡大学哲学教授达40余年,致力于心理学研究和著述,并于1879年首建心理学实验室。1881年创办心理学刊物《哲学研究》,发表实验心理学研究成果(1903年改名《心理学研究》)。1909年当选国家科学院院士。

其主要成就:(1)使心理学从哲学中分化出来,成为一门独立的科学。其心理学研究包括个体心理学与民族心理学两种取向,运用实验内省法和心理产品分析法,研究心理复合体的元素和结构及其形成规律。(2)创立实验心理学。所建立的莱比锡心理学实验室是现代科学心理学诞生的标志。(3)建立国际心理学专业队伍。所创的莱比锡心理学实验室是世界第一代职业心理学家的摇篮,促进世界心理学的发展。在1982年由美国心理史家评选的1600年后世界上影响最大的1040名已故著名心理学家中排名第二。著述甚丰,涉及心理学、生理学、物理学、哲学、逻辑学、语言学、伦理学、宗教学等方面。主要心理学著作有《对感官知觉理论的贡献》(1858—1862)、《人与动物心理学讲演录》(1863)、《生理心理学原理》(1873—1874)、《心理学大纲》(1896)、《民族心理学》(10卷,1900—1920)等。

心理学实验的特点是要求有机体对刺激作出反应。刺激是指一定对象或情境对有机体施加的作用和影响。反应是指由神经、肌肉或腺体所实现的活动及其变化。刺激与反应是相对的,一般说来,刺激是引起反应的原因,反应是刺激所产生的结果。有机体内外环境的变化有可能成为刺激,但不是一切变化都是刺激,只有引起某种反应的变化才是刺激。环境的变化导致刺激的发生、增强、减弱或终止,如果刺激的终止引起相应的反应,那么刺激的终止本身也是一种刺激。所以,有时反应也可能成为刺激。

如果用字母 S 代表刺激,用字母 R 代表被试的反应,用字母 O 代表有机体或被试。那么就可以用 $S—O—R$ 标志一个心理学实验,并且可用下列公式表示三者之间的函数关系: $R=f(S,O)$

这个公式的意思是说反应 R 是 S 因素和 O 因素的函数。实验者的任务就在于尽可能精细地测定有机体的反应与引起反应的刺激之间的关系或规律。

二、心理学实验的类型

(一)自然实验和实验室实验

根据实验场地的不同,可将心理学实验分为自然实验和实验室实验。

1. 自然实验

自然实验是指在日常生活的自然状态下进行的实验。在这种实验中,现实事件的发生和实验对象的选择,实验者无法控制,同样也不能对被试随机或配对分组。但这种方法能把实验寓于被试真实的生活、学习情境中,被试往往不知道自己是实验对象,因而研究所得到的结果更接近被试的真实心理。

教育心理实验是一种比较特殊的自然实验方法,它是指在教育教学过程中,引起或改变某些条件来研究学生心理和行为发展变化规律的方法。这种方法的优点是研究同教育教学相结合,实验结果直接为教育教学服务,针对性强,研究结果易于推广。但由于在实验过程中,受干扰的因素较多且不易控制,所以结果的精确性不够理想。

2. 实验室实验

实验室实验是指根据研究目的,在特别设定的环境中,引起或改变某些条件来研究被试心理和行为变化的方法。实验室实验常借助于一定仪器、设备,在人工设置的情境中记录和测试被试心理的变化。实验室实验能严格控制无关变量。实验情境可以根据实验要求和实验者期望的方式设置和变化,有利于实验者弄清楚特定条件与被试心理和行为之间的因果关系。实验可以重复且精确性高。缺点是由于实验室条件同被试日常的生活条件相差较大,所以实验结果在推广时受到限制。

(二)因素型实验和函数型实验

根据实验目的的不同,可以将心理学实验分为因素型实验和函数型实验。

1. 因素型实验

因素型实验的目的在于研究影响行为发生和变化的主要因素,又称为定性实验,即 $S-R$ 或 $S-O-R$ 实验。

2. 函数型实验

函数型实验的目的在于研究行为变化与影响行为变化的因素之间的函数关系,又称为定量实验,即 $R=f(S)$(或 $R=f(S,O)$)实验。

这两类实验各有各的用途,在所研究的行为原因未知的情况下,人们一般先做因素型实验找出诸因素,在所研究的行为原因已探明时,多直接采用函数型实验。因此,因素型实验有时作为函数型实验的预备实验。因素型实验一般省时、省力、省钱,但不够精确;函数型实验比较精确,但费时、费力、费钱。

(三) 单因素实验和多因素实验

根据实验研究中自变量的多少,可将心理学实验分为单因素实验和多因素实验。

1. 单因素实验

单因素实验是指包括一个自变量的实验。这类实验的优点是实验程序简单,便于操作,对所得数据的统计分析也比较容易。但当影响因变量的自变量较多时,如果只研究单一自变量的作用,很难解释清楚引起因变量变化的原因。

2. 多因素实验

多因素实验是指包括两个及其以上自变量的实验。这类实验的优点是通过实验可弄清楚影响因变量的多个因素之间的关系,实验条件比单因素实验更接近生活实际。但由于实验因素较多,对实验所得数据的统计处理较为复杂,常常需要借助计算机进行。

(四) 真实验和准实验

根据在实验研究中对自变量的控制程度和实验的内、外部效度的高低,可将心理学实验分为真实验和准实验。

1. 真实验

真实验是指严格地按照实验设计的要求分配被试,并严格控制影响实验结果的各种因素的实验方法。这类实验的优点是对实验中的各种因素进行了严格的控制,被试的分配实现了完全随机化,符合实验设计要求,实验结果的信度、效度高。但实验的实施比较麻烦,实验结果推广要慎重。

2. 准实验

准实验是指在现场情境中不能用真实验设计来选择被试、控制实验情境或处理有关变量,但可以用真实验设计的某些方法来收集资料。这类实验的优点是实施比较容易,当研究结果正确时易于推广。但被试的选择不能做到完全随机化,无法严格控制实验过程中的无关因素而只能尽量减少误差。因而实验结果的效度低,做出实验结论应谨慎。

练习与思考

1. 实验与观察有什么不同?
2. 心理学实验与一般实验相比有什么特点?
3. 从变量之间的因果关系的角度分析,实验法有哪些优势?

第二部分　心理学实验中的变量

教学目标

1. 了解变量混淆所引起的四个典型效应;
2. 了解信息论与信号侦察论在变量控制中的应用;
3. 理解变量、自变量、因变量和无关变量等概念;
4. 掌握自变量的类型和操纵要求;
5. 掌握因变量的指标、选择的依据以及控制方法;
6. 掌握无关变量的控制方法。

一、心理学实验中的变量概述

(一) 变量的水平和维度

在心理学实验中,从事或主持心理学实验的人,一般称为主试。研究对象,一般称为被试。主试发出刺激给被试,通过实验收集心理学的资料。被试接受主试发出的刺激并作出反应。人与动物都可以作为被试。变量是由主试操纵、控制和观察的条件或特征,它是一些可被测量的特质或属性。同一特质和属性可以在程度上有所不同,也可以在类别上有所不同,同一特质的这些差别,也就是变量的值,在实验中称为变量的"水平"。如年龄有大小,智商有高低,性别分男女。变量也可能是不同质的,即不是同一种类的特质。不同质的变量种类称为因素或"元"。如年龄、智商、性别等就是不同质的被试变量,故不是同维度的变量,不能把它们三者统称为"一元"。在心理学实验中,某一变量可以取不同的水平,但实验变量仍是一元的。如研究小学生短时记忆容量,虽然选取了7岁、9岁和11岁三种年龄,但实验变量仍然是一元的,因为实验变量只有一个,年龄。如果还要考察不同性别间的差异,那么这个实验就是一个两因素实验(年龄、性别),即二元实验。

(二) 变量的类型

变量在心理学实验中有各种各样的分类方法,因而也有各不相同的名称。常用的分类方法有两种:

1. 刺激变量、反应变量、被试变量

从被试的角度,可分为刺激变量、反应变量和被试变量。刺激变量是使被试产生反应的一切内外刺激。刺激变量有空间、时间、程度及关系上的变化。关系指刺激的组合形式。同类刺激的组合形式有频率、密度等,不同类的刺激有组织关系。反应变量指被试的一切反应。它包括肌肉的、腺体的及生物电、磁场等等一切可观察可记录的反应。被试变量是指可能影响被试反应的被试者本身具有的特性。如年龄、性别、身心健康状况、受教育水平、学习动机、疲劳程度、性格特征等。

2. 自变量、因变量、无关变量

从实验本身研究问题的角度,可分为自变量、因变量和无关变量。心理学实验要求无关变量保持恒定,而仅仅操纵自变量去影响因变量。并且它还设定一个虚无假设:因变量的平均值在不同的实验条件下没有显著差异,如果所获得的实验数据拒绝(或否定)虚无假设,那么实验者就得到了一个可靠的结论,即因变量是明显地受自变量影响的。要使实验精确可靠,实验变量一定要严格控制,特别要控制好那些关键性的条件。如果实验变量控制不充分,那么随着自变量的操作变化,无关变量也发生变化,这样,因之而得到的因变量的变化,就不一定单纯是由自变量的变化所引起和所规定的。这就是实验的失败。所以实验成功与否,实验好坏之别,与如何充分地设计所控制的实验变量以及如何控制无关变量有关。

有人认为刺激变量就是自变量,因变量就是反应变量。这种说法是不准确的。上述两种变量分类的关系如图1-2-1所示：

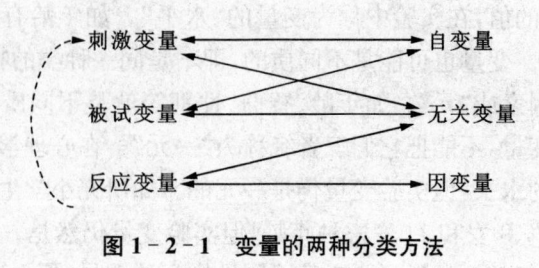

```
刺激变量 ←————————————→ 自变量

被试变量 ←————————————→ 无关变量

反应变量 ←————————————→ 因变量
```

图1-2-1 变量的两种分类方法

二、自变量

（一）自变量的类型

自变量是由主试选择、操纵和控制的变量，它主要和因果关系中的因相联系。主试选择自变量的目的是用自变量来改变被试的心理或行为。例如，主试如果用声音作刺激，就测得听觉反应时；如果用灯光作刺激，那么测得的就是视觉反应时。而视觉反应时总是比听觉反应时长，这就是说，由灯光引起的反应与由声音引起的反应快慢是不同的。如果主试增加声音的强度，反应时间就会缩短，这也是行为的变化。强的声音和弱的声音都叫做声音的自变量，但它们处在不同的水平；强的灯光与弱的灯光引起的反应时也不同，这两种灯光刺激也处在不同的水平。当自变量的水平（数量）有了变化并导致行为的变化，我们就说行为是处在自变量的控制之下，或者说，自变量是有效的。

自变量可以分为四种类型：

1. 刺激特点自变量

刺激的强度、空间位置、呈现时间和呈现次数等特性会引起被试不同的反应，我们把这类自变量称为刺激特点自变量。从感觉通道上，刺激有视觉的、听觉的、嗅觉的等。每一感觉道的刺激又有强度和久暂的差异。例如光刺激可有各种波长，声音刺激也可有各种频率，嗅觉、味觉又可有各种物质的化学成分或浓度等，刺激的这些特点都可以作为自变量。刺激类型很多，如一类教学材料，一次奖赏，一张词单等。在记忆实验中，主试要求被试学习50个单词，这些单词也许是常见的，也许很少见到，那么单词在书刊报纸中出现的频率就是它的一个特点，我们可以研究单词的频率对再认的影响。在心理语言学实验中，句子的不同类型，如肯定句与否定句、主动句与被动句，就是刺激特点自变量,它可能会影响用句子匹配相应图画的快慢。在实验中,刺激的这些特点都可以作为自变量进行研究。

2. 环境特点自变量

进行实验时环境的各种特点,如温度、湿度、照度、是否有观众在场、是否有噪音、白天或夜晚等的任何变化,都可能引起被试不同的反应,我们把这类自变量称为环境特点自变量。如在记忆实验中,两组被试都在同一实验室学习,但在测验时,第一组被试在原来实验室进行,而第二组被试换一间实验室进行,研究者想知道,不同的测验环境是否对记忆有影响。这就是典型的环境特点自变量。时间是经常被用来作为环境特点自变量的,在暗适应过程中,时间是一个最重要的自变量。正是随着时间的流逝,处在黑暗中的眼睛的感受性才逐渐提高。在记忆研究中,时间更为重要,甚至可以说,几乎没有不用时间作自变量的记忆实验。

3. 被试特点自变量

一个人的各种特点,如年龄、性别、身体状况、智力水平、职业、文化程度、内外倾个性特征、左手或右手为利手、自我评价高或低等等,都可以作为自变量。我们把这类自变量称为被试特点自变量。在心理与教育科学研究中,被试者的年龄常作为自变量。例如,老年记忆的研究中常把老年人的记忆与青年人的记忆作比较;在儿童心理学的研究中年龄、性别的选择十分重要。对于被试特点自变量,主试只作选择而不能改变,这和主试可以任意调节刺激特点和环境特点自变量是不同的。

4. 暂时被试变量

由于研究的需要,在实验中制造被试者特性的某种暂时的(动物实验有时可以是持久的)变化,实验完成后,即可恢复其正常特性,这种被试特性的暂时变化称为暂时被试变量。例如,让被试服用一定剂量的致幻剂,观察其是否因此出现暂时的类精神病状态。当用动物作被试时,主试也可以制造被试特性的某种暂时的或持久的变化。如巴甫洛夫用实验方法制造狗的神经症,使狗的行为特点发生相当长时间的改变。用单耳听或单眼看等都是暂时被试变量,这是由于实验要求而使被试的特性发生了改变,因为平时没有一个双耳正常的人用单耳听声音,也没有一个双眼正常的人用单眼看东西。应该指出的是,在人作被试的实验中,暂时被试变量通常是由主试给予不同的指示语而造成的。

人物栏:巴甫洛夫

巴甫洛夫(Иван Петрович Павлов,1849—1936)苏联生理学家,苏联科学院院士。生于梁赞。1870年在圣彼得堡大学学习动物生理学。1875年入军事医学院学习,1883年获医学博士学位,7年后任该院生理学教授。最初研究血液循环,首次证明心脏活动受神经调节。后研究消化活动,证明消化功能亦受神经调节。1904年因消化腺的生理学研究获诺贝尔奖。

致力于研究高级神经活动问题。主要学术成就:(1)用条件反射的方法对动物和人的高级神经活动进行客观实验研究,创立高级神经活动学说,将反射分为两类:① 有机体先天具有的对保存生命具有根本意义的反射,即非条件反射;② 有机体在非条件反射基础上后天获得的反射,即条件反射。(2)揭示暂时神经联系形成的神经机制和条件反射活动的发展与消退的规律,发现基本的神经过程,即兴奋和抑制及其扩散与集中、相互诱导的活动规律。(3)根据神经过程的强度、灵活性和平衡性,提出高级神经活动类型学说。(4)晚年提出两种信号系统的学说。著有《动物高级神经活动(行为)客观研究二十年经验》(1923,中译本由中国科学院心理研究所根据甘特的英译本翻译,人民卫生出版社1954年出版)、《大脑两半球机能讲义》(1927,中译本由戈绍龙译,上海医学出版社1954年出版)、《巴甫洛夫选集》(1951,1952,中译本由吴生林等译,科学出版社1955年出版)等。

(二)自变量的要求

1. 自变量的意义要明确

在自变量的确定和选择时,对其意义必须明确界定。如"疲劳对于识记效果的影响",疲劳作为自变量含义就不清楚,虽然每个人都有疲劳的体验,但各人对疲劳的理解不一定完全相同。为了进行实验,就要对这些概念所表达的含义下操作定义。

操作定义是由物理学家布里奇曼于1927年提出,它是把一个概念具体化,使之成为可操作的,即可以直观地测量和把握的。指一个概念根据在操作中被观察的结果来定义。从理论上说,原来的概念并非定义不清,只是根据这些定义难以操作。我们研究的目的,是为了检验一个理论命题。例如,我们要检验一个人的智力水平越高,他对事物的看法越具有独立性。不管研究者怎样定义智力和观点的独立性,都会发现,很难借助于理论定义直接确定一个人的智力水平和独立性程度。这主要是因为一般的定义都是理论定义。

理论定义的概念一般是由其他概念来定义的,这些概念假设是已经明了的。在自然科学研究中,对原始概念的看法比较一致,因此不易产生争议和混乱,但是在心理和教育科学研究中,难以找到很少争议的原始概念和无需证明的公理。如智力这个概念,在心理学家中,长期达不成一致意见。这就要求我们慎重决定,怎样给智力下操作定义。一个操作性定义实际上指出了在测量时所用的程序。如把智力定义为智力测验的分数,内驱力定义为动物禁食的持续时间。

2. 自变量的水平要适当

在自变量的操作定义确定之后,就要对自变量的水平进行选择。自变量水平的选择包括两个方面:一是自变量水平变化的范围,二是检查点。

(1) 自变量水平范围的选择。自变量的水平变化范围直接影响实验结果。研究者开展实验的目的在于通过操纵自变量的变化,引起被试的心理或行为发生变化。若此范围不当,自变量的变化则不能引起因变量的产生或变化,从而得不到科学的结论。

(2) 检查点数目的选择。要在充分预试中或在以前的研究结果的基础上,要求准确预定自变量在什么样的水平,在什么样的等级,在什么样的阶段上发生变化。例如因素型实验,原则上在"有"和"无"两个阶段(水平)上来使自变量发生变化,如何取"有"这个水平,要仔细考虑。在函数型实验中,一般需要5~7个等级以上的自变量的变化,变化等级小于差别阈就没有意义。如果等级多,可采取算术级数的间隔,但要将转折点附近的等级划细,这样精确度就能高一些。

三、因变量

(一) 因变量的概述

因变量是由自变量所引起的被试反应的变量。它是自变量造成的结果,主要和因果关系中的果相联系,是由主试观察的或记录的变量。如练习进程对学习效果的影响,就要对学习效果有一个明确具体的操作定义。被试的反应或行为现象可能是比较复杂的,在众多的反应变量中选择哪个作因变量,或者选择某反应变量的哪个特点或方面作为因变量,在实验设计中必须十分明确而且具体,否则观测什么、记录什么就不清楚。因变量主要有三种类型:① 骨骼肌的运动反应;② 生理反应,如皮肤电反射、脑电、心率、血压、呼吸频率、体温,以及腺体(如唾液滴数)反应等;③ 口头及书面报告,如被试的学习成绩,回答有、无,默写识记的单词等。

(二) 因变量的指标

在心理学实验中,因变量的指标通常有:① 反应的正确性。如计算的正误次数,走迷宫进入盲路的次数,射击中靶的次数,对问题回答的正确与否,记忆实验中回忆、再认正确与否等。② 反应的速度。如反应时间,完成一次作业所需的时间或一定时间内完成的件数。③ 反应的难度。有些工作可以定出一个难度量表(难易的等级或水平),以测定被试能达到什么水平,如智力量表等。④ 反应的次数。即一定时限内被试做出反应的次数,如几种判断中某种判断出现的次数。⑤ 反应的强度。如唾液分泌的滴数,皮肤电阻变化的大小,膝跳反射的幅度以及反应延续时间等。

(三) 因变量指标的选择依据

在大多数心理学实验中,因变量的指标——行为或心理活动会得到两种或两种以上的测量。例如,一项再认实验中,可以测量再认的保持量和再认的反应时间;一项测量注意稳定性的划消实验,因变量的指标可以是划消完整页中的某个指定字母所用时间,或者是错误数。那么,研究者如何选择因变量指标呢? 选择因变量指标的依据主要有以下几点:

1. 因变量的信度

信度是指一致性,同一被试在相同的实验条件下应该得到相近的结果。如果同一被试在相同的实验条件下有时(结果)得分很高,有时得分很低,那么我们就可以说,这种因变量(或测量被试反应的方法)是不可靠的,它缺乏一致性。

2. 因变量的效度

效度是指有效性,即因变量指标能充分代表当时的现象或过程。哪个指标能充分代表当时的现象和过程,那么这个指标就具有有效性。任何指标首先要考虑其有效性,若效度不好,指标就无用。要想使所选用的指标效度高,就应该了解指标本身的含义是什么,指标的变化意味着什么,用该指标对所研究的现象最多解决到什么程度,它有什么局限性以及怎样补救等。只有这样全面考虑,才能选择较好的因变量指标。例如,在问题解决的实验中,如果规定的因变量指标是在一定时间内被试解决问题的多少。这一因变量指标是否有效呢? 当要解决的问题很多而且是按困难程度越来越难排列时,解决问题的数目作为因变量指标是有效的;但是,如果问题很多且非常容易,那么解决问题的数目就不能说明或测量一个人解决问题的能力了。

3. 因变量的敏感性

敏感性是指因变量指标能灵敏地反映出自变量的变化。如果自变量的变化不能引起相应的因变量指标的变化,我们就说这样的因变量是不敏感的。不敏感的因变量有两类典型的例子,一类叫高限效应。当要求被试完成的任务过于容易,所有不同水平(数量)的自变量都获得很好的结果,并且没有什么差别时,我们就说实验中出现了高限效应。如图 1-2-2 所示。例如,让小学六年级学生做 10 以内加减法的数学题。由于自变量选在了较易的一端,以至全体被试都会做,同样也无法达到检验数学成绩的目的。

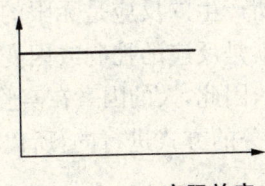

图 1-2-2 高限效应

另一类不敏感的因变量例子是低限效应。当要求被试完成的任务过于困难,所有不同水平的自变量都获得很差的结果,并且没有什么差别时,我们就说实验中出现了低限效应。如图 1-2-3 所示。例如,检验小学一年级儿童学习数学的成绩,题目选用的都是中学课本上的练习题。由于自变量选在了较难的一端,以至小学生都不会做,这样就达不到检验小学一年级数学成绩的目的。

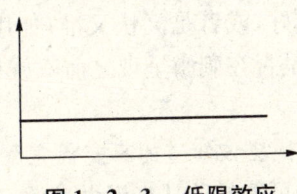

图 1-2-3 低限效应

在这些指标中,有效性是第一位的,没有有效性,其他条件再好,也不能作为因变量的指标。在选择因变量指标时,还要考虑客观性、数量化的要求。客观性是指该指标是客观存在的,是可以通过一定的方法观察到的。数量化,也就便于记录,便于统计。此外,选择指标时还要考虑技术上的可能性。如用脑电波来研究高级神经活动,这是有效的。但是没有脑电波设备就不能以此作指标。

如果在实验中,发现两项以上的因变量指标,都具备较高的有效性,这时就应主要根据其敏感性确定因变量的指标。例如,一项再认实验中如果保持量方面看不出自变量的效果,那么就应舍弃保持量,采用反应时间作因变量指标。

如果在一项实验中两种因变量的指标高度相关,那么,就可以任选其中一个指标,或者这两个指标都采用。例如,在划消实验中,完成划消作业所用的时间与错误数存在高度的相关关系,即用时多,错误少;用时少,则错误多。

(四) 因变量的控制

对一个刺激,被试个体所产生的反应是无限的。如何把无限的反应控制在主试所设想的方向上,这就是反应的控制或因变量的控制。心理实验研究的对象主要是人的心理活动,因此,人的因素在实验中起着重要作用。因为心理实验都是通过被试完成任务的方式进行的,所以主试对被试最直接的干预就是向被试交代任务。

主试为交代任务向被试说的话,在心理实验中称为"指示语",也称"指导语"。指示语在实验中不仅是对被试说明实验,更重要的是给被试设定课题,这也是控制被试有机体变量的一种手段。指示语不同,所得实验结果也不相同。因此,给指示语时应注意以下各点:

1. 要严格确定给被试什么样的指示语

是让被试按特殊的方式完成某种任务,还是让其随便用什么方式去完成任务。类似这样的问题,主试都要事先决定。如做反应时间实验,是要求被试做得越准越好,还是越快越好,或者是又快又准;如用左手按键还是用右手按键,用哪个手指按键,手指是否在刺激呈现之前就放在反应键上等等在指示语中都要明确指出。

2. 在指示语中要把被试应该知道的事交代完整

主试要求被试做的事,可能是他从来没做过的,这就要告诉被试他将要看到什么,听到什么,可能感觉到什么,以及要他做什么,怎样做等等。

3. 要保证被试确实懂得指示语

指示语要写得简单明确。切忌模棱两可,也不要用专门术语。为了防止被试误解指示语,可以让被试用自己的话重述让他做什么,怎么做等。

4. 指示语要标准化

事先要把指示语写下来读给被试听。或者给被试放录音,以便做到给每一个被试的指示语一致。不要任意改变同一指示语中的个别词句。如果原来的指示语是"要尽量做得准确",就不要改成"要做得一个错误也没有"。

在指示语不能充分控制反应时,就要考虑刺激条件和实验装置等,使刺激条件、实验装置和指示语配合起来,让被试只能作出主试所要求的反应。应该指出,在动物实验中,反应控制的好坏,主要取决于刺激条件,实验装置和训练等方面。

四、无关变量

无关变量是在实验过程中,除了自变量以外,其他一切可能对因变量发生影响,因而需要加以限制的变量。之所以称为"无关变量",是因为这些变量与所要研究的主要问题无关。故又被称为"次要变量"(针对自变量是"主要变量"而言)或"控制变量"(指对它应加以控制而言)。无关变量既有属于被试自身方面的,如被试的年龄、性别、文化、身体状况以及他们的情绪、态度、兴趣、期望、习惯等等。也有属于客观环境方面的,如实验器械的准确性和恒常性,实验场所的照明、温度以及周围环境的影响等等。此外,还有实验过程中出现的其他因素,如做记忆实验时,被试之间可能对记忆内容相互串联,或者有些被试可能回去自己再复习,这对实验结果都可能产生影响。总之,无关变量是在实验中需要严格加以限制,并使其对因变量不发生或尽量少发生影响的因素。

(一) 无关变量的确定

就某个实验来说,要预先知道什么是当时该控制的无关变量,这不是一件容易的事。那么怎样才能知道什么是该控制的无关变量呢?主要有两个途径,一是研究过去有关文献,二是为此而进行多次因素型实验。这两点做起来相当困难。查阅过去资料,范围太大,为设计一个实验,查上几年几十年也不一定能查全面;做因素型实验,因素很多,一个一个地做,几年几十年也不一定做完。因此,实践中研究者一般不完全这样做,而是根据已有的理论、知识和经验来分析,确定一个实验中该控制的无关变量是哪些。但这还不够,为了避免无关变量的混入,只有处处留心。同时实验者的预想也是必要的。

（二）无关变量的控制

当我们用各种手段确知了哪些是无关变量后，那么就应该设法加以控制。控制方法主要有：

1. 消除法

消除法，又称消去法，是控制无关变量的最简单的方法，也是最有效的方法，即把要控制的变量除去，使实验能在比较单纯的条件下进行。这种方法在自然科学实验中广泛应用。物理、化学实验往往用经过提纯的物质进行，就是用消除法把影响研究结果的杂质消除。心理学实验之所以大多在暗室、隔音室内进行，也是为了消除作为无关变量的视觉和听觉刺激。在感知觉实验中，消除无关变量就是减少所谓知觉的线索条件。例如为了消除作为距离知觉线索的双眼视差及双眼辐合而用单眼观察，为了消除调节机能而使用人工瞳孔等，为了消除过去视觉经验的影响就用刚做完复明手术后的先天盲患者作为被试，为了消除主试的情感作用可以用计算机呈现刺激。

消除法简单、有效、切实可行。但要注意，过于消除无关变量，实验就失去"现实性"，脱离日常更远。并且有些变量是无法消除的，例如年龄、身长、体重、遗传、动机、情绪等有机体变量。又如，没有大小或没有形状的视觉刺激是不可思议的；没有振幅、频率或持续时间的声音刺激也是无法想象的。所以，无关变量的消除是有限的。

2. 恒定法

对于那些不易消除的无关变量，如被试的年龄、身长、体重、遗传、动机、情绪等有机体变量和刺激物的形状、大小、颜色、呈现时间、位置、速度、频数、先后顺序等等，可以采用保持恒定的方法加以控制。也就是使其产生的效果不随自变量的变化而变化。

同一个实验，每次要在同一时间、同一房间进行，使用同一实验仪器装置，甚至室内照度、温度、湿度也要保持恒定。要同一个人做主试，其态度、所用指示语要始终如一。

为了控制练习、疲劳等效果，往往把明显表现这些效果的最初几次尝试除外，在练习曲线、疲劳曲线变得平坦时再进行正式实验。这样就能将练习、疲劳等效果保持恒定，从而达到控制其效果的目的。

3. 平衡法

在无关变量的消除或使其保持恒定有困难时，往往使用平衡无关变量效果来控制它们。例如被试变量就不能消除，有时也无法使其固定不变。如被试生理上和心理上的特点变化,使之不易恒定。控制这些变量,可以使用效果平衡法来控制被试间的个体差异。

控制组法就是这种方法之一。在控制组法中,分成无关变量效果相等、被试个体数目也相等的两个组,随机决定实验组和控制组。这样,实验组和控制组的无关变量的效果是相等的,即被平衡了,而且经历的时间等条件也相等,所以两组的反应之差,可以认为是自变量的效果。

实验组:	控制组:
自变量	
无关变量 1	无关变量 1
无关变量 2	无关变量 2
无关变量 3	无关变量 3
……	……
无关变量 n	无关变量 n

实验组与控制组的反应之差,可以认为是由自变量引起的。如果要检验效果的实验变量有两个,可设立两个实验组与一个控制组。

4. 抵消法

上述三种方法,其特点是对同一个被试,只分配到同一个组中做同一个条件的实验,然后根据实验组结果和控制组结果的比较检查实验处理(自变量)的效果。但当被试个体数量少或被试个体间差异大时,用这种设计来控制无关变量,效果就不理想。常用的方法是抵消法,也称循环法,它是将同一被试个体先后进行两个以上条件的实验,即先后参加实验组与控制组的实验。这种方法的优点是:① 两组被试是同一个体,不存在被试变量差异问题;② 因为被试先后进行两组实验,被试的数量比用效果平衡法少。

用上述方法抵消被试变量,也存在不足。因为被试同时做实验组和控制组的作业几乎是不可能的,因此要有先有后,这就产生了顺序误差。另外先后各做一次实验,也不能用同一材料来做,需要选用两种材料,故又产生了学习材料方面的差异。因此需要进一步改进抵消法,而采用轮组法或多层次轮组法。见图1-2-4。

多层次轮组集中了以上方法中的优点,既抵消了学习材料的差异,先后学习的差异,又抵消了被试个体差异,由于实验条件控制得较好,所以取较小的样本就可得到满意的结果。

	先学	后学	再学	最后学
A组	材料1 朗读	材料2 默读	材料4 朗读	材料3 默读
B组	材料2 默读	材料1 朗读	材料3 默读	材料4 朗读
C组	材料3 朗读	材料4 默读	材料2 朗读	材料1 默读
D组	材料4 默读	材料3 朗读	材料1 默读	材料2 朗读

注 ◯ 代表实验组（朗读）
　　 ◌ 代表控制组（默读）

图 1-2-4　多层次轮组

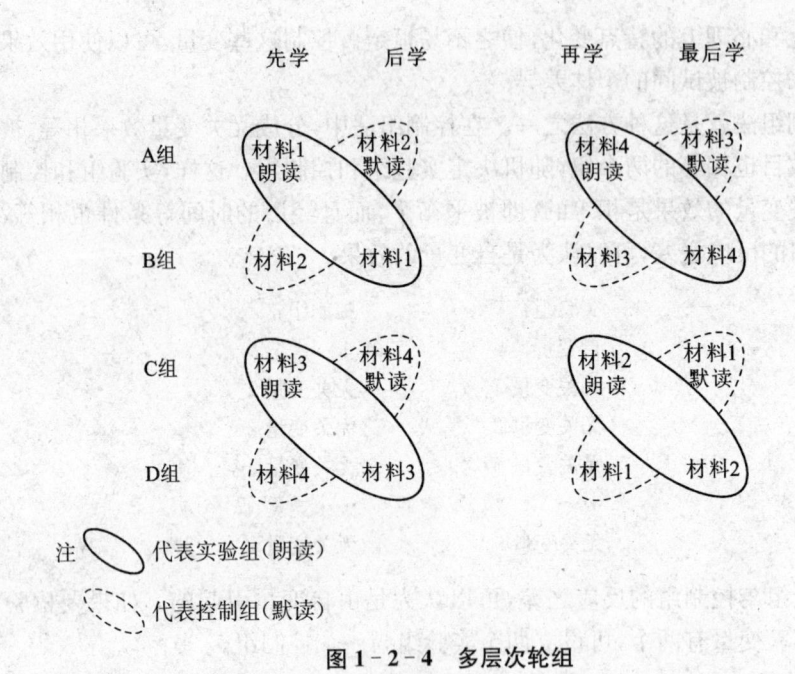

数据处理：将四个 ◯ 的成绩加起来平均与四个 ◌ 的成绩加起来平均作比较。这种实验分组的优点是既避免了被试和先后学习的差异，又避免了材料的差异。表现为：① 朗读与默读均包括 A、B、C、D 四组被试和 1、2、3、4 四种材料。② A、B、C、D 四组被试均有学习 1、2、3、4 四种材料的机会。③ 1、2、3、4 四种材料均有先后学习的机会。④ 实验组与控制组均有学习 1、2、3、4 四种材料及先后学习的机会。

5. 无关变量的纳入

对于一个预见到的无关变量，无法对它进行控制时，就应从另一角度来设计实验。最简单的方法是使无关变量成为实验设计中的一个自变量。即当对无关变量用消除法、保持恒定法、效果平衡法和抵消法都无效时，就把它作为一个自变量来研究。由于无关变量的纳入，使实验的自变量增加，这样会给实验结果的分析带来很多困难。

以上五种方法，与随机方法一起是实验控制的最基本的方法。但采用时常常是几种方法适当地组合，来控制多种无关变量。

五、变量混淆及控制

实验是在控制的情境下观察自变量与因变量的关系。在实验过程中，除有意识地操纵的自变量外,可能影响因变量的因素很多,即有很多无关变量。实验中必须对无关变量加以控制,使它与自变量(实验变量)"隔离",以免自变量的效果受它们的"污染",即不让自变量引起的效果与无关变量引起的效果相混淆,以保证自变量与因变量之间的确定关系,使事物的因果关系得以证实。当我们发现在实验中自变量的水平变化与另外一个已知或潜在的无关变量的水平变化伴随发生时,就称为变量混淆。

在心理学实验中,常常见到变量混淆的例证。实验设计的种种技术都是为了主动地避免变量之间的混淆,但是不能企望选择了特殊的设计就能完全避免这种现象发生。心理学实验中容易忽略并导致变量混淆的因素很多,心理学家将由变量混淆引起的典型错误概括成四个效应。

(一) 顺序效应

当被试的行为受以前加在被试身上的实验条件的影响时,顺序效应就产生了。比如,要查明某课程教学对智商的影响,研究者采用二次智商测量。课程开始前先测一次,以后过一段时间再测量一次,并期望课程对智商的效应能在智商分数的变化上表现出来。即使研究者能够成功地预防其他干扰,也不能把智商变化归因于教学。因为第二次测验的智商分数的提高也许会受教学内容的影响,也许会受第一次智力测验的影响。

顺序效应在很多情况下出现。例如,赫布(D. O. Hebb)曾经提出情绪唤醒水平和操作效率间的倒 U 字形关系。如果有人这样来检验这一假说:首先根据问卷结果将被试分成高度焦虑和低度焦虑两类;其次让他们完成两种任务,先做复杂的,后做简单的。这样做即使实验结果和假说一致,也不能证明假说。因为复杂任务先给,简单任务后给,存在顺序效应的影响。这里的自变量(难度)有不确定性。高焦虑者一开始就碰上难题,焦虑会有增无减,能力不易发挥;相反任务容易,焦虑程度会因任务性质以及实验者的态度而减弱。情绪焦虑的持续时间是可变的。控制顺序效应的常用方法是采用改变变量项目或被试的顺序。

(二) 实验者效应

实验者效应是指有机体之间相互交流引起的干扰效应。心理学家罗森塔尔(R. Rosenthal)以人作被试进行了一系列实验,从而提出了实验者效应。其中有一个实验是让选修实验心理学课程的学生训练老鼠"跑迷津"。把老鼠随机放在贴有"跑迷津伶俐"和"跑迷津呆笨"的标签的两个笼子里,实际上,这些老鼠根本不存在伶俐和呆笨的区别,但实验结果表明,老鼠的行为与它们所在笼子的标签非常一致。标记为伶俐的老鼠都比那些标记为呆笨的学习得快,实验者的期望莫名其妙地影响了老鼠的行为。

实际上,早在20世纪初,德国有位数学教师训练了一匹会做算术的马,当时人们以为这匹马很"聪明",但现在已经认识到这匹马并不像它的主人所说的那样真的能作算术运算,而是主人与马之间有着一种微妙的交流,即主人的脸部表情对马产生了调制作用。

上述两种情况表明,人们能用自己的冲动和情感"投射"影响他人或动物。著名的期望效应就是例证。1966年,在几所初等学校,心理学家罗森塔尔和雅各布森(I. H. Jacobson)对每个学生都作了一次智力测验,然后,在这些学生中随机挑选一组学生,对他们的老师说,这些学生在智力发展上具有非常大的潜力。在八个月后重新测验时,这组学生比控制组学生在平均智商分数上表现出更大的增长。这种情况在一年级和二年级被试中效果更为明显。

控制实验者效应常用的方法是采用"双盲程序",即让主试和被试都不知道实验的自变量和实验的目的是什么。

(三)霍桑效应

霍桑效应源于1924年美国芝加哥西方电力公司的霍桑工厂曾开展的一项研究,当时该厂课题组认为改善照明条件可以增加劳动生产率。于是他们通过实验,确定车间照明强度的最佳标准,籍以提高个人的劳动效率。据此,他们设计了A、B实验程序,分别用于两个阶段,形成对照。A、B程序把被试作等组分配。

A程序:
实验组:照明条件从24英尺烛光增加到70英尺烛光
控制组:照明条件维持原强度24英尺烛光不变
B程序:
实验组:照明条件由24英尺烛光降低到3英尺烛光
控制组:照明条件定在10英尺烛光

实验结果表明,在A程序中,两组工人的劳动生产率都有不同程度的提高。在B程序中,两组工人的劳动生产率也在提高。这个实验结果使研究人员难以解释,在两程序中实验组不论增加照明还是降低照明劳动生产率都在提高,而且两程序中的控制组也出现劳动生产率上升的情况。出乎预料的研究结果引起了研究人员的兴趣。通过进一步的研究发现,工人们参加实验,觉得厂方在关心他们,于是加强了劳动纪律,从而提高了劳动生产率。这种感觉在实验组和控制组工人中都存在,这就解释了上述的实验结果。

控制霍桑效应常用的方法,除了可以采用"双盲程序"外,还要注意限定自变量的数量和采取更严密的实验设计。

(四) 安慰剂效应

在医学领域中,当医师给患者以药物处理借以改进不快或症状时,往往会出现安慰剂效应。在接受药物处理后,患者常常报告说:"觉得好一些。"症状减轻了,医生的任务也就完成了。但是我们有理由问:患者病情的好转,是药物的性能作用的结果呢,还是因为患者以为药物确有作用的心理帮助了他呢?有研究者作临床药物比较研究回答了这一问题。他们随机地把头痛患者分为两组,一个组服用"阿斯匹林",另一组服用"安慰剂",但对后一组被试说,他们也服用了阿斯匹林。结果两组被试报告觉得头痛减轻的人数是大致相同的,或者至少安慰剂组被试中有相当大的一部分报告症状有所缓和。这就是安慰剂效应在起作用。

由于安慰剂效应的存在,医学研究中,对一种新药的药效进行评价时,必须严格控制条件。在以人为被试的心理学实验研究中,被试有时不一定按照实际情况作出反应,而是以他们认为主试要求他们怎样的方式做出反应的。当然,研究者也可以把安慰剂效应作为自变量进行实验研究。例如,要了解某一类被试具有多大的耐痛潜力,研究者可以设计出不同的指导语,暗示或指示被试者,然后比较测试结果。如果研究中没有把安慰剂作为自变量,就要注意严格控制其作用。

控制安慰剂效应的常用方法是建立一个安慰剂控制组,特别是在不能防止被试了解他们将接受什么实验操纵措施的研究中,更要注意这一点,因为虽然被试可能不知道实验的真实目的,但被试都会试图根据以往的经验,人为地加入某种意义来理解所接受的实验处理。

综合上述四种效应对心理学实验的影响,实验心理学家对心理实验设计提出了如下建议:① 在实验组之外,需要安排一个控制组;② 选择和分配被试时,注意克服由于个体差别造成的累积偏差;③ 运用恰当的统计方法处理实验结果;④ 下结论要慎重。

六、信息论与信号侦察论在变量控制中的应用

由于人的心理不能直接测量,因此,要测量人的心理,就必须通过与其有函数关系的一些变量进行间接测量。这些变量可以是引起心理的刺激物,如"瞬时记忆广度"就是以呈现一次就能记住的按随机编排的阿拉伯数字或字母的多少来测量的。也可以是表现心理的行为效应,如遗忘的心理量是以被试所能回忆出来的学习材料数量的多少来测量的。这里存在一个问题,即这两类变量与心理的函数关系往往不是线性的,它们的等值变化不能表示心理量的等值变化。如在"瞬时记忆广度"测量中,并不是对每一个阿拉伯数字记忆的难度都相等;同样在"遗忘量"的测量中,并不是对每一个学习材料单元识记和回忆的难度都相等。因为这些刺激材料和学习材料的联想值可能不同。仅以无意义音节为例,有人对2 091个无意义音节的联想值进行测定,结果发现只有101个无意义音节的联想值为0,而有119个无意义音节的联想值为100%,其余1 871个无意义音节的联想值则介于0与100%之间。使用经过人工专门编制的无意义音节虽然都不是词,但每个无意义音节都或多或少使人联想到某些有意义的词或事物,从而产生不同的记忆难度。无意义音节尚且存在不等值的问题,用其他变量测量,不等值的问题就更不用说了。因此,在借用与心理有某种函数关系的变量对心理进行间接测量时,必须考虑心理量的等值单位。

(一) 信息论

自从20世纪40年代末信息论诞生以来,信息的不确定程度,即信息量的单位"比特"就被心理学工作者借用过来,作为认知心理量的等值单位。比特是以某事件出现的概率为依据的。如果已知某事件出现的概率为1,那么它的不确定性的数值就是零,所以它的信息量就是0比特;如果已知某事件出现的概率为1/2,那么它的不确定性的数值是1,所以它的信息量就是1比特;如果已知某事件出现的概率为1/4,那么它的不确定性的数值是2,所以它的信息量就是2比特。依此类推,如果某事件出现的概率为1/N,那么它的不确定性的数值就是$H=\log_2 N$,所以它的信息量就是$\log_2 N$比特。可见,某一事件的不确定性越大,它可能出现的方式就越多,则其信息量也就越大。反之,某一事件的不确定性越小,它可能出现的方式就越少,则其信息量也就越小。因而,借用"比特"作为认知心理量的等值单位,对于在心理学实验中更好地解决无关变量的控制问题,具有非常重要的意义。

（二）信号侦察论

信号侦察论最早应用于雷达等电子侦察系统中。雷达观察员需要对荧光屏进行观察，对所要侦察的信号是否出现作出判断，并将判断结果报告出来。他们的"报告"共分 4 种情况：一是"击中"，即当所要侦察的信号出现时，报告"有信号"；二是"漏报"，即当所要侦察的信号出现时，报告"无信号"；三是"错报"，即当所要侦察的信号没出现时，报告"有信号"；四是"正确否定"，即当所要侦察的信号没出现时，报告"无信号"。显然"击中"和"正确否定"属于正确判断，"漏报"和"错报"属于错误判断。

雷达观察员在实际观察、判断和报告中，受许多因素的影响。这些因素主要有机器电子噪音和雷达观察员所选定的判断标准。雷达观察员判断标准的选择又与他事先知道的"有信号"和"无信号"出现的概率、对他判断结果的奖惩办法和他所要达到的目的有关。如在战争或和平环境中，由于敌机出现的概率大小不一样，雷达观察员所选定的判断标准就不同；如"击中"、"错报"、"漏报"和"正确否定"所受的奖惩不同，雷达观察员所选定的判断标准也会不同。可见，雷达观察员的报告实际包括了他对所要侦察的信号的感受性和他选定的判断刺激是否出现的标准两方面的内容。前者属于他的辨别力，后者属于他的主观态度。因此，雷达观察员所选定的判断信号是否出现的标准不是固定的，受其主观态度的影响很大。

信号侦察论就是要在对所要侦察的信号与对信号侦察起干扰作用的背景不易分清的条件下，用统计的方法把雷达观察员对刺激的感受性与判断刺激是否出现的标准区分开来，从而排除人的主观态度对判断结果的影响。

在心理学实验中，也存在着对刺激的感受性与判断刺激是否出现的标准难以区分的问题。如在感觉阈限的测定中，由于无法把被试的感受性与其判断刺激是否出现的标准分开，因而测出来的阈限值不能真正代表被试的感受性。传统心理学为了消除人的主观态度对实验结果的影响，已经采取了一些措施，但这些措施只是使其对实验结果的影响保持恒定，没有把感受性与判断标准分开。把信号侦察论的方法应用于人的态度对实验结果影响较大的实验中，能够把人对刺激的辨别力与他的主观态度分开，这对更好地解决心理学实验中无关变量的控制问题，同样具有非常重要的意义。

练习与思考

1. 什么是自变量的混淆？如何避免？
2. 在心理学实验中，如何选择因变量指标？
3. 心理实验中怎样寻找与控制无关变量？

第三部分　心理学实验设计

教学目标

1. 了解心理学实验问题的主要来源；
2. 了解选择被试的常用方法；
3. 理解心理学实验设计、被试内设计、被试间设计、匹配组实验设计、横断研究设计等概念；
4. 掌握被试内设计和被试间设计的方法与技巧。

一、心理学实验设计的基本问题

（一）心理学实验设计的意义

任何科学研究，只要进行实验，就必须进行科学的设计。否则，不但不能用较经济的人力、物力和时间，收集到足够的资料，还不能保证得到可靠的结论。心理学实验更是如此。因为心理学实验的对象是有生命的动物和人，动物和人的心理现象极其复杂，很容易受各种因素的影响。如果欲探求某一心理现象发生和发展的规律，就必须控制其中一部分因素，才能研究其余因素所发生的作用；或者先控制一部分因素，然后再控制另一部分因素，以便逐步探明各个因素所起的作用。有时不仅要探明单个因素的作用，还要探明多个因素的交互作用，这样就更需要做好科学的心理学实验设计。

不仅如此，要探明某种心理现象及其规律，最好是对产生该种心理现象的全体（动物或人）加以调查或实验，但这在理论上也许可能而在实际中却难以做到。如我们要研究3岁儿童的空间视觉能力，要是把全世界所有的3岁儿童都加以实验,那当然好,但这是无法做到的,为此我们常常只测试其中一部分,然后从这部分来推测全体的情况。如何做到准确地从部分推断全体,这又必须做好实验设计。可见,实验设计是整个实验研究中的一个关键环节,实验设计的完善与否,不仅直接影响实验的进程及其结果,而且影响事实的结论和科学的推断。

(二) 心理学实验问题的选定

实验是对现象或事件提出"为什么""怎么样"等问题,并探求其答案的科学手段。所以,进行实验首先要选定问题。心理学实验问题主要来源于如下四个方面。

一是来源于实际的需要。实际工作中存在许多问题需要实验研究加以解决。例如,基础教育中发现小学生解决四则运算题有困难,于是提出了小学生能不能学代数的问题,此外,学四则运算题对小学生的思维发展有何影响等问题,这些都可以通过心理学实验研究来回答。

二是来源于某一理论。从有关理论或学说中推演出的某一假设是否符合实际,需要实验加以验证。例如,学习以后不复习,遗忘量会随时间的延长而增加。为了说明遗忘的原因,心理学家曾提出过干扰学说。根据这一学说,学习以后再现以前,如果其他条件相同,则插入学习的材料越多,原来学习的材料遗忘量就越大。根据这个推论就可设计"学习插入材料的数量对原学习材料保持影响的实验研究"的课题。

三是来源于个人的经验。我们在工作、学习与日常生活中,经常会遇到一些心理学问题,例如,外语单词应该怎样识记,每次记多少为宜?立体电影本身是平面的,为什么人们戴上偏光镜就能看成立体的?在黑暗中人们有时会看到东西在移动,为什么定睛注视时又不见了?这些都可以成为心理学实验研究的课题。

四是来源于过去的研究与文献。阅读文献可以发现什么问题已经解决,什么问题尚需进一步研究,什么问题研究结果还存在争议。哪些问题解决得彻底,哪些问题论据不足,根据这些都可以提出需要进一步研究的心理学实验课题。

当然,问题不论来源于哪方面都要明确,因为心理学实验不能探究那种模棱两可的问题。要明确研究的问题是什么,首先要明确探求问题的实验是什么类型,因为因素型与函数型实验的设计是不同的。

（三）被试的选择

选择被试要考虑两方面的要求：一是选什么样的被试，二是选多少被试。前者关系到被试的质量，后者关系到被试的数量。

1. 选什么样的被试

根据实验的目的和实验所要求的操作来选取合适的被试。这些被试可能是幼儿、儿童青少年、正常成人、精神病患者或鼠、兔、狗、猴等。到底选什么样的被试，由实验的结论直接用于什么总体决定。例如，要探求中国大学生颜色视觉的特点，那么被试就要在全中国的大学生这一总体中选取。选取的被试样本要能代表全国大学生这个总体，这就要求在选取样本时必须遵循随机性和同等性的原则，使每个个体被选出来的机会均等。

常用的抽样方式有：简单随机抽样、系统抽样、分层抽样、分组抽样。

简单随机抽样是按照随机表顺序选择被试构成样本，或者将抽样范围内的每个个体或者对每个抽样单位编号，再随机选择。这样可以避免由于标记、姓名、性别或其他社会赞许性偏见造成的抽样误差。

系统抽样是将已编好号码的个体排成顺序，然后每隔若干个抽取一个。一般来说，这种抽样方法比简单随机抽样简便易行，而且它比较均匀地抽到总体中各个部分的个体，样本的代表性比简单随机抽样好。至于究竟间隔多少抽一个，这要看总体大小和样本所需容量而定。

分层抽样是先将总体按某种变量（如年龄、文化程度）分成若干层次，再从各层次中随机抽取若干被试，它充分利用了总体的已有信息，因而是一种非常实用的抽样方法。分层抽样能够避免简单随机抽样中样本集中于某种特性或缺少某种特性的现象。它使各层次差异显著，同层次保持一致，增加了样本的代表性。

分组抽样。当总体容量很大时，直接以总体中的所有个体为对象，从中进行抽样，存在很大困难，这时可以先将总体进行分组，再在组内进行随机取样。例如，在全国取样，可以先按行政区域划分组，再在组内依照一定的性质进行归类，然后从各类中按随机原则抽取样本。

一般来说，随机抽样抽出的样本，最能代表总体。但由于样本和总体之间不可避免地存在抽样误差，为了减少这种抽样误差，通常采用缩小样本中的个体差异或加大样本容量的办法。

应该指出，对于特别难得的被试，偶然得到的动物，也常常被用作被试。在这种情况下，取样的不是被试个体，而是被试个体的各个反应，将个体对刺激的一切反应当作全体。

2. 选多少被试

一个心理学实验,究竟选多少被试,没有硬性规定,要依据实验的具体要求而定。但由于样本要代表总体,因此,总体越大,样本也要相应地大。一般地说,大样本的代表性要优于小样本,但是单纯加大样本数量,研究的工作量势必也增大。

在心理学实验研究中,一般根据实验所要求的精密度估计样本的大小。如果精密度不同,那么必要的样本数也就不同。一般情况是显著性水平越高,样本数要求越大;被试个别差异越大,样本数要求越多。总之,实验要求越高,样本数要求越多。当然,不同的研究对于样本被试的要求是不同的。例如,有人在研究幼儿的有意与无意、机械与意义识记的实验中,4个年龄组共选取了1 000多名被试;在利用速示器测定中小学生的注意广度实验中,3个年龄组共选取了600多名被试。但在一个研究小学生对汉字的形音联系与形义联系的巩固性问题的实验中,只选取了12名被试。

二、被试内、被试间和混合设计

心理学实验设计可分为被试内设计、被试间设计和被试内与被试间的混合设计。

(一) 被试内设计

1. 被试内设计概述

被试内设计要求每个被试接受自变量的所有处理。例如,自变量是照明强度,有5种照度水平,因变量是观视E型视标。被试内设计要求每一被试都要接受5种照明条件下测试。

由于每个被试须接受自变量所有情况的处理,这样就容易产生"顺序效应",例如,设自变量有 a、b、c 3个水平,被试有甲、乙、丙3人。如果按照被试甲接受自变量 a、b、c 3个水平处理,被试乙也接受自变量 a、b、c 3个水平处理,被试丙也同样接受自变量 a、b、c 3个水平处理。这样做显然会引起偏差。这一偏差主要是由于同一被试接受前一个自变量水平处理会对后一个自变量水平的处理带来经验的累积。这种累积有两种情况:一种是正的效果即助长行为,称为练习效果;另一种是负的效果即抑制行为,称为疲劳效果。

2. 被试内设计的类型

被试内设计可分为完全的和不完全的两种类型。完全的被试内设计是指每一被试都不会因为接受多种处理而使实验数据受到相继处理时的干扰,即将实验程序安排得使练习或疲劳的影响在所有处理中都相等。

不完全的被试内设计是指每个被试接受自变量所有水平的处理,但每个被试的实验结果并非是相等地反应处理的效果,正确的实验结论只有结合全部被试的情况和所有数据才能作出。

3. 被试内设计的平衡技术

为了克服被试内设计中的顺序效应,可以采用平衡法。平衡法主要有对抗平衡法、随机法、区内随机法、完全被试间的对抗平衡法和不完全的被试间对抗平衡法。

(1) 对抗平衡法

对抗平衡法是使时序偏差在有自变量多个处理情况下大致相等。例如,自变量有 a、b 两种处理时,对抗平衡次序就是 $abba$。

(2) 随机法

随机法的目的也是将经验累积所产生的影响均匀地分散到自变量的每一种处理中。具体做法是利用随机数表,保证自变量各种处理出现的次序完全随机,而且每一种处理出现的次数应当相等。

(3) 区内随机法

区内随机法要求在每一区组内,每个自变量处理只能出现一次,各种处理在每一区内出现的次序是随机的,而且每一个处理出现的总次数都等于区组数。

(4) 完全的被试间对抗平衡法

完全的被试间对抗平衡法要求每个被试接受自变量的所有处理,但每个处理仅接受一次。这种设计时序偏差无法在被试内平衡,只有将所有被试的结果综合后才能达到平衡时序影响的目的。由于完全的被试间对抗平衡法要考虑所有处理的可能次序,并以此平衡时序偏差的影响,因此,这种方法所需的被试数量较多。如果一个实验有 n 个自变量处理,采用完全的被试间对抗平衡法,至少需要 $n!$ 个被试。例如,当 $n=3$ 时,则必须有 6 的倍数的被试才能达到被试间的平衡。

	尝试一	尝试二	尝试三
被试一	a	b	c
被试二	a	c	b
被试三	b	a	c
被试四	b	c	a
被试五	c	a	b
被试六	c	b	a

（5）不完全的被试间对抗平衡法

这种方法不考虑自变量所有处理次序的排列，只要求对每一个被试的各种处理实施等量的影响。它避免了完全的被试间对抗平衡法对被试数量要求多的缺点。如果一个实验有 n 个自变量处理，采用不完全的被试间对抗平衡法，最少只需要 n 个被试。例如，当 $n=3$ 时，则最少只需要 3 名被试，这样，就可以大大减少被试的数量。

	尝试一	尝试二	尝试三
被试一	a	b	c
被试二	b	c	a
被试三	c	a	b

克服被试内设计的时序偏差，除采用平衡法和对被试实施预训练外，还可以改用被试间设计。

（二）被试间设计

1. 被试间设计概述

被试间设计要求每个被试只接受自变量的一种处理。例如，自变量是照明强度，有 5 种照度水平，因变量是观视 E 型视标。被试间设计要求每一被试或每一组被试只在某一照明条件下接受测试。由于被试间设计要求每个被试只接受自变量的一种处理，次序不成问题，关键是如何决定哪一个被试或哪一组被试接受哪一种处理。在具体安排被试时，可采用随机组设计和配对组设计。

2. 随机组设计

随机组设计是将被试随机分配在不同的组内接受不同的自变量处理。随机组设计思想源于统计理论，特别是取样理论。它假设从同一总体中抽出两个或两个以上的随机样组，并给以同样条件的测量，所得的平均数在统计上是没有差别的。在具体实验时，研究者很少从某一总体中随机抽取几个样组进行实验，他们一般采用一些志愿者，而不是到普通人群中去抽样。

随机分组的主要目的是使被试在分组以后，所有属性特别是那些不清楚的属性，并不随着所属组别而表现出有系统的改变。例如，智力、人格、生活经验等。随机组设计常用的分组方法有两种：同时分配法和次第分配法。

（1）同时分配法

如果被试同时存在，并且实验者可以随意调派其中任何一个被试。这时，可采用同时分配法分配被试。具体操作时常用的技巧有三种：

抽签法。先将所有被试编号，并用相同大小的纸片记下每一个编号，然后将纸片放入容器内搅和，按组数抽。

笔画法。先将所有被试按其姓氏笔画数多少进行排列，再查随机数表，决定被试的分组。

报数法。假定所有被试能够排成队或坐在一起，主试让被试从第一排开始报数，如果分成3组，就按1、2、3；1、2、3；……报，报1、2、3的被试分别派入第一、第二、第三组。具体操作时只需注意已有次序的影响，并且要改变每排报数的方向，如采用1、2、3；3、2、1的报数策略。

（2）次第分配法

有些实验持续时间较长，实验者知道有一些被试要来参加实验，但不知道究竟哪位被试何时来，这就要求主试预先拟好分派被试的原则，这些原则能够保证在实验结束时，各被试组的分配符合随机的要求。具体操作时常用的技巧有两种：

简便法。按被试到实验室的先后顺序分配，第一名分配到第一组，第二名分配到第二组，第三名分配到第三组等。然而这样做是否满足随机的要求，取决于被试报到的次序是否随机。

区内随机法。如果要把被试随机分成3个组，则3名被试为一个区组，在区组内通过查随机数表的方法，分别把这3名被试分派到第一组、第二组、第三组。区组的确定，可按照被试来到实验室的先后划分。

(3) 随机组设计的不足与改进

实验中缺失被试,是经常发生的。有些实验要求被试参加二轮,但有的被试参加了第一轮,第二轮没来。对于这种情况,就有可能失去等组的意义。例如,第一组失去生活经验最丰富的一名被试,第二组失去生活经验最贫乏的一位被试,组间的差异就会增大。

针对这种情况,应对的策略是准备替补被试;或者改被试间设计为被试内设计。当然,不是所有的实验都能采用被试内设计的。

3. 配对组设计

这种设计的思路是要保证实验结果的差异能归因于自变量,就必须先平衡被试变量。因此,首先要对全体被试进行预备测试,预备测试的内容要与实验课题具有高相关,根据预备测试成绩组成各相等组。配对组设计的优劣完全依赖于实验课题是否与预备测试的内容相关。预备测试的内容与实验作业的相关越高,组间差异越小,则接受不同处理后的实验结果越能反映实验处理的差异。最理想的结果是所有组的预备测试成绩的平均数和标准差都相等。配对组设计的操作步骤是:先让所有被试做"共同作业",即接受预备测试,然后根据预备测试分数形成配对组。

(1) 共同作业

共同作业亦称先检验作业。先检验作业有两种:一是和实验作业存在高相关的其他作业,二是被试实验作业的初期成绩。

(2) 配对分组

得到先检验作业分数后,假设有 3 种自变量处理,用下列两种方法形成配对组:

一是将被试按先检验作业分数的高低排列。把得分排在前三名的被试依区内随机方式分到 A、B、C 三组,接着把得分排在次三名的被试如法分配,直到分配完毕。

二是取先检验分数中相同或非常接近的,以三人为一单位,然后按区内随机法逐次分到 A、B、C 各组。

(三) 混合设计

一个混合设计的心理学实验至少包含二个自变量的处理。它要求一些自变量进行被试内设计,一些自变量进行被试间设计。这时,实际上是在同时进行二个实验。

在决定一个实验是否采用混合设计时,首先要看自变量是否要求特殊设计。如指示语变量要求被试间设计。其次要从方便、经济和统计科学性等角度作最后决定。

三、独立组设计与匹配组设计

心理学实验设计可分为独立组实验设计和匹配组实验设计。

(一)独立组实验设计

独立组实验设计共有两种情况:

一是从一个团体中,随机抽取一部分对象,作为被试,对其给予一定的实验处理,求取一定的观测值,从而了解被试在某种实验条件下所产生的心理效应。根据实验结果,进一步推断整个团体对于该实验条件的心理效应。

二是从一个或几个团体中,随机抽取一部分对象,将他们分为两个独立组,把其中一个组安排在第一种条件下接受实验,另一个组安排在第二种条件下接受实验。然后比较两组实验结果,根据实验结果有无显著差异,推断两种条件所引起的心理效应是否存在显著差异。

(二)匹配组实验设计

匹配组实验设计,就是在被试的选择和分组时,不是按照随机的原则,而是根据研究目的和课题的需要按照一定特点来选择和分配被试。这样可以使实验组和实验组之间或实验组和对照组之间的被试变量保持恒定。例如,按某种心理特点大致相同,或者按照学习成绩平均相等来选择和分配被试。有时也把这种按照某些特点平均相等的分组方法叫做平均配组法。

匹配组实验设计还有一种更为精细的分组方法,这种方法是把被试按有关特点两两配对,配对的标准是根据实验课题的需要来确定的,然后把每一对被试分别编入两组,这种分组的方法叫做对偶配组法,它与平均配组法的区别在于:对偶配组法被试的各对之间有关特点相等,而平均配组法被试两组之间有关特点平均相等。例如,用对偶配组法研究两种记忆方法的效果,甲组抽取了学生 A、B、C……作为被试,那么乙组就要抽取与被试 A 特点相等的学生 A′,与被试 B 特点相等的 B′,与被试 C 特点相等的 C′……在甲组中每个被试的受试顺序可以随机安排,但乙组中被试的受试顺序就不能随机安排,要与甲组中与之配对的被试顺序相应。

此外,匹配组实验设计还可以把同一组被试,既安排在实验条件甲中受试,又安排在实验条件乙中受试,这样可以得到两组实验数据,然后从分析两组数据中得出结论。这就等于是两组被试的特点完全相等。但这样的配组,要注意抵消顺序效应。

四、横断研究设计、纵向研究设计、时间-延缓设计

发展心理学研究者一般比较关注被试心理发展变化的过程和心理机能上的个别差异,在实验设计中一般都包括一个重要的年龄变量。与年龄有关的心理学实验设计主要有横断研究设计、纵向研究设计和时间—延缓设计。在这三种设计中经常用到的变量有三类,一是人群,指出生时间相同的一组被试,他们在某一方面具有共同特征;二是年龄,指被试的出生年龄;三是研究与评价时间,指开展实验研究的时间。

(一) 横断研究设计

1. 横断研究设计概述

横断研究设计就是在同一评价时间内,对年龄不同的人群进行心理学实验与观察,找出年龄不同人群在所实验与观察的某种心理活动上的差异,作为该种心理活动发展变化的依据。这种研究设计见表1-3-1。

表1-3-1 横断研究设计

评价时间	人 群	
	1999年	2002年
2009年	10岁	7岁

在横断研究设计中,同一时间内评价的人群至少应该有两组(如表1-3-1中1999年出生的人群和2002年出生的人群),看两组人群在某种心理特点上是否存在年龄差异。

2. 横断研究设计优缺点

这种研究设计的优点:① 实验者可以在较短的时间内同时对两个或两个以上年龄组被试的某种心理活动进行研究;② 节省人力、物力和时间;③ 可以避免研究结果受社会文化变迁所带来的影响。因此,这种研究设计被发展心理学研究者所广泛采用。

这种研究设计的缺点:研究者发现的是年龄不同的人群所表现出的差异,

而不是同一人群个体随年龄增长而发生的心理变化。因此,这些差异,既包括由于各年龄人群出生的年代不同,所经历的社会历史条件不同而产生群体差异,也包括不同人群间的年龄差异。

(二)纵向研究设计

1. 纵向研究设计概述

纵向研究设计就是对同一人群在不同的时间里的某种心理活动进行评价,比较两次或两次以上的研究结果,以此作为该种心理活动在这些年内发展变化的依据。这种研究设计见表1-3-2。

表1-3-2 纵向研究设计

人群	年龄	
	6岁	11岁
1998年	2004年	2009年

在纵向研究设计中,评价的时间至少有两次(如表1-3-2中的2004年和2009年),这样在对1998年出生的人群的两次评价中,如果他们的某种心理存在着差异,那么,这些差异可以归结为在两次评价时间内发展的结果。

2. 纵向研究设计优缺点

纵向研究设计的优点:① 比较详细地了解被试心理发展过程的量变质变规律;② 可以揭示家庭、社会、学校等有关因素对研究对象心理发展的影响;③ 对于哪些在短期内不能明显地看出心理发展结果的课题,只有通过纵向研究才能解答。

纵向研究设计的缺点:① 由于研究持续时间比较长,被试数量会随着研究时间的延续而逐渐减少;② 反复对研究对象进行评价与测量,可能影响被试的发展,同时,对被试多次进行评价或测量,被试会对评价或测量产生熟悉效应,从而影响所收集数据的可靠性;③ 长期对被试进行追踪研究,社会变迁、生活环境等因素的变化也可能对被试的心理发展产生影响。

(三)时间-延缓设计

时间-延缓设计就是在不同的时间内对相同年龄的人群进行某种心理活动的观察或测量,从中发现相同年龄的人群在不同的时间内心理发展变化的特点。这种研究设计见表1-3-3。

表1-3-3 时间—延缓研究设计

年龄	评价的时间	
	2000年	2005年
10岁	1990年	1995年

在时间-延缓研究设计中,至少应该有出生时间不同的两组人群(如表1-3-3中出生于1990年和1995年),然后在这两组人群都是10岁的时候对他们的某种心理活动进行观察或测量,如表1-3-3中分别是在2000年和2005年。如果评价的结果发现两组人群在某种心理活动上存在差异,则表明这种差异是由于社会发展变化所引起的。

上述三种研究设计,都是比较简单的。但在心理学研究中,常常遇到更为复杂的研究课题,因此,需要采用更为复杂的研究设计,连续发展研究设计就是其中之一。

(四) 连续发展研究设计

连续发展研究设计是由希尔(Schaie)于1965年首倡,主要是针对横断研究设计和纵向研究设计的缺点而提出的一种新的横断研究设计和纵向研究设计的连续观察方式。因此,连续发展研究设计可分为连续横断研究设计、连续纵向研究设计和聚合式交叉设计三种。

1. 连续横断研究设计

连续横断研究设计就是人群(至少两组)和评价时间(至少两次)的两因素设计。这种设计见表1-3-4。

表1-3-4 连续横断研究设计

人群	评价时间	
	2000年	2005年
1990年	10岁	15岁
1995年	5岁	10岁

在这种研究设计中,第一次(如表1-3-4中的时间为2000年)对至少两组年龄不同的人群(如表1-3-4中分别是1990年出生的人群和1995年出生的人群)进行评价。这时1990年出生的人群为10岁,1995年出生的人群为5岁。第二次(如表1-3-4中的时间为2005年)还是对两组年龄不同的

人群进行评价,但是第二次评价的时间是一个关键。如表1-3-4中选择了2005年,这时1990年出生的人群是15岁,1995年出生的人群是10岁。这样通过对第一次和第二次各年龄组人群的测试结果进行比较以及对两个年龄相同组的两次测试结果进行比较,就可以分析出年龄增长、社会环境变化等因素对心理发展的影响。

2. 连续纵向研究设计

连续纵向研究设计就是人群(至少两组)和年龄(至少两段)的两因素设计。这种设计见表1-3-5。

表1-3-5 连续纵向研究设计

人群	年龄		
	5岁	10岁	15岁
1985年	1990年	1995年	2000年
1990年	1995年	2000年	2005年

在这种研究设计中,首先选取两组出生年龄不同的人群(如表1-3-5中为1985年和1990年出生的)。其次,每隔一定的时间,对两组人群进行评价(如在表1-3-5中是每隔5年进行一次评价),连续评价两次以上(在表1-3-5中是评价了3次)。这样的研究设计,既能比较同一人群的心理随年龄的增长而发生的变化,又能比较不同人群因社会历史条件等因素的不同,带来的心理发展上的差异。

3. 聚合式交叉设计

聚合式交叉设计就是把连续横断研究设计和连续纵向研究设计综合起来,构成聚合式交叉设计。这种研究设计见表1-3-6。

表1-3-6 聚合式交叉设计

年龄	评价时间		
	1995年	2000年	2005年
5岁	1990年	1995年	2000年
10岁	1985年	1990年	1995年
15岁	1980年	1985年	1990年

在这种研究设计中,首先至少确定两个年龄组(在表1-3-6中为三个年龄组,5岁、10岁和15岁),然后在不同的时间内(如表1-3-6中为1995年、

2000年和2005年)对各年龄组的人群进行评价。这样,既能获得连续横断研究设计所得到的资料,也能获得连续纵向研究设计所得到的资料。同时,还能获得同一时间内(如表1-3-6中1990年)的资料。因此,这种研究设计的优点是在短时间内既可以了解各个年龄被试心理发展的特点,又可以从纵向发展的角度认识被试心理特点随年龄增长而出现的变化,此外还可以分析社会历史因素对被试心理发展产生的影响。

练习与思考

1. 选择被试的常用方法有哪些?
2. 怎样克服被试内设计中的顺序效应?
3. 横断研究设计有哪些优缺点?

第四部分　心理学实验结果处理

> **教学目标**
>
> 1. 了解心理学实验数据的记录、整理、统计与分析过程;
> 2. 了解心理学实验中控制随机误差和系统误差的方法;
> 3. 理解计数数据、计量数据、等级数据、描述数据、随机误差、系统误差等概念;
> 4. 掌握心理学实验报告的撰写方法。

一、心理学实验数据的类型

在心理学实验中,所得到的数据主要有四类:计数数据、计量数据、等级数据和描述数据。计数数据是按被试的某一属性或反应属性进行分类记录的数据。这种数据只能反映被试间存在质的不同,不涉及量的差异。如被试的性别分男和女;反应的结果是正确还是错误。计量数据是用测量所得到的数值大小来表示的数据。如被试的年龄(岁)、身高(厘米)、体重(公斤)、智商等。等级数据是用心理量表法所取得的数据。如根据学习态度量表测量的结果将中小学学生学习态度分为强、中和弱等。描述数据是非数量化的数据。在研究被试心理特点时,量化数据固然非常重要,但描述数据也同样重要。为了说明问题,不仅要有量化数据,还应有描述数据。因为描述数据可以补充说明量化数据,使量化数据更有说服力。

二、心理学实验数据的记录与整理

(一) 心理学实验数据的记录

心理学实验数据的记录要注意如下几点:① 要分清观察到的事实和主试的解释。主要记录观察和测量的结果,至于主试的解释虽然也要记录,但不能将其与观察结果相混淆。② 要分清有把握的和没有把握的内容。不能只记录支持假设的材料,不记录与假设相矛盾的材料。③ 要记录实验进行的时间、地点、影响实验的条件,以及被试的基本情况、当前与过去的表现等,这些对于实验结果的分析讨论有一定帮助。④ 要尽量做到随时记录,即在实验进行时记录。一般不要事后追忆。⑤ 以儿童为被试的实验,该用言语反应的,就用言语反应,不能认为只有动作反应才是最科学的。⑥ 能记录数量反应的,就尽量用数字。⑦ 要尽量使用事先印制好的表格来填写,或精密的仪器设备,如录音、录像和计算机等手段,以保证记录的精确性。⑧ 实验结束后,要和被试进行交流,并把被试在实验进程中的体验记录下来,供分析时参考。⑨ 改动记录结果时,一定要把原来的内容划去,切忌在上面涂改。

(二) 心理学实验数据的整理

心理学实验数据的整理主要包括以下步骤:① 评分。根据评分标准,对照原始记录逐一进行评定,给出分数或评出等级。② 检查。把不合格的记录,抽取出来不用;信息不全的,尽量填补清楚;已经评过的原始记录要逐一进行检查。③ 对原始数据进行分类。把性质相同的数据归到一起,形成一类。如按被试的年龄、性别、智力水平等分类。此外,也可根据实验自变量的不同水平进行分类,如在研究被试短时记忆容量时,识记材料分为文字的和非文字的。其中文字的材料还可以分为有意义的材料和无意义的材料;非文字材料也可以分为有意义的和无意义的。

三、心理学实验数据的统计与分析

(一) 心理学实验数据统计概述

通过统计,可以使复杂无序的数据一目了然。一般需要根据心理学实验设计的不同,来选择恰当的统计方法。在对数据进行统计时,首先要明确所研究对象的总体是否符合正态分布。如果符合正态分布,就应该选用参数统计方法,如 Z 检验、t 检验、相关分析、回归分析和方差分析等等。如果不能肯定总体的分布形态,就应选用非参数统计方法。

随着现代实验心理学研究的深入和计算机等技术的发展,实验设计日益复杂科学,对实验因素的控制越来越严格,多元统计方法已经成为心理学实验数据统计常用的方法。多元统计方法主要包括因素分析方法、主成分分析方法、多元回归、判别分析、聚类分析等等。由于多元统计方法计算比较复杂,所以常常采用计算机统计软件处理。

(二) 对不同性质实验数据的处理方法

对不同性质实验数据,需要用不同的处理方法。① 既有相等单位,又有绝对零的数据。例如,记住的单词数,做对的数学题数。在处理这类数据时,可以进行加、减、乘、除运算,在比较结果时,可以说甲比乙大多少和甲是乙的多少倍。② 只有相等单位,但没有绝对零的数据。例如。智力测验的分数,甲 120、乙 90、丙 60。在处理这类数据时,只能进行加减运算,不能进行乘除运算。在比较结果时,只可以说甲与乙之差等于乙与丙之差,而不能说甲的智商是丙的智商的两倍。③ 既无相等单位,又无绝对零的数据。例如,对某一作品之评价,对老师的喜爱,对某一判断的自信度等。在处理这类数据时,不能用加、减、乘、除运算。只能按顺序排出等级,在比较结果时,只能说某某人最喜爱某一作品,次喜爱另一作品,不能说对某一作品的喜爱程度为另一作品喜爱程度的几倍。

(三) 心理学实验结果的分析与讨论

1. 实验结果分析与讨论的任务

实验结果分析与讨论的任务主要有:① 对实验结果进行解释。解释是研究过程的重要环节,借助于已有的知识和原理,科学地解释实验结果是一种系统的陈述过程。② 回答所提出的问题。在实验结果的分析与讨论部分,研究者要回答所提出的问题,要说明实验研究结果是证实假设还是否定了假设。③ 提出研究的展望。研究者要找出造成目前研究结果及误差的可能原因,指出本研究的意义,以激发其他实验者的研究兴趣。

2. 实验结果分析与讨论的方法

实验结果分析与讨论的方法主要有:① 定量法。就是对被试在实验中的反应作定量测定,并对所获得的数据进行严格的统计分析,从中揭示数据的特征和规律,在此基础上对数据的意义作出准确而合乎逻辑的推论。② 定性法。就是对实验数据进行思维加工,从而认识被试反应的本质,揭示其发展规律,为实验结果的解释和理论构想提供依据。③ 综合法。就是将定量与定性方法相结合。④ 模型法。就是检验变量间复杂因果关系的数学方法,是因素分析和路径分析的深化和综合。代表性的有结构方程建模、因果建模、线性结构方程等。

四、心理学实验中的误差

(一)随机误差

在心理学实验中,由于一些难于控制的偶然因素,常使反应变量上下波动,这样造成的误差称为随机误差。如果不能估计随机误差的大小,就不能判定一个实验结果是否可靠。例如,如果要比较甲乙两种方法哪一种好,采用的指标是在一定次数的反应中正确反应的次数。用一个被试进行实验,其结果是:甲法正确反应的次数为400,乙法正确反应的次数为375。仅从这两个数据不能得出甲法比乙法好的结论。因为在以人作被试的实验中,即使同一个人使用同一种方法,连续试验若干次,每次的结果都不一定完全相同,这是因为可能存在随机误差。随机误差的大小可以通过重复实验的方法加以估计。如一个被试用甲、乙两种方法各作两次实验,正确反应的次数如下:

	实验一	实验二	平均
甲法	400 次	370 次	385 次
乙法	375 次	395 次	385 次

从上面的数据可以看出,在相同的实验条件下所得结果的随机误差是 $1/2[(400-370)+(395-375)]=25$,而这个数恰好等于每一个实验中甲乙两法的差数(即 $400-375=25, 395-370=25$)。因此不能断定甲乙两法有差别。

如果得到如下结果:

	实验一	实验二	平均
甲法	400 次	395 次	398 次
乙法	375 次	372 次	374 次

从这些数据可以看出,虽然甲、乙两法的两次实验都有波动,但甲法的平均正确数比乙法多,可以排除随机误差的影响。

(二)系统误差

在实验中由于某种因素的影响,使反应变量有系统地发生变化,这类误差称为系统误差。例如,如果同一被试按以下顺序分别作甲法两次实验和乙法两次实验,每次实验结果用正确反应次数表示,结果如下:

顺序一	甲法	实验一	400 次
顺序二	甲法	实验二	395 次
顺序三	乙法	实验一	375 次
顺序四	乙法	实验二	372 次

从这些数据中不难看出,正确反应次数随着实验顺序而减少,这就可能存在系统误差。控制和消除系统误差的方法之一是使用抵消或平衡的措施,如把上例的实验顺序作如下安排,即甲、乙两法各做实验 4 次:

顺序一	甲法
顺序二	乙法
顺序三	乙法
顺序四	甲法
顺序五	乙法
顺序六	甲法
顺序七	甲法
顺序八	乙法

这样,随着实验进程而产生的系统误差在整个实验系列中便被平衡了。

五、心理学实验报告的撰写

撰写心理学实验报告一方面要较全面地阐述实验进行的情况,一方面又要写得简单明了。在国际心理学界学术交流日益增多的时代,写出合乎标准的实验研究报告就十分重要。在国外,如何撰写心理学实验报告有专门的指导书,目前中国心理学会还没有出版这类专业写作的指导书。但中国国家标准局于 1987 年 5 月 5 日批准了科学技术报告、学位论文和学术报告的编写格式(GB 7713 - 87 Presentation)于 1988 年 1 月 1 日起实施。这一规定可供心理学实验报告参考。

（一）心理学实验报告格式

1. 前置部分

前置部分主要包括：封面、封二（学术论文不必要）；提名页；序或前言（必要时）；摘要；关键词；目次页（必要时）；插图和附表清单（必要时）；符号、标志、缩略词、首字母缩写、单位术语、名词等；注释表（必要时）。

2. 主体部分

主体部分主要包括：引言；正文；结论；致谢；参考文献。

3. 附录部分（必要时）

附录部分主要包括：附录A；附录B；等等。

4. 结尾部分（必要时）

结尾部分主要包括：可供参考的文献题录；索引；封三；封底。

（二）心理学实验报告要点

1. 实验报告的题名

标题应以最恰当、最简明的词语反映实验研究的特定内容，尤其应当反映自变量与因变量之间的关系。例如，一个题名是"视觉反应时间的研究"，就含糊不清，如果改写成"光刺激强度对于视通道反应时间的影响"就一目了然。题名的撰写必须考虑有利于选定关键词、编制题录和索引，题名一般不应超过20个字。外文题名一般不超过10个实词。

2. 作者姓名及单位

在标题下先写姓名，再写作者单位全称。

3. 摘要

摘要是对实验报告内容不加注释和评论的简短陈述。摘要应是一篇完整的短文，可以独立使用、引用等。摘要的主要目的是让读者不阅读报告、论文的全文，就能获得报告者做了什么，得到什么结论等必要的信息。摘要应包括研究问题、研究目的、实验方法、结果及结论。字数一般为200～300字；外文摘要一般不超过250个实词。

4. 关键词

关键词是科研论文的文献检索标识，是表达文献主题概念的自然语言词汇。心理学实验报告的关键词尽可能应用汉语主题词表中的词，反映实验报告主题概念。一篇实验报告一般关键词为3～8个。

5. 序言

序言也称引言、前言、概述,经常作为实验报告的开端,提出文中要研究的问题,引导读者阅读和理解全文。序言要用简短的语言介绍实验的背景和目的,以及相关领域内前人的工作和研究概况及本研究的理论与现实意义。内容不应与摘要雷同,应与结论相呼应。

6. 正文

正文是实验报告的核心,其目的是分析问题和解决问题。正文应包括研究对象、仪器及材料、实验设计、实验步骤、实验结果和讨论等内容,其中方法部分(研究对象、仪器及材料、实验设计、实验步骤等)应具体详细,做到读者看了实验报告之后,能够重复验证。对已有的知识尽量采用标注参考文献或附录的方法,以避免重复。呈现实验结果,经常采用图表形式。图表应能清楚地把自变量和因变量的关系表现出来。做到不需要额外解释,就能使读者看懂。要充分发挥图表的功用,表是排列和分析数据,图是通过这些经过排列和分析过的数据,揭示出它们所代表的各现象间的关系及其变化的趋势。因此,图是在表的基础上画出来的,它更概括、更形象地表明所研究的问题。

7. 结论

结论是心理学实验报告的总结。结论是以正文中实验考察到的现象、数据的阐述分析为依据,说明实验结果所揭示的原理及普遍性,指出本实验中有无发现例外或尚未解释和解决的问题,指出与前人研究的异同等。

8. 附录

附录是实验报告的附件,不是其必要的组成部分。一般主要用来向读者说明正文中某部分内容的详尽推导、演算、证明或解释与说明,以及一些不宜列入正文中的数据、图、表和实验材料。因为同一结果,不同的人或同一个人在不同的时间都可以进行不同的分析和处理。

9. 参考文献

参考文献是撰写实验报告而引用的有关图书资料。参考文献要按引文出现的先后用阿拉伯数字连续排列,在正文中用上标注出,以便查找。下面介绍各类文献的著录格式及示例。

(1) 专著

顺序号 著者. 书名. 其他责任者(选择项). 版本. 出版地:出版者,出版年. 页码(选择项)

示例：

张述祖，沈德立. 基础心理学. 北京：教育科学出版社，1987. 5—7

皮亚杰. 生物学与认识. 尚新建等译. 北京：三联书店，1989. 4—5

（2）专著中析出的文献

顺序号 作者. 题名. 见：原文献责任者. 书名. 版本. 出版地：出版者，出版年. 在原文献中的位置

示例：

查子秀. 超常儿童心理与教育. 见王甦，林仲贤，荆其诚主编. 中国心理科学. 长春：吉林出版社，1997. 672—703

Schaie K W. Developmental designs revisited. In Cohen S H & Reese H W, ed. life-span developmental psychology: Methodological contributions. Hillsdale, New Jersey: Lawrence Erblaum Associates, Inc, 1994. 45 - 64

（3）论文集中析出的文献

顺序号 作者. 题名. 见：编者. 文集名. 出版地：出版者，出版年. 在原文献中的位置

示例：

沈德立，李洪玉. 中小学生非智力因素发展与培养的研究. 见：高尚仁、陈煊之主编. 迈进中的华人心理学. 香港：香港中文大学出版社，2000. 257—270

（4）期刊中析出的文献

顺序号 作者. 题名. 其他责任者（选择项）. 刊名，年，卷（期）. 在原文献中的位置

王敬欣，白学军. 分心抑制的年龄差异. 心理科学进展，2002. 2. 162—167

Bull R, Johnston R S. Children's arithmetical difficulties: Contributions from processing speed, item identification, and short-term memory. Journal of Experimental Child Psychology, 1997. 1. 1 - 24

（5）学位论文

顺序号 作者. 题名：[学位论文]. 保存地：保存者，年份

示例：

白学军. 不同年级儿童课文理解过程的眼动实验研究：[博士学位论文]. 北京：北京师范大学发展心理研究所，1994

（6）会议论文

顺序号 作者. 题名. 会议名称，会址，会议年份

沈德立，白学军，阎国利. 中小学生阅读课文过程的眼动实验研究. 第三届

全球华人心理学家学术会议,北京,1999

　　需要说明的是一般情况下,作者少于3人(包括3人)应全部列出,多于3人时可用等来省略。年代采用公元纪年,用阿拉伯数字表示。

　　应当指出的是,在心理学实验课中所写的研究报告与科学研究的报告的基本项目是相同的,但科学研究的目的是要解决新问题,在科学研究的实验报告中必须提供新的研究成果,而实验课中做实验是为了学习,常常是重复一个经典实验或验证某个已有定论的问题,因而在实验课中的实验报告中往往只能提供前人研究成果的补充材料。但因为实验是在新的情况下重复,在结果中包含有新的因素,因此也需要实验者写出实验报告。此外,由于心理学实验研究的问题范围较广,解决问题的方法又各不相同,因此实验报告会有差别,但基本的格式和要求是一般心理学实验报告都必须具备的。

练习与思考

1. 心理学实验数据有何特点?
2. 在整理心理学实验数据时,需要遵循哪些步骤?
3. 心理学实验报告的撰写要求有哪些?

第五部分　心理学实验效度

教学目标

1. 了解心理学实验内部效度的影响因素;
2. 理解实验效度、实验内部效度、实验外部效度等概念;
3. 掌握心理学实验外部效度的影响因素。

一、心理学实验效度概述

　　实验效度是指实验方法能达到实验目的的程度。因在实验过程中,实验者在设计上和对无关变量的控制程度不同,实验效度也会存在很大的差异。实验效度包括内部效度和外部效度。

　　实验内部效度是指实验结果在本研究内的正确程度。实验的内部效度越高,表明其自变量与因变量之间关系越明确,同时也表明对无关变量进行了严格控制。实验外部效度是指实验结果的可推广程度。也就是实验结果可以推广到什么样的总体、变量、情境之中。

实验内部效度和实验外部效度相互关联,内部效度是外部效度的必要条件,但非充分条件。例如,一项运用药物治疗改善多动儿童的学习能力的研究中,在药物治疗前测量多动儿童被试样本的学习能力,然后对其进行药物治疗,药物治疗后再复测他们的学习能力,结果发现被试样本的学习能力有较大提高。实验者由此得出药物治疗能提高多动儿童的学习能力的结论。显然,这项实验研究的内部效度是不高的。因为被试学习能力的改善很可能还受其他因素的影响,如重复测验的思想准备、练习效应、成熟或偶然的未知因素的干预等等。如果再设置一对照组(控制组),即只给他们吃安慰剂,然后复测,比较两组差异,若服药组比服安慰剂组后测成绩显著地好,由此得出上述结论,就会提高这项实验研究的内部效度。因为增加了对照组,可以排除对结果的很多不同的解释,使结论更合理。但是这项实验研究的外部效度仍然受到限制,它并不能说明药物是否能提高其他儿童的学习能力。

二、心理学实验内部效度的影响因素

(一) 成熟

由于在实验实施的过程中,被试可能产生生理或心理上的变化,如生长、自信心增长、经验的增长等,所以,虽然实验中前测与后测的内容是相同的,但这些方面的成熟可能直接影响实验后测的结果。两次测量之差既可能是自变量引起的,也可能是被试成熟造成的。如果在实验中不对被试成熟这一因素加以控制,就会明显降低实验的内部效度。

(二) 历史

某些特殊的外部事件可能在第一次测验和第二次测验之间发生,实验者又不能对其加以控制。这些事件可能对被试的行为产生促进或干扰作用。例如,一次学生集体活动,一位教师富有激情的长篇演说,一次同伴聚会,一次考试前的焦虑心情,一个灾难性事件,这些都可以对被试的测验分数产生显著的影响。在某些实验中,这些外部事件可能对实验组和控制组被试产生相同的影响。但由于是特殊事件,所以可能只对一个组产生影响而对另一个组不产生影响。这样,就会降低实验的内部效度。

（三）测验

实验开始时的前测会使被试发生某些变化。前测所产生的实际效果，可以使被试在后测操作中更为熟练。这一点，在发展心理学实验研究中尤为常见。如果后测的结果受到前测的影响，那么就会加大前后两次测量结果的差异，从而影响实验的内部效度。

（四）取样偏差

取样偏差是在对被试进行分组时，如果没有做到随机化，就会在实验前存在偏差，从而造成实验结果的混淆。取样偏差可能发生在志愿者作为实验被试时，尽管志愿者可能与非志愿人员在人数上相等，但志愿者具有更高的动机水平，这就可能带来偏差。取样偏差还可能发生在把原来的一个学生班级原封不动地拿来作为实验组或控制组的时候。这些都可能降低实验的内部效度。

（五）被试缺失

被试缺失更可能发生在研究周期较长的实验中，尤其是在纵向研究中，要保持原来实验被试的人数不变是非常困难的。由于被试的缺失，使得后来的实验组与开始时的实验组已经完全不同了。那些继续参加实验的被试比那些缺失的被试可能更健康、更能干、动机水平更高。由于被试缺失导致的系统误差，可能降低实验的内部效度。

（六）实验者偏见

实验者偏见一般发生在研究者对被试早就有所了解的情况下。这可能使实验者给被试透露某些实验线索，从而影响被试的反应或实验者的客观判断。例如，初次从事教育心理学的研究者如果知道变量的性质与学习成绩有关，那么他在给被试评定成绩时可能会有偏见。在简单的事后分析研究中，研究者欲在班级中确定学业成绩与品德等级的关系。如果学生的品德等级由他自己评定，那么他对学生以前学习成绩的了解就可能影响他对学生品德等级的客观评定。这就可能降低实验的内部效度。

（七）仪器等的精密度

被试的反应是用仪器、设备、测验等观测工具测量的，如果用作观测的工具本身不准确或不一致,就会引起一系列的误差。如果雇佣观察人员来描述被试的反应或行为变化,那么观察人员本身的变化,如疲劳引起观察标准的变化,随着观察时间的推移,观察力和观察技能的提高或一段时间后判断尺度的变化等,都可能造成误差,降低实验的内部效度。

(八) 统计回归

统计回归也称向平均数回归。它常常发生在所选被试的前测分数极高或极低,测验手段又不十分可靠的时候。如果被试前测分数很高,甚至接近最高限度,那么在此后的测验中极有可能获得较低的分数(即与平均数更为接近)。如果被试的前测分数很低,甚至接近最低限度,那么他就极有可能在此后的测验中获得较高的分数(即与平均数更为接近)。这种现象一般发生在按照被试的极端分数选取并分组的时候,并且这里的回归是对被试组而不是对某一被试而言,由于被试组的这种回归现象,被试个体的后测分数会向所期望的相反方向变化。这种现象也可能降低实验的内部效度。

三、心理学实验外部效度的影响因素

(一) 实验条件的控制

实验常在特设环境下进行,实验条件的人为性可能导致实验结果很难用来解释被试在日常生活中的行为。如果研究是在实验室中进行,对无关变量进行严格控制,在一定程度上,可以提高实验的内部效度,但严格控制的实验室条件会造成一种人工的气氛,它毕竟与要进行推广的被试日常生活的情境不同,这在某种程度上会影响被试正常的行为表现,从而大大降低研究结果的推广程度。如果实验者主要关心的是研究结果的实际应用,他们通常要在真实的情境中进行研究。当然,这种现实生活的背景只是为更大范围地推广提供了机会,它并不一定能自动地提高实验的外部效度。

(二) 研究样本的代表性

从理想角度讲,在心理学实验研究中被试样本应具有代表性,应该从预期的推论的总体中进行随机取样,但在具体实验中研究者很难从一个感兴趣的广泛的总体中随机取样或随机分组。因此,从样本到总体的推广是要冒风险的。例如,"儿童"这个概念的总体很大,完全随机取样又行不通。如果被试样本缺乏代表性,则实验的外部效度就会降低。再如,许多教育心理学实验中使用的样本,往往是由原来的班级集体组成,而不是随机取样的个体。这些被试一般是接受邀请来参加实验的。研究者在取样时,一些学校的领导同意学生作为被试参加实验,另一些学校的领导则拒绝其学生作为被试。人们不难设想,从愿意合作的学校选取的样本可能是缺乏代表性,这就会影响心理学实验的外部效度。

(三) 测量手段的局限性

在心理学实验研究中,实验者对自变量和因变量的操作性定义常常是以所使用的测量手段的测量结果来加以考虑的。例如,将状态焦虑作为因变量,实验者常以某种状态焦虑量表所测得的分数来界定并评定其强度。但状态焦虑的测量工具有各种不同的形式,所测量出的分数并不代表同一种状态焦虑及其程度。如果在实验时采用的是某一种状态焦虑的量表,那么所得出的实验结果便不能推论到其他状态焦虑的量表的情况中去。此外,实验中的前测会使被试更加了解实验者的研究目的,这在一定程度上会刺激被试的行为发生变化。测量手段的这些局限性,都可能影响实验的外部效度。

(四) 实验程序的副效应

实验程序的副效应表现在多方面。从被试方面说,心理学实验通常要选取实验组和控制组,当被试知道自己是实验组的一员时,他们内心常出现新鲜感和自豪感;但当他们知道自己不是实验组的一员而是控制组的一员时,他们内心可能会出现失落感。这样因实验安排而使被试产生不同的心理,会影响实验结果的推广。从主试方面说,实验者可能会指使或暗示其助手或其他参与研究的人员,按照有利于自己的研究意图记录和叙述被试的行为反应,这又会影响实验结果的推广。从实验顺序方面说,如果被试接受多于一种的实验处理,那么前面的实验处理效果会直接影响到后面的实验处理效果,从而影响实验结果的推广。这些实验程序的副效应都可能影响心理学实验的外部效度。

影响心理学实验效度的因素很多,上述列举的只是一些主要方面。研究者只有在实验研究的各个环节,认真全面地考虑问题,才能获得效度较高的实验研究结果。

练习与思考

1. 在心理学实验中，如何克服实验者偏见对实验内部效度的影响？
2. 如何提高心理学实验的外部效度？

第二编 经典心理学实验介绍

第一部分 心理物理法

教学目标

1. 了解信号检测论的用途；
2. 识记传统心理物理学中测定阈限的三种方法；
3. 理解信号检测论的基本原理、对数定律和幂定律；
4. 掌握信号检测论的指标 d'、β 和 C 的计算方法。

一、最小变化法

最小变化法又称极限法、序列探索法、最小可觉差法（或最小差异法）等。最小变化法中的刺激是按大小顺序呈现的，有递增和递减两种系列，每个系列中刺激间的变化幅度很小且间距相等。每次呈现刺激后让被试报告是否有感觉。刺激的增减应当尽可能地小，以寻求一种反应到另一种反应之间的转折点，即阈限的位置。最小变化法是经典心理物理学中测量感觉阈限的重要方法之一。

（一）测量绝对阈限和差别阈限

最小变化法中的刺激序列由不同强度的物理刺激构成。每个序列一般选择 10~20 个刺激强度水平，按强度大小排列。刺激序列分为递增和递减两种。递增序列的起点安排在被试基本觉察不到的强度范围内（刺激被感受到的概率不高于 5%），随机选择；递减序列的起点安排在被试基本可觉察到的物理刺激强度范围内（刺激被感受到的概率不低于 95%），随机选择。为了更准确地测量阈限，递增和递减序列一般都需要测定 50 次左右。各序列从起点开始，按递增或递减方向，依次呈现给被试。每次呈现刺激后都要让被试报告是否有感觉，若被试无法准确判断，可让他猜测"有"或"无"，但不可放弃。每个序列都要进行到被试的反应发生转折时才能停止，亦即，递增时直到被试第一次报告"有"，递减时直到被试第一次报告"无"之后，该系列才能停止，然后进行下一个系列。

下面是一个使用最小变化法测定音高阈限的实验,结果见表 2-1-1。表中每列数据,来自一组实验。第一组:开始于清晰可听的声音,如果被试听到,回答"是"。接下来音高逐渐减弱,直到被试听不到,回答"否"为止,实验结束。第二组开始于被试说听不到,随后音高逐渐增大,直到被试回答"听到"为止。这两种过程交替进行。为了避免其他因素的干扰,每组数据起始值应该不同。

表 2-1-1　以极限法测定音高绝对阈限的记录

次数	1	2	3	4	5	6	7	8	9	10	11	12	13	14	15	16	17	18	19	20
增减系列	↓	↑	↓	↑	↓	↑	↓	↑	↓	↑	↓	↑	↓	↑	↓	↑	↓	↑	↓	↓
21	+								+											+
20	+								+											+
19	+			+					+			+		+						+
18	+		+	+		+			+			+		+						+
17	+		+	+	+	+			+			+		+						+
16	+		+	+	+	+		+	+			+		+	+					+
15	+		+	+	+	+		+	+			+		+	+	+	+			+
14	+	+	+	+	+	+		+	+		+	+	+	+	+	+	+	+		+
13	+	+	+	+	+	+	−	+	+		+	+	+	+	+	+	+	+	+	+
12	−	−	+	−	+	+	−	+	+	−	+	+	+	+	+	+	+	+	+	+
11	−	−	−	−	−	+	−	+		−		+	−	−	−	−	−	−	−	−
10		−		−		−		−		−		−		−		−		−		−
9		−		−		−		−		−		−		−		−		−		−
8		−		−		−		−		−		−		−		−		−		−
7		−		−		−		−		−		−		−		−		−		−
6		−		−		−		−		−		−		−		−		−		−
5		−		−		−		−		−		−		−		−		−		−
阈限值	125	125	115	125	115	105	115	125	115	135	105	125	115	105	115	105	125	105	115	115
总平均值				$M=11.7$			$\sigma=0.87$			$\delta m=0.20$										

刺激值乐音频率(赫)

最小变化法用于测定差别阈限时,每次呈现两个刺激。一个是标准刺激(S_t),即强度大小不变的固定刺激;另一个是比较刺激,又称变异刺激(S_v),即强度按由小到大或由大到小依次呈现的刺激。比较刺激递增时,刺激起点选自被试明显感觉小于标准刺激的强度范围;递减时,起点选自被试明显感觉大于标准刺激的强度范围。序列强度变化过程中,比较刺激和标准刺激既可以同时呈现,又可以先后呈现。被试的任务是比较两个刺激的大小。若被试认为比较刺激大于标准刺激时,则报告"大"(记作"+"),若认为比较刺激小于标准刺激时,则报告"小"(记作"-"),此外还有"相等"(记作"=")和"怀疑"(记作"?")。当被试第一次报告"+"(递增序列)或"-"(递减序列)时,该序列停止。

下面是使用最小变化法测定差别阈限的例子。让被试举起两个重物,一个重物的重量保持不变(标准重量),判断另一个重物的重量比前者重、轻还是相等。实验结果见表2-1-2。

表2-1-2 利用最小变化法测定差别阈限

增减系列	1 ↑	2 ↓	3 ↑	4 ↓	5 ↑	6 ↓	7 ↑	8 ↓	9 ↑	10 ↓	11 ↑	12 ↓	13 ↑	14 ↓	15 ↑	16 ↓
.56			+										+			
.52		+	+					+		+		+	+		+	
.48		+	+			+		+	+		+		+		+	
.44	+	+											=	+	+	+
.40	=	=	=	=	+	=	=	+	=	+	=	=	+	=	=	=
.36	−	=	=	−	=	=	−	=	=	=	−	=	=	=	=	=
.32	−		=	−	=		−				−		=			
.28	−			−			−									
.24	−						−									
.20	−															
上限	.42	.42	.42	.42	.38	.42	.38	.42	.42	.38	.42	.38	.46	.42	.42	.42
下限	.38	.38	.38	.34	.30	.34	.34	.34	.34	.38	.30	.3	.38	.34	.34	.34

M上限=.412　　M下限=.350　　M_{DL}=.031　　M_{PSE}=.381

(二)绝对阈限和差别阈限的计算

在用最小变化法计算绝对阈限时,首先要计算出每个刺激系列的阈限。

在一个刺激系列中,被试报告"有"和"无"相应的两个刺激强度的中点就是这个系列的阈限(以表2-1-1为例,这个数值呈现在表中每一刺激系列的下方)。然后求出所有刺激序列的阈限的平均值,此值即为所求的绝对阈限(见表2-1-1中,均值为11.7)。

差别阈限的计算方法可按以下步骤进行:

(1) 计算各个刺激序列差别阈限的上限和下限:阈限上限(L_u)指递减系列中最后一次"较重"和第一次"等重"(包括"?")的中点以及递增系列中最后一次"等重"和第一次"较重"的中点;阈限下限(L_l)则指递减系列中最后一次"等重"和"较轻"的中点以及递增系列中最后一次"较轻"和第一次"等重"的中点。

(2) 分别求出所有序列的上限和下限的平均值。这时上限和下限之间的距离叫做不肯定间距(I_u);不肯定间距的中点就是主观相等点(PSE);主观相等点理论上应当与标准刺激大小相等,实际常有一定差距,这个差距称为常误(CE);标准刺激(S_t)同上限之间的距离称为上差别阈(DL_u),同下限之间的距离称为下差别阈(DL_l)。

(3) 上差别阈和下差别阈的平均值,即为最后的差别阈限(DL)。用不肯定间距来表示,差别阈限就是它的一半(见表2-1-2,本例中为0.031)。

(三) 误差及其控制

最小变化法测定绝对阈限产生的误差主要有两类:第一类包括习惯误差和期望误差;第二类包括练习误差和疲劳误差。

1. 习惯误差和期望误差

实验中,由于刺激是按照一定的顺序呈现的,被试在较长的序列中会产生继续给予同一种判断的倾向。例如在递减序列中继续说"有"或"是";在递增序列中继续说"无"或"否"。被试由于习惯于前面几次刺激所引起的反应偏向叫作习惯误差。一旦产生习惯误差,则在递增序列中,即使刺激强度早已超出阈限,被试仍报告感觉不到,这就会使测得阈值偏高;相反,递减序列中,即使刺激强度早已小于阈限,被试仍报告有感觉,这就会使测得阈值偏低。与习惯误差相反的是期望误差。它表现为被试在长的序列中给予相反判断的倾向,期望转折点尽快到来。一旦产生期望误差,则在递增序列测定阈限时,阈值就会偏低;递减序列测定阈限时,阈值就会偏高。检验是否存在习惯误差或期望误差的办法是:分别计算出递增序列和递减序列的阈值大小,如果在递增序列中求得阈值显著大于递减序列,则表示有习惯误差;反之,如果在递增序列中求得阈值显著小于递减序列,则表示有期望误差。因此,分别求出表中递增与递减序列的绝对阈限均数的差别,经 t 检验后查看序列误差是不是显著,如果 $P>0.05$,表明没有出现明显的习惯误差和期望误差。

控制习惯误差和期望误差的方法是交替呈现递增序列和递减序列,并且随机选择每个序列的起点,这样可以有效地防止被试形成习惯误差或期望误差。

2. 练习误差和疲劳误差

练习误差是由于实验的多次重复,被试逐渐熟悉了实验情景,或对实验产生了兴趣和学习效果,从而导致反应速度加快和准确性逐步提高的一种误差。与此相反,由于实验多次重复,疲倦或厌烦情绪随实验进程逐步发展,导致被试反应速度减慢和准确性逐步降低的一种误差,称之为疲劳误差。练习可能使阈限降低,而疲劳可能使阈限升高。为了检查有无这两种误差,需要分别计算出前一半实验中测定的阈限与后一半实验中测定的阈限,若前者比后者大,且差异显著,就可以认为测定过程中有练习因素的作用;若前者比后者小,且差异显著,就可以认为测定过程中有疲劳因素的作用。

为了有效地控制练习误差和疲劳误差,应使最小变化法中的递增、递减序列按 ABBA 的顺序交替呈现。如以"↑"代表递增,"↓"代表递减,以四次为一轮,就可以按照"↓↑↑↓"或"↑↓↓↑"进行排列。总之,在一个实验中,递增序列和递减序列所用的总次数要相等,整个实验中在前在后的机会也要均等。这样,即使在整个实验过程中存在练习效应或疲劳效应,也会平均作用在递增或递减系列上,不至于产生额外的干扰。

最小变化法测定差别阈限也会产生习惯、期望误差或练习、疲劳误差,因此也要做到:递增递减序列数量相等、交替呈现,每一序列的起始位置要随机变化。与测量绝对阈限时不同的是:由于标准刺激的存在,使标准刺激和比较刺激每次呈现的相对关系(时间先后关系或空间位置关系,即为时间误差或者空间误差)也可能成为干扰因素,进而影响结果的准确性。控制这些干扰通常采用的办法是多层次的 ABBA 法。

综上,最小变化法的特点是:① 刺激按系列依次呈现,被试作觉察与否(或大小判断)的反应;② 系列的起始位置随机,各强度水平之间差异要尽可能的小,以保证精确性;③ 递增和递减系列的数量相等,多按照 ABBA 法呈现;④ 求阈限的方法是先分别求每一个刺激系列的阈限值,然后取所有系列阈限的均值作为最终的阈限值,它符合"50%觉察"的阈限操作定义。

二、恒定刺激法

恒定刺激法或固定刺激法又叫正误法、次数法,它是心理物理学中最准确、应用最广泛的方法,不但可用于测定绝对阈限、差别阈限和等值,而且可用于确定其他多种心理值。恒定刺激法是以相同的次数呈现少数几个恒定的刺激,通过被试对每个刺激觉察到的次数来确定阈限。

(一) 测量两点阈

恒定刺激法中选用的刺激明显少于最小变化法,它一般只需要5~7个不同的刺激强度:最大的刺激应为每次呈现几乎都能为被试感觉到的强度(被感觉到的可能性不低于95%);最小的刺激则应为每次呈现几乎都不能感觉到的强度(它被感觉到的可能性应不高于5%)。选定的刺激在整个测定过程都固定不变,并向被试呈现(一般每种刺激呈现50~200次),呈现的刺激随机安排,从而使被试无法预测。主试记录各个刺激变量引起被试某种反应(有、无或大、小)的次数。

下面以两点阈的测量为例来说明恒定刺激法的实施程序。两点阈是指两个刺激点同时作用于被试皮肤时,皮肤能感觉到两个刺激点的最小距离,它可以代表人的皮肤对触觉刺激的分辨能力。它的操作定义为:50%的次数能感觉到同时呈现的两点刺激时所对应两刺激点间的距离。用恒定刺激法测两点阈时,从略高于感觉到略低于感觉这一范围内选择5~7个等距的刺激强度。就本例而言,首先选出距离最大和最小的两点刺激,分别为12毫米和8毫米,然后以1毫米为间隔确定中间的3个两点刺激:各刺激的两点距离分别为8、9、10、11、12毫米。然后将以上5个两点刺激各呈现200次,顺序随机。每次刺激呈现后,要求被试口头报告,在感觉到两点时,报告"有",主试记录"+";感觉不到两点时,则报告"无",主试记录"-"。根据被试对不同刺激报告"有"或"无"的次数求出各自的百分数,以此计算阈限。本例的实验记录结果见表2-1-3。

表2-1-3 用恒定刺激法测量两点阈

刺激(毫米)	8	9	10	11	12
报告两点的次数	2	10	58	132	186
报告两点的百分数	1%	5%	29%	66%	93%

（二）两点阈限的计算

根据阈限的操作定义，两点阈应为50％的次数被感觉到的那个刺激大小，但是在表2-1-3中，并没有一个刺激恰好50％次被感觉到的。当刺激为10毫米时，其正确判断率为29％；当刺激为11毫米时，其正确判断率为66％。因此，满足操作定义的阈限值必在10～11毫米之间。为了求出这个值，最常用的方法是直线内插法。直线内插法是将刺激的距离作为横坐标，正确判断的百分数作为纵坐标，由记录的刺激反应结果绘出曲线；找到纵坐标为50％时（即判断有感觉的百分率为50％）曲线相应点的横坐标大小（即两点的刺激距离）。如图2-1-1，该实验的两点阈就是a点对应的横坐标10.57毫米。当然，拟和刺激反应曲线的方法有多种——如平均Z分数法，最小二乘法，斯皮尔曼分配法等——它们都能用来求阈限值。当实验次数增多，直线内插法求出的阈限值与其他方法很接近。可以说，直线内插法是确定阈限值的一种简便方法。

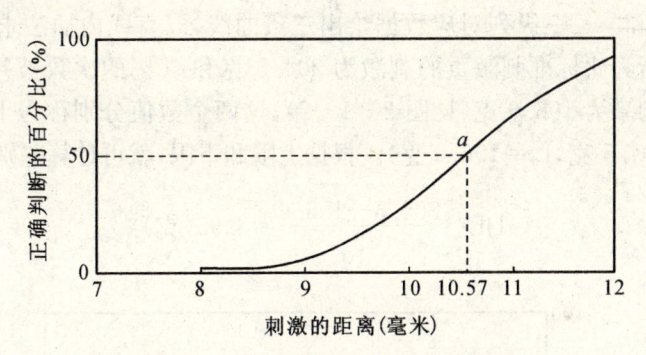

图2-1-1 用直线内插法确定两点阈

用恒定刺激法测量差别阈限时同样需要选定5～7个已知刺激，它们都作为比较刺激与标准刺激进行比较；比较刺激的强度可在标准刺激上或者下的一段距离内确定，一般从完全未感觉出差别到完全感觉出差别的范围内选定5～7个刺激强度；以相同的方法记录每个比较刺激所对应各类反应（"大"，"小"和"相等"）的次数；最后用直线内插法等方法计算出符合操作定义的差别阈限。下面以重量差别阈限测定为例加以说明。

以200克重量作为标准刺激，从185至215克中以5克的间隔选择7个重量作为比较刺激。刺激呈现后要求被试以口头报告方式作出三类反应："大于"、"等于"和"小于"，分别记为"＋"、"＝"和"－"。比较刺激随机呈现，分别与标准刺激比较至少 100 次,进而计算每一刺激上三种反应的各自比例,实验结果见表 2-1-4。

表 2-1-4　用恒定刺激法测量重量差别阈限

比较刺激(克)	比较结果(次数的%)			
	"+"	"="	"−"	"+"和"="
185	5	4	91	9
190	12	18	70	30
195	15	25	60	40
200	30	42	28	72
205	55	35	10	90
210	70	18	12	88
215	85	9	6	94

根据表 2-1-4 的数据用直线内插法求差别阈限。依表 2-1-4 中的"+"、"="和"−"三纵列对应数据绘出三条曲线,以直线内插法求得 50% 的次数被判断为比标准刺激重的刺激为 204.5 克和 50% 的次数被判断比标准刺激轻的刺激为 196.6 克(见图 2-1-2),这两个数值分别称为上限和下限(即 L_u=204.5 克,L_l=196.6 克)。根据上限和下限,就可计算差别阈限:

$$DL=\frac{204.5-196.6}{2}=3.95(克)$$

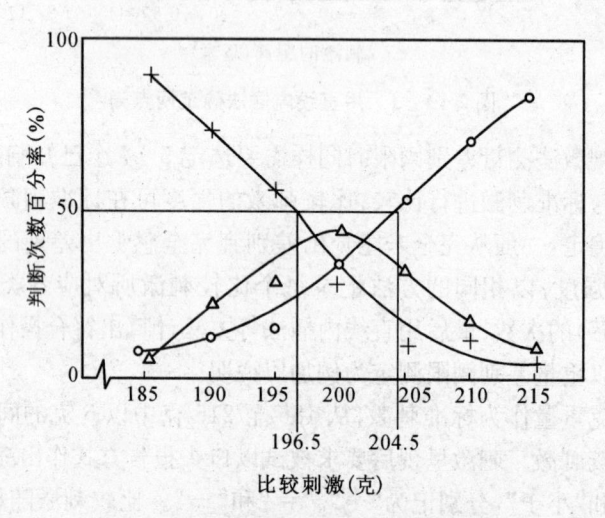

图 2-1-2　用直线内插法求解差别阈限值

有人认为,用恒定刺激法测定差别阈限,让被试作三类反应时,若被试较为自信,则作出"等于"的反应就较少;若被试较为谨慎,则作出"等于"的反应就较多,这样会直接影响到差别阈限的大小。所以有的心理学家为了消除这类影响,建议只让被试作"大于"和"小于"两类判断,即使在分不清大小时,也必须选择其一。见表2-1-5。

表2-1-5 两类反应的实验结果

比较刺激(克)	"+"的比例	"−"的比例
185	0.07	0.93
190	0.21	0.79
195	0.28	0.72
200	0.55	0.45
205	0.73	0.27
210	0.79	0.21
215	0.90	0.10

对于两类反应,用直线内插法求50%"大于"或"小于"反应对应的刺激量是没有意义的。这种情况下,应取与标准刺激完全能辨别的重量(纵坐标100%)和与之完全不能辨别的重量(纵坐标50%)的中点(纵坐标75%)作直线内插与两条曲线相交,求得上限与下限。由图2-1-3可见,L_u=206.6克,L_l=192.8克,差别阈限为:

$$DL=\frac{206.6-192.8}{2}=6.9(克)$$

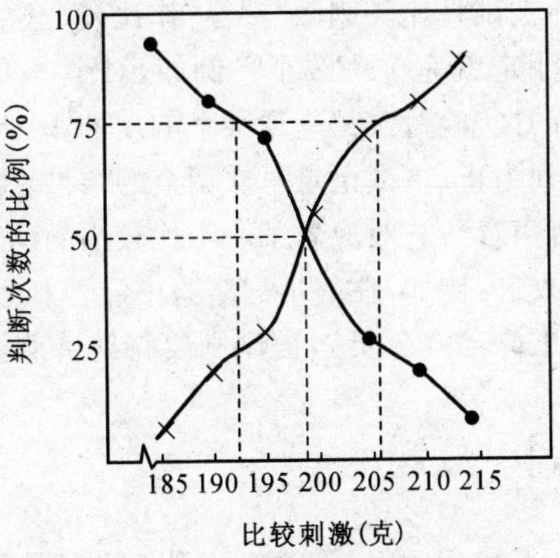

图2-1-3 两类反应的实验结果曲线

依上述方法得出的75%差别阈限,它与之前提到的差别阈限的操作定义不相符合。因此,它不能和其他方法求出的差别阈限进行比较。

综上,恒定刺激法的特点在于:① 只采用少数恒定刺激,根据被试作有无和大小的判断的反应频次来确定阈限;② 刺激按事先定好的随机顺序呈现,一般每个刺激呈现50~200次;③ 阈限值用直线内插法求得,完全符合阈限操作定义(75%差别阈限除外)。

三、平均差误法

平均差误法(或均误法)又称调整法、再造法和均等法,是最古老且最基本的心理物理学方法之一。它既适用于绝对阈限的测量又适用于差别阈限的测量。

(一)测定过程

平均差误法要求被试自己操作,因此它更能调动被试的实验积极性。在测定差别阈限的实验中,标准刺激由主试呈现,随后被试调整比较刺激。按照比较刺激的起始值大于或小于标准刺激,被试的调节方向也分为渐减和渐增两种。例如,测定长度差别阈限的实验可能是这样的:标准刺激为长40厘米的线段,每次在标准刺激的左边或右边呈现明显长于或短于标准刺激的比较刺激,要求被试将比较刺激缩短或拉长,直到感觉它与标准刺激长度相等为止。主试记录被试每次调整的结果,以备计算。

用平均差误法测定绝对阈限时,若没有标准刺激存在;可以假设此时的标准刺激为零,即由被试将比较刺激与"零"作比较。这样,绝对阈限的测量程序和差别阈限的测定就完全一致了。例如,对1 000赫纯音的响度绝对阈限的测量是这样的:实验每次都呈现某个响度的1 000赫纯音刺激,由被试调节到刚好听不到为止;主试记录每次调节的结果。当然,由于听觉阈限不可能是"完全没有声音",它对应着某一个比较小的物理量。因此,可以对上述实验程序加以改进:例如,在一半的实验中纯音刺激从肯定听不到的强度开始(如-40分贝或-50分贝),被试则要将纯音刺激调响,直到刚好听到为止。

(二)阈限计算

平均差误法测得的绝对阈限就是被试每次调节结果的算术平均数。而差别阈限的计算则要复杂一些。平均差误法求差别阈限,所得只是一个估计值,称为平均差误（AE）。它有两种计算方法：

（1）对每次的调整结果（X）与主观相等点（PSE，即被试多次调整结果的均数）之差的绝对值加以平均，这个差别阈限的估计值用符号 AE_M 表示：

$$AE_M = \frac{\sum |X - PSE|}{N}$$

（2）对每次调整结果（X）与标准刺激（S_t）之差的绝对值加以平均作为差别阈限的估计，用符号 AE_{st} 表示：

$$AE_{st} = \frac{\sum |X - S_t|}{N}$$

（三）误差及其控制

平均差误法中，一般由被试自己操纵实验仪器来调整比较刺激，使其与标准刺激相等。这个操作仪器的过程会因被试采用的方式不同而容易产生动作误差；若标准刺激和比较刺激是相继呈现的，又容易产生时间误差。因此，实验过程中应对它们加以控制。控制方法依具体实验而异，一般可采用多层次的 ABBA 法，包括使比较刺激从小到大，从大到小两方面进行调整，以便控制动作误差等。

这里以长度差别阈限的测量为例，来说明平均误差法测定差别阈限时可能产生的误差及其控制。实验所用仪器是高尔顿（F. Galton）长度分辨尺。长尺中央有一分界线，分界线两侧各有一游标，尺的背面有刻度，可向主试呈现被试在比较标准刺激与比较刺激时的差异。若标准刺激是 150 毫米，则被试的任务是调节比较刺激，使之与标准刺激相等。因长度分辨尺是视觉的，所以标准刺激设置的位置不同（在左侧或右侧），会容易引起空间误差。此外，由于比较刺激的初始状态不同（或长于标准刺激或短于标准刺激），被试调整时或向里或向外移动游标的动作方式也会不同，所以易产生动作误差。为了控制这些误差，在整个实验中，标准刺激要有一半的次数在左边，另一半的次数在右边。

综上，平均误差法的特点在于：① 刺激不再是一系列间隔相等的强度序列，而是由与标准刺激明显不同的起点开始，向调整的最后结果连续变化；② 被试主动参与刺激的调节；③ 以平均差误求得的差别阈限是一个估计值，并不符合阈限的操作定义。

四、信号检测论

信号检测论假设,当人们试图去检测信号时,与信号混在一起的噪音总是存在的。信号检测的典型实验是:让被试坐在一个隔音室中,戴上耳机,在几百次测试中,每一次都要求被试做出判断:是听到一个微弱的声音加噪音,还是只听到噪音。每次实验开始时,闪光灯亮一下,让被试做好准备,然后听到一阵白噪音,其中可能包含、也可能不包含微弱的声音信号。被试需要做出判断:如果认为有信号就回答"有",认为无信号就回答"无"。

1969和1974年心理学家克拉克(Clark)和他的同事对感受性进行了研究。他们采用信号检测论,研究了提示对热辨别力(d'值)和反应判定标准(β和C)的影响,并与传统方法测得的阈限值进行了比较。

实验使用枪式热辐射仪提供热刺激,每个被试在提示前后各接受72次刺激,分为6个强度,各重复12次。被试共10人。实验前,主试向被试说明了实验目的,并罗列一些可能出现的反应,以帮助被试前、后回答一致。罗列的热感觉强度有11个等级,分别是:没有感觉、略有感觉、微温、温热、烫、很烫、极微痛、轻痛、中痛、重痛、回缩动作。

休息5分钟后,继续进行实验。此时,告知被试:"马上就要开始实验,重复进行刺激可改变你的耐痛能力。因为,原先的刺激已使你的皮肤感受器疲劳而不敏感。现在你可能更能耐受痛刺激,并将延迟辐射器从皮肤上移开的时间。现在开始就要测定你的耐受剧痛的能力。"实验者在痛阈和个体反应标准的研究中,将口头报告"极微痛"定为痛阈,并将"回缩反应"定为耐痛阈。

采用传统心理物理法得到的结论是:① 提示能提高回缩阈值(即耐痛阈),当刺激强度为0.435卡/秒/平方厘米时,回缩反应的概率从0.75下降到0.53($t=3.20, P<0.025$),提示前、后回缩阈值(50%阈值)分别为0.385和0.430卡/秒/平方厘米。由此可见,提示能够明显提高回缩阈值约0.045卡/秒/平方厘米。② 提示对痛阈影响极小,极微痛反应主要发生在0.370和0.350卡/秒/平方厘米强度刺激。由于差异不显著,因此提示不影响痛阈的阈限值(口头报告痛觉)(表2-1-6)。

表 2-1-6　提示前、后被试各类反应的累积条件概率

反应刺激*	没有感觉	略有感觉	微温	微热	烫	很烫	极微痛	轻痛	中痛	重痛	回缩动作
提示前 0.435								1.0	0.85	0.80
0.370					1.0	0.92	0.67	0.50	0.42	0.36
0.305				1.0	0.92	0.67	0.36	0.25	0.08	0.08
0.240			1.0	0.92	0.75	0.67	0.67	0.33	0.14	0.14	0
0.120	1.0	0.92	0.75	0.67	0.25	0	0	0	0	0	0
0	1.0	0.36	0.25	0.14	0.08	0.08	0.08	0	0	0	0
提示后 0.435								1.0	0.92	0.80	0.62
0.370					1.0	0.75	0.75	0.50	0.33	0.14
0.705				1.0	0.92	0.80	0.25	0.25	0.08	0	0
0.240	1.0	0.83	0.75	0.75	0.67	0.42	0.08	0	0	0	0
0.120	1.0	0.83	0.67	0.36	0.25	0	0	0	0	0	0
0	1.0	0.42	0.25	0.08	0	0	0	0	0	0	0

*单位为卡/秒/平方厘米。

现采用信号检测论处理此实验结果。信号检测论假定,横轴代表主观经验的不同强度,纵轴代表其发生的概率。随着温度刺激逐步加强,被试可以从无感觉到感到微温、烫、很烫、极微痛、轻痛、中痛、重痛等等级不同但分布上互相连接的感觉。由于痛觉在心理上是连续的,相邻的两个刺激引起的感觉分布曲线可以有部分重叠,因此,沿判定轴分布的每一感受经验有两种概率表示,一是低强度(噪音)的分布概率,另一是高强度(信号加噪音)分布概率。被试要判定的是:某一感觉是低强度还是高强度刺激引起的,这是一个统计决策过程。在本例中,Cw 表示回缩反应的判定标准,若被试对高强度刺激出现回缩反应,表示"击中";若对低强度刺激也出现回缩反应,表示"虚报"。根据"击中"和"虚报"概率(提示前分别为 0.80 和 0.36;提示后分别为 0.62 和 0.14,见表 2-1-6 最后一列)以及公式 $d'=Z_{击中}-Z_{虚报}$ 和 $C=(I_2-I_1)/d'\times Z_1+I_1$ 就可推算出被试在提示前后的反应指标。

提示前 $d'=1.2;C=0.3894$

提示后 $d'=1.385;C=0.4206$

这表明,提示改变了被试的反应偏向,使判断标准更为严格。即,在提示前仍可忍受的刺激,提示后被试作出了回缩反应。可见,信号检测论提供了比传统心理物理学方法更多的信息。

五、对数定律

费希纳(G. T. Fechner),德国著名的物理学家、心理物理学的创始人。1860年他的《心理物理学纲要》的出版奠定了他在心理物理学上创始人的地位。在《心理物理学纲要》中他修改了韦伯定律,提出了对数定律,即心理量是物理量的对数函数,也就是说,当刺激强度以几何级数增加时,感觉强度则以算术级数增加。用方程式来表示：

$$S = K \lg R$$

这里,S是感觉量,R是刺激量,K是常数。

对数定律是在以间接方法制作等距量表的基础上建立起来的。根据韦伯定律,差别阈限与标准刺激之间保持一种常数关系。在此基础上,费希纳提出另外两个假设。第一,他假设绝对阈限是指零点感觉。第二,他提出最小可觉差(just noticed difference,JND)这一概念。最小可觉差指相距为一个差别阈限的两个刺激之间的差别所引起的内部感觉。它可以用作心理量表的单位。

因为他假设韦伯定律是准确的,因此费希纳相信所有的JND都会产生相同的感觉增加。心理量表上的每一个JND都对应一个特定的物理刺激。该物理刺激比前一个刺激大一个差别阈限。这样延续下去,就可以建立一个心理量表,并且可以找出一些规定的数学关系:心理量表的某一点所对应的物理量表上的值与心理量表上前一点所对应的物理值之间的关系。例如图2-1-4,先从外部量表中取出他的前一个值(X),乘以韦伯分数,然后再与初始值相

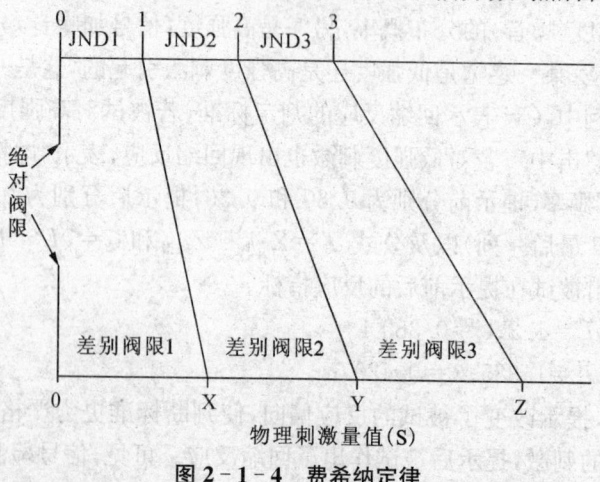

图2-1-4 费希纳定律

加,则$Y=X+X\times K$(K为韦伯分数)。同理$Z=Y+Y\times K$(K为韦伯分数),依次类推,就得到一系列的物理量值以及与之相对应的最小可觉差值。当用数学关系推算时发现,心理量与物理量成对数关系。

> **人物栏:费希纳**
>
> 费希纳(G. T. Fechner,1801—1887),德国哲学家、物理学家,心理物理学的创始人,实验心理学的奠基者。生于德国下路萨蒂亚的格罗斯·萨亨。1822年于莱比锡大学获医学博士学位。后兴趣转向物理学和数学。1834年任莱比锡大学物理学教授。1839年因病退休后,致力于哲学的思考与写作。将心和物视为一个圆圈的内面与外面的关系,刺激从物理世界走入心灵世界所受的损失,犹如货物通过海关所缴纳的通行税,刺激量越大,损失的比值越高,两者的关系可表述为$S=K\lg R$(S为感觉,R为刺激,K为常数),意为刺激按几何级数增加时,感觉按算术级数增加,此即费希纳定律。所提出的三种方法,即极限法、恒定刺激法和平均差误法成为心理物理学的基本方法。将物理学的数量化测量引入心理学,提供感觉测量和心理实验的方法和理论,为冯特建立实验心理学打下基础。首次进行美学心理实验研究,虽未成功,但提出"黄金分割",即最美的长方形是宽与长之比等于长与长加宽的总和之比,亦即宽/长=长/(长加宽),这一公式至今仍沿用。著有《心理物理学纲要》(1860)等。

六、幂定律

史蒂文斯(S. S. Stevens)曾用数量估计法得到了大量的实验数据,而这些数据并非完全与费希纳定律相符。他根据研究结果指出,心理量和物理量之间的关系,并非如费希纳定律所描述的那样是对数函数关系,而应该是幂函数关系。于是,史蒂文斯提出了幂定律。该定律可用如下公式表示:

$$S=bI^a$$

其中,S是感觉量;I是刺激量;b是由量表单位决定的常数;a是感觉通道和刺激强度决定的幂指数。

幂函数的指数值决定了按此公式所作心物关系曲线的形状。例如,当指数为1时,心物关系曲线是一条直线,即刺激量和感觉量之间为简单的正比关系;指数大于1,则为正加速曲线;小于1,便为负加速曲线。

1961年史蒂文斯用数量估计法分别测量了明度感觉、线段主观长度以及受电击的感觉强度与相应的物理刺激强度之间的关系,实验结果见表2-1-7。

表 2-1-7 三种感觉通道的心理强度

物理量	心理量		
	明度感觉	主观长度	电击感觉
1	1.00	1.00	1.00
2	1.26	2.14	11.3
3	1.44	3.35	46.8
4	1.59	4.60	128
5	1.71	5.87	280
6	1.82	7.18	529
7	1.91	8.50	908
8	2.00	9.85	1 450
9	2.08	11.2	2 190
10	2.15	12.6	3 160

根据表中数据,以物理量为横坐标,以心理量为纵坐标,得到图 2-1-5。如果把这三种实验结果在双对数坐标轴上作图,就形成了三条斜率不同的直线,如图 2-1-6 所示。

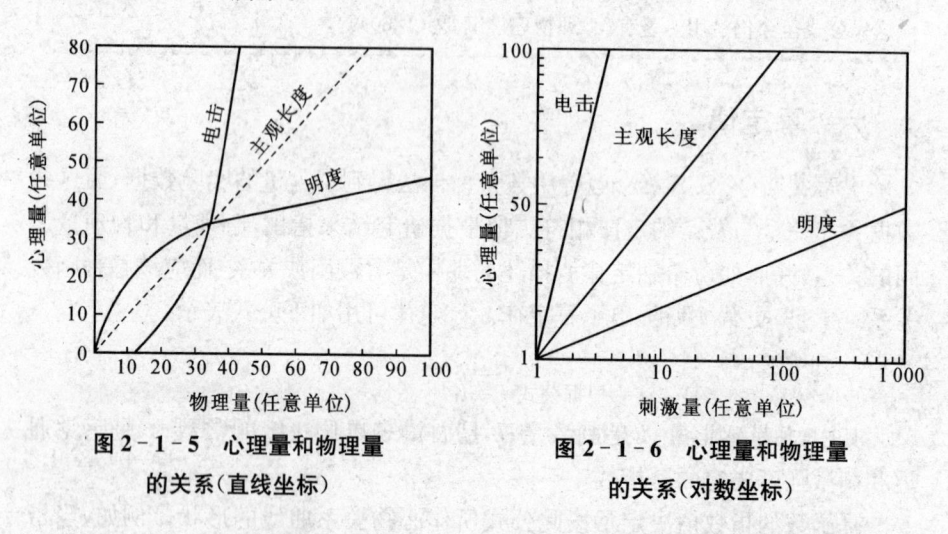

图 2-1-5 心理量和物理量的关系(直线坐标)

图 2-1-6 心理量和物理量的关系(对数坐标)

从图 2-1-5 到图 2-1-6 上可以看出,受电击的感觉强度的增长速度比产生电击的物理强度快得多($a=3.5$),明度感觉强度的增长速度又比光能增长慢得多($a=0.34$),线段的主观长度和线段的物理长度则有同样的增长率($a=1$)。

数量估计法的一个潜在假设是被试给出的数字和刺激引起的感觉量成正比,这样才可以用数字来估计感觉量。但是这个假设遭到质疑,有人认为被试给出的数字可能更多地反映他的数字习惯,而不是他的感觉。如果数量估计法站不住脚,那么幂定律也将被推翻。为了回应这种批评,史蒂文斯用跨感觉道的交叉匹配法来检验数量估计的实验结果。他的逻辑是这样的:根据幂定律,设有两个感觉道的主观值分别为:

$$S_1 = I_1^m$$
$$S_2 = I_2^n$$

如果 S_1 和 S_2 相等,则有下式:

$$I_1^m = I_2^n$$

$$\lg I_1 = \frac{n}{m} \lg I_2$$

这样,在双对数坐标中相等感觉函数将是直线,而其斜率将由两个指数决定。如果实验得到的等感觉函数确实是一条直线,那么就证明幂函数是正确的,同时也说明数量估计法是可靠的。史蒂文斯做了一系列实验,结果得到的等感觉函数曲线在双对数坐标上的确都是直线,从而验证了幂函数的正确性和数量估计法的可靠性。

人物栏:史蒂文斯

史蒂文斯(S. S. Stevens,1906—1973)美国心理物理学家。生于美国犹他州的奥格登。1933 年于哈佛大学获博士学位。1938 年任心理学副教授。1946 年开设心理物理学课程,并负责心理声学实验室。同年当选美国国家科学院院士。在心理测量上的主要成就:(1) 提出新的感觉等级评定法,可用以比较不同感官的感觉强度;(2) 提出心理物理学的幂函数定律,弥补了传统心理物理学的不足。认为根据公式 $P = KI^n$,感觉强度随刺激强度的增加而增加,式中,P 指感觉强度,I 指刺激的物理量,K 和 n 是被评定的某类经验的常定特征。亦论及心理学的科学方法论,倡导操作主义。1960 年获美国心理学会杰出科学贡献奖。著有《听觉心理学和生理学》(1939)、《各种类型的人格》(1940)、《声音和听觉》等。

练习与思考

1. 简述绝对感觉阈限和差别感觉阈限。
2. 试述感觉阈限测量的三种基本方法。
3. 试述信号检测论的基本思想。
4. 关于感觉的差别阈限,费希纳定律对韦伯定律的发展是基于怎么样的假设?

第二部分 反应时实验

教学目标

1. 了解反应时实验的背景和后续研究;
2. 识记反应时概念;
3. 理解加法反应时、减法反应时、开窗实验的原理;
4. 掌握反应时研究的基本范式。

一、减法反应时实验

(一) 导言

对反应时的关注,最早来自18世纪对天文学的研究,在英格兰一位天文学研究助手由于观察星体运行等记录的时间与天文学家不一致而被辞退,这位天文学家注意到了反应时间这一心理现象,但并没有对此进行深入研究。不过这一事件引起了天文学界对个体反应时之间存在差异的关注,由此有了我们现在所知的人差方程式。

人差方程式一直在天文学领域被研究,直到荷兰学者唐德斯(F. C. Donders)由人差方程式意识到,不仅个体与个体之间存在反应时间的差异,个体内部在心理操作各层面上也存在差异,基于此,唐德斯发展出现在众所周知的 A、B、C 反应,即减法反应时,又称唐德斯反应时,ABC 或唐德斯三成分说,用来测量包含在复杂反应中的辨别、选择等心理过程所需要的时间,它是一种用减数方法将反应时间分解成各个成分,然后分析信息加工过程的方法,在研究识别、短时记忆等内容时,常用此种方法。其逻辑是:如果一种作业包含另一种作业所没有的某个特定的心理过程,且除此过程之外二者在其他方面均相同,那么这两种反应时的差即为此心理过程所需的时间。减数法的这种逻辑可以通过唐德斯设计的三种反应时任务来加以说明和验证。

唐德斯的减数法把反应分为三类,即 A、B、C 三种反应:

A 反应,又称简单反应,只有一个刺激和一个反应,呈现这一刺激,被试立即按键作出反应。唐德斯将简单反应对应的反应时间称为基线时间。

B 反应,又称选择反应,它是复杂反应中的一种,在这类反应中,有两个或两个以上的刺激和对应于刺激的反应数。也就是说,每一个刺激都有与它相对应的反应。在 B 反应中除了基线操作外还包括了刺激辨认和反应选择两种心理操作。

C 反应,又称辨别反应。C 反应和 B 反应都具有两个或两个以上的刺激。但 C 反应和 B 反应不同之处在于:C 反应中只有一个刺激是要求作出反应的,而其余刺激不要求作出反应。C 反应是在基线操作中加入了刺激辨别的过程,但不包含反应选择这一心理操作。

(二) 过程

在简单反应的实验中,实验者预先告知被试接下来会有什么刺激出现,如一种颜色的光或一种声音,当看到刺激出现时,就用一个手指按相应的反应键。在简单反应中,呈现的刺激有且只有一种。

在辨别反应实验中,实验者预先告知被试接下来会有两种不同的刺激,如不同颜色的光或两个高低不同的乐音,被试需要对其中一种作出反应,而对另一种不反应,需要作出反应的刺激提前定好。

在选择反应实验中,实验者预先告知被试接下来会有两种不同的刺激呈现,对于甲、乙两种刺激,需要作出两种反应,如看见甲刺激(红光)时用右手反应,看见乙刺激(绿光)时用左手反应。

在正式实验开始前,先让被试有一个学习的过程,即准备实验阶段。让被试掌握出现刺激,作出反应的基本规则。

(三) 结果

1868 年,唐德斯研究发现选择反应时的时间要比简单反应时长 100 毫秒,B 反应时最长,C 反应时次之,而 A 反应时最短。

根据减数法法则来分析 A、B、C 三种反应,C 反应就是辨别时间加同类的基线时间(神经传导时间等),从 C 中减去 A 就能得到辨别时间。与此相似,从 B 中减去 C 就得出选择时间,因为 B 包括了辨别、选择和基线等三个时间,而 C 只包括辨别和基线两个时间。

唐德斯反应时 ABC 所需时间可用下图表示:

图 2-2-1 简单反应时间的神经运动过程

图 2-2-2 辨别反应时间的神经运动过程

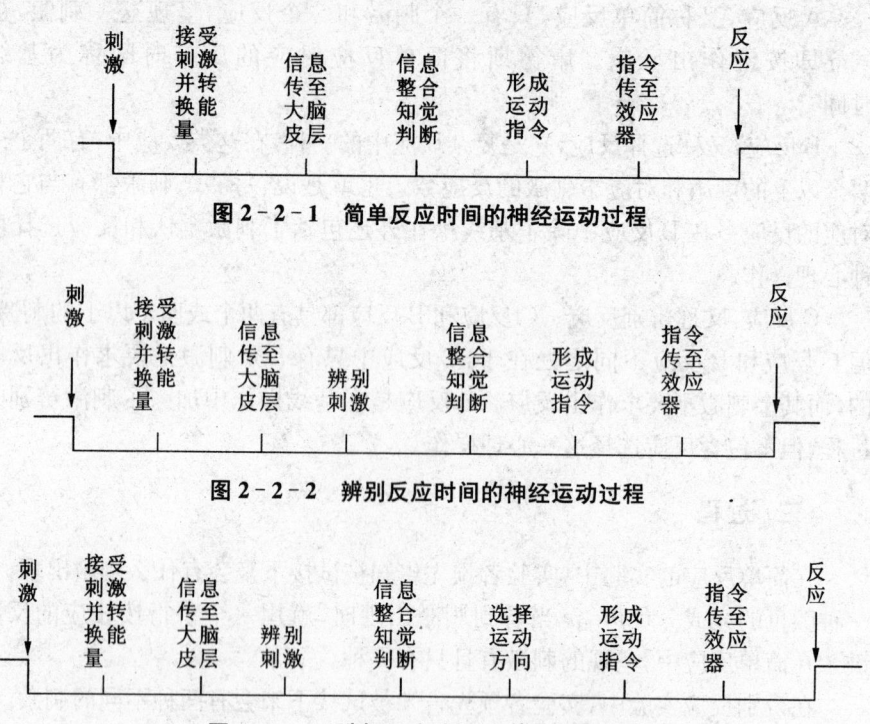

图 2-2-3 选择反应时间的神经运动过程

(四) 讨论及后续研究

在早期,冯特及他的学生致力于采用减数法研究反应时间,但这一方法在随后遭到铁钦纳等学者的抨击,他们认为内省才是系统的研究个体心理意识的方法,铁钦纳和他的学生在研究中发现,经过训练的内省者在执行唐德斯反应时,这三类反应是完全不同的,C 反应并不像是在 A 反应的基础上加上某些反应,B 反应也不像是在 C 反应的基础上加上某些反应,支持内省研究法的心理学家们认为内省法才是理解认知过程的权威方法,唐德斯减数法是不可信的。

但在今天,很多实验心理学家较少相信内省法,更多认为唐德斯减数法为研究提供了一种重要的思路,后期很多研究支持了唐德斯的这一实验模式。许多学者采用减数法做实验,证实个体对声音的反应要快于对光的反应,听觉反应时在140～160毫秒,而视觉反应时在180～200毫秒。实验时面对不同类型刺激,被试在做出简单的反应或复杂的反应时,其反应时会有差异。

在有关信息加工过程,对识别、注意、表象和短时记忆等的研究,常常应用减法反应时实验。这种实验既可用来研究信息加工的某个特定阶段或操作,也可用来研究一系列连续的信息加工阶段,以证明某一心理过程的存在。

1. 证明心理旋转的存在

20世纪70年代初,库柏(L. A. Cooper)和谢波德(R. N. Shepard)用减法反应时实验证明了心理旋转的存在。研究者设想,如果连续的心理旋转确实存在,那么减法反应时的逻辑正好可以与之吻合。假设有两个任务,它们之间除了被知觉对象需要心理旋转的角度不同外别无差异,那么两者的反应时之差应当就是心理旋转完成两者间角度差所需的时间。

2. 证明短时记忆存在视觉编码

反应时新法在记忆领域,特别是对短时记忆编码问题的研究同样也有着重大的贡献。自20世纪60年代以来,根据记忆实验中对错误回忆的分析,人们通常以为短时记忆信息(如字母)是以听觉形式来编码的。但是70年代初波斯纳等人的实验却表明,这种信息可以有视觉编码。他们所依据的就是减法反应时实验的结果。实验是这样进行的:

给被试并排呈现两个字母,这两个字母可以同时给被试者看,或者中间插进短暂的时间间隔,然后要被试者指出这一对字母是否相同并按键作出反应,记下反应时。所用的字母对有两种:一种是两个字母的读音和书写方法都一样,即为同一字母(AA);另一种是两个字母的读音相同而写法不同(Aa)。在这两种情况下,正确的反应均为"相同"。在两个字母相继呈现时,其间隔为0.5秒、1秒、2秒等。他们得到的结果见图2-2-4。从图2-2-4可以看出,在两个字母同时呈现时,AA对的反应时小于Aa对;随着两个字母的时间间隔增加,AA对的反应时急剧增加,但Aa对的反应时则没有发生大的变化。并且AA对和Aa对的反应时的差也逐渐缩小,当时间间隔达到2秒时,这个差别就已经很小了,在图上则看到二条曲线趋于靠拢。

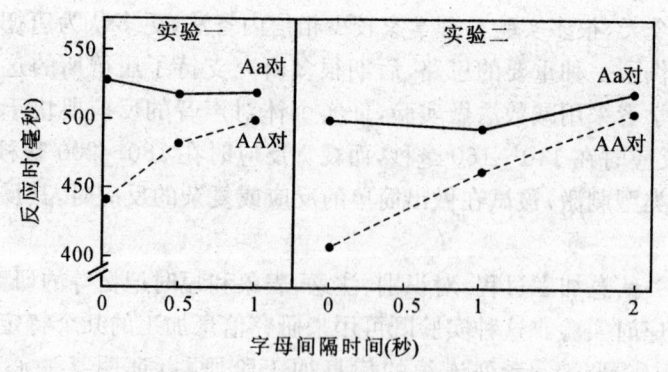

图 2-2-4 反应时间是字母间隔的函数

"心理旋转"实验和"短时记忆视觉编码"实验,乃是减法反应时的典型实验范例。减法反应时实验的逻辑是安排两种反应作业,其中一个作业包含另一个作业所没有的一个处理(加工)阶段,并在其他方面均相同,然后从这两个反应时间之差来判定此加工阶段。这种实验在原则上是合理的,在实践上是可行的。因此,认知心理学常应用减法反应时实验提供的数据来推论其背后的信息加工过程。但减数法也有其弱点:使用这种方法要求实验者对实验任务引起的刺激与反应之间的一系列心理过程要有比较精确的预测,并且要求两个相减的任务中共有的心理过程要严格匹配,这一般是很难做到的。因此,这些弱点在一定程度上限制了减数法的使用。

人物栏:唐德斯

唐德斯(F. C. Donders,1818—1889),荷兰生理学家、心理学家。生于荷兰提尔堡。1842 年于乌特勒克大学获博士学位。先后任职于乌特勒克军校和乌特勒克大学。最初研究眼动、调节和元音领域。1846 年提出眼睛注视任何方向时总是朝向一个相同方向的方位的原理,后被赫尔姆霍茨命名为"唐德斯定律"。1854 年与格莱夫共同创办眼科学档案馆。1864 年出版关于眼的折光和调节异常的论著。1857 年撰文揭示口腔对于元音的共振作用。1881 年提出色觉理论,认为对彩色的辨别是视神经纤维受刺激,由色彩分子的分解而产生。

唐德斯对心理学的主要贡献是对反应时的研究。19 世纪 60 年代,对反应时测量产生兴趣,1865 年发表第一份研究报告,在 F. W. 伯纳德"人差方程式"中简单反应时的基础上提出复杂反应时,包括选择反应时和辨别反应时。所建立的心理测时法由冯特加以发展。

二、加法反应时实验

（一）导言

针对有关学者对减数法反应时的批评，斯滕伯格(S. Sternberg)提出了自己的见解，他在1969年短时记忆搜索模式的实验中得出了加法反应时，提出了加法法则，这并不是对减法反应时的否定，而是对减数法的发展和延伸。

斯腾伯格首先提出了加因素法的主要假设，他认为人的信息加工过程是系列进行的而不是平行发生的。人的信息加工过程是由一系列有先后顺序的加工阶段组成的。这是加因素法的一个基本前提，加因素法的采用是在假定这个前提成立的条件下进行的。因此，在加因素法反应时的实验中，通常认定，完成一个作业所需的时间是这一系列信息加工阶段分别需要的时间总和。加因素法反应时实验认为如果两个因素的效应是互相制约的，即一个因素的效应可以改变另一因素的效应，那么这两个因素只作用于同一个信息加工阶段；而如果两个因素的效应是分别独立的，那么这两个因素是各自作用于不同的加工阶段。

使用加因素法分析心理过程的典型实验是斯滕伯格的"短时记忆信息提取任务"。他作了4个实验，分别探讨刺激的长短、项目的质量、反应类型、反应类型的频率对于短时记忆信息搜索的影响。

（二）过程

在斯滕伯格的"短时记忆信息提取任务"实验里，先给被试呈现1~6个数字，如571432，这些数字相继呈现，每个数字呈现时间为1.2秒。全部数字呈现完成后，间隔2秒，再呈现一个数字作为测试项目，并同时开始计时，要求被试判断该测试数字是否是刚才识记过的，当被试作出反应后，计时就停止。这样就可以确定被试能否提取以及提取所需的时间（反应时间）。如测试项目数字是5，被试就要作出"是"反应，如果是6，被试就要作出"否"反应。同时要求被试尽快地作出反应，要求正确，避免出差错。由于识记项目的数量在被试短时记忆的容量内，被试的错误反应很少，低于5%，因此这一方法用反应时做指标。实验一般要进行36次，每次实验的测试项目与识记项目都要更换。在整个实验中，测试项目的一半是识记项目中的，另一半是识记项目以外的，也即一半要作出"是"反应，另一半要作出"否"反应，要作出"是"反应的项目应均匀分布在识记项目的不同位置上。

(三) 结果

(1) 通过一系列的实验,斯滕伯格从反应时的变化上确定了对提取过程有独立作用的 4 个因素,即测试项目的质量、识记项目的数量、反应类型(肯定、否定)和每个反应类型的相对频率。因此,他认为短时记忆信息提取过程包含相应的 4 个独立的加工阶段:刺激编码、顺序比较、二择一的决策和反应组织阶段。在斯滕伯格看来,测试项目的质量对刺激编码阶段起作用,识记项目的数量对顺序比较起作用,反应类型对决策阶段起作用,反应类型的频率对反应组织起作用。并提出短时记忆信息提取的方式是按从头到尾的系列扫描进行的,见图 2-2-5。

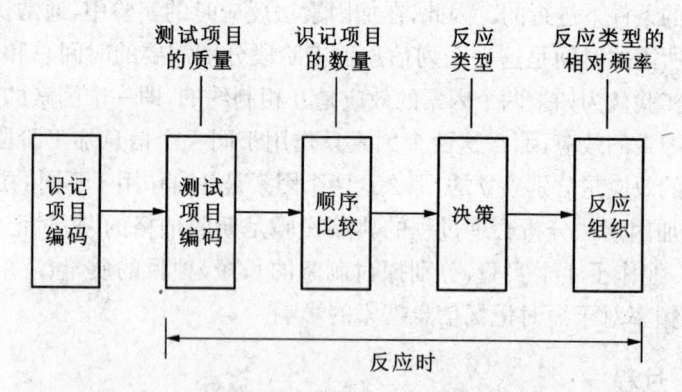

图 2-2-5　加因素法反应时间实验:短时记忆信息提取

(2) 四个独立加工阶段具体如下:

① 第一阶段,改变测试刺激的质量,发现对一个残缺、模糊的刺激进行编码比对一个完整、清晰的刺激所花的时间更长,而且该因素对不同大小记忆表的影响相似,即记忆表的大小仅改变 Y 截距,而不改变直线的斜率,表明系列比较阶段之前存在一个独立的编码阶段,见图 2-2-6。

② 第二阶段,改变记忆表中项目的数量,得出记忆表大小与反应时间之间的线性关系,证实了系列比较阶段的存

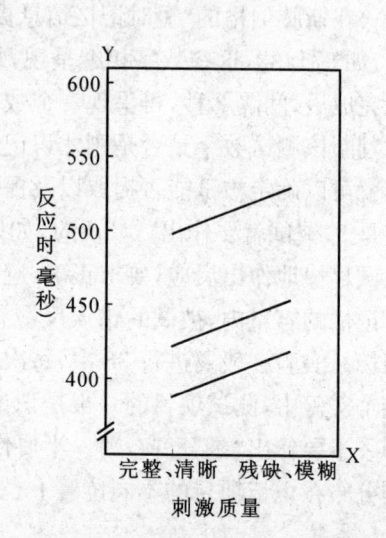

图 2-2-6　清晰度和项目数对反应的影响

在，见图 2-2-7。他假定对应于不同大小记忆表的余下三个阶段的反应时间是不变的。斯腾伯格将斜线向左延伸至 Y 轴，Y 轴上的点提供了系列比较为 0 时的反应时间，实际上就是编码刺激作两分决定和组织反应共花的时间。

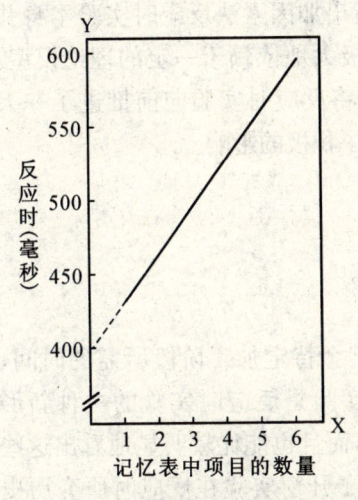

图 2-2-7 项目数对反应时的影响

图 2-2-8 反应种类和项目数对反应时的影响

③ 第三阶段，分别计算 Y 反应（肯定反应）与 N 反应（否定反应），发现对不同大小的记忆表，都是 N 反应时长于 Y 反应时，表明了两种决定阶段的存在，即在系列比较之后，有一个被试选择反应种类的阶段，而且产生 N 反应比产生 Y 反应难，见图 2-2-8。

④ 第四阶段，改变某一种类反应（Y 或 N）的出现频率，发现对两类反应产生同样的影响。即提高任一类反应的出现频率，都会使这类反应的组织更为容易，从而使反应时下降。表明反应选择之后存在一个独立的反应组织阶段，见图 2-2-9。

（四）讨论及后续研究

斯腾伯格的模型和方法引起了许多心理学家的兴趣和研究，虽然斯腾伯格的实验被许多心理

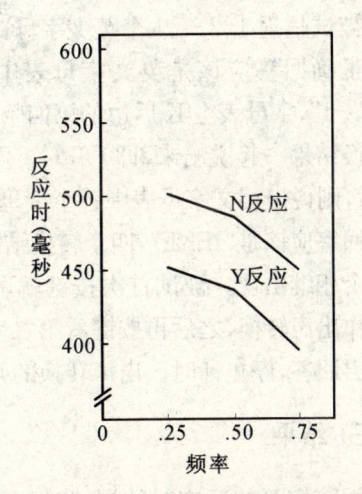

图 2-2-9 频率和反应种类对反应时的影响

学家看作加法反应时的典型实验,但它也引起一些批评和疑问。加因素法的弱点是它的基本前提是人的信息加工是系列的,这一点受到许多心理学家的质疑,因为加因素法反应时实验是以信息的系列加工而不是平行加工为前提的,因而有人认为其运用会有很多限制。还有人指出加因素法反应时实验本身并不能指明一些加工阶段的顺序,在这个方面它极大地依赖于一定的理论模型。但斯滕伯格首创的加因素法反应时实验,终究将反应时实验向前推进了一大步,并在很大程度上,对认知心理学的发展带来了积极的影响。

三、开窗实验

(一)导言

减法和加法反应时实验都难以直接得到某个特定加工阶段所需的时间,并且还要通过严密的推理才能被确认。开窗实验是反应时实验的一种新形式,能够比较直接地测量每个加工阶段的时间,而且也能比较明显地看出这些加工阶段,就好像打开窗户一样一览无遗。由于开窗实验在反应时研究历史上是发展较晚的一种方法,因此较多的教科书上都把这种实验作为加因素法反应时的一种变式加以分类,而从属于加因素法反应时实验。开窗实验的经典实验是字母转换实验,以汉密尔顿和霍克基的实验为例。

(二)过程

给被试呈现1、2、3、4个英文字母,并在字母后面标上一个数字,如"T+2",被试的正确回答应该是英文字母表中 T 后边第二个位置的字母,即 V。如"KENC+4",字母表上 K 后边的第四个字母是 O,E→I,N→R,C→G。要求将这四个转换结果一起说出来,即 OIRG。再如,"FBHC+3",被试的任务是看到数字"3"后,则说出英文字母表中各个字母之后第三个位置的字母,即"FBHC+3"的正确回答应该是"IEKF",四个转换结果要一起说出来,字母由被试自行控制,一个一个相继出现。被试首次按键就可以看见第一个字母,计时也同时开始,并要求作出声转换,之后再按键看第二个字母,再作转换,如此直到字母全部呈现并作出回答,停止计时。出声转换的开始和结束时间都有记录。

(三)结果

根据该实验的反应时数据,我们可以明显地看出完成字母转换作业的三个加工阶段:编码阶段、转换阶段和储存阶段,见图2-2-10。

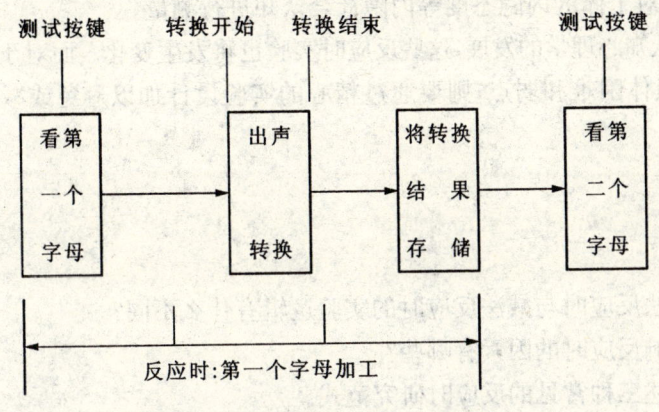

```
测试按键   转换开始  转换结束        测试按键
   │         │        │              │
┌─────┐   ┌─────┐   ┌─────┐        ┌─────┐
│看第 │   │出声 │   │将转 │        │看第 │
│一个 │──▶│     │──▶│换结 │───────▶│二个 │
│字母 │   │转换 │   │果存 │        │字母 │
│     │   │     │   │储   │        │     │
└─────┘   └─────┘   └─────┘        └─────┘
   │◀──────反应时：第一个字母加工──────▶│
```

图 2-2-10　开窗实验：字母转换作业

（1）编码阶段：从被试按键看到第一个字母到开始出声转换所用的时间。该阶段对所看到的字母进行编码，并在记忆中找到该字母在字母表中的位置。

（2）转换阶段：对字母进行转换所用时间。

（3）储存阶段：从前一个字母转换结束到按键看下一个字母的时间。该阶段被试将转换结果储存于记忆中，并从第二个字母开始还需将前面的转换结果加以归并、复述和存储。

（四）讨论及后续研究

开窗实验的优点是引人注目的，它通过对作业任务的分析，可以把每一种认知加工的成分所经历的时间比较直接地估计出来；但也存在着一些问题。例如，可能在后一个加工阶段出现对前一个阶段的复查，储存阶段有时还包含对前面字母的转换结果的提取和整合，并且它难以与反应组织分开来。然而经过细心安排，有些问题还是可以避免的，开窗实验仍不失为一种好方法。

反应时新法成为心理学家剖析心理"黑箱"的有力工具。借由精巧的实验设计，反应时这一简单实验指标就能帮助研究者推断复杂的心理加工过程，这正体现了心理学实验研究的独特魅力所在。

20世纪80年代末到90年代初有学者关注序列反应时，出现序列学习范式，用以研究人们对序列规则的无意识获得。序列反应时的任务是以反应时为指标，以序列规则下的操作成绩和随机序列下的操作成绩之差来表示内隐学习的学习量。

格林沃尔德（R. Greenwald）的内隐联想测验，以反应时为指标，通过一种计算化的分类任务来测验两类词（概念词与属性词）之间的自动化联系的紧密程度,继而对个体的内隐态度等内隐社会认知进行测量。

随着认知心理学的发展,这些反应时实验也将发生变化。而对于这些实验中存在的具体困难和弱点,则要通过精心的实验设计加以避免或减少其不利影响。

练习与思考

1. 加法反应时与减法反应时的实验逻辑有什么不同?
2. 影响反应时的因素有哪些?
3. 评述三种常见的反应时研究范式。

第三部分　感觉与知觉实验

教学目标

1. 了解双耳分听实验采用的材料及相应的研究结果;
2. 识记听觉掩蔽概念;
3. 理解视崖实验及三维图形实验的设计及结果的解释;
4. 掌握听觉的基本实验,包括自变量、因变量及结果的解释。

一、双耳分听实验

(一) 导言

1958年英国心理学家布罗德本特(D. E. Broadbent)的著作《知觉和通讯》的出版,使注意重新回到西方实验心理学中。随着科学技术的发展,认知心理学的兴起使注意问题的研究进入了一个新的发展阶段,许多心理学家试图解释注意的特性。有限的注意到底是怎样选择外界刺激的呢? 布罗德本特提出了注意的过滤器理论,特瑞斯曼(A. M. Treisman)在这之后发展了这一理论,提出了过滤器的衰减模型,他们的理论都是基于彻里(C. Cherry)的实验方法,即著名的双耳分听技术。这一类型的实验被称为双耳分听实验。

(二) 过程

双耳分听实验都是基于彻里的实验技术——双耳分听技术,但是不同的实验又稍有区别。

(1) 彻里1953年的实验中,给被试的两耳同时呈现两种材料(如:左耳听到一组词"fox、tango、quick",右耳听到另一组词"jump、one"),即当fox到达左耳的时候,jump同时也到达了右耳。实验过程中,彻里要求被试大声的重复一只耳朵所听到的词,而忽略另一只耳朵听到的词,即要求被试只注意来自一只耳朵的声音,这只耳朵被称为是"追随耳",另一只不需要注意的耳朵就被称为"非追随耳"。当刺激信息呈现完毕后,让被试报告刚才听到的信息内容。

(2) 布罗德本特的实验,和彻里实验不同的是,他采用的实验材料不是两组词,而是两组数字(如左耳"6、2、7",右耳"4、9、3");而且他没有附加追随程序,而是要求被试以耳朵为单位分别再现,或是以双耳同时接收的信息顺序成对再现,或是随意再现。两组数字分别同时输入被试的两耳中,每隔半秒输入一对。等全部数字输入完后,立即让被试回忆并报告出刚才所听到的数字。

(3) 在特瑞斯曼的实验中,采用双耳分听技术并附加追随程序,但是输入被试追随耳的信息内容是"There is a house understand the word",输入非追随耳的信息是"knowledge of on a hill",并要求被试必须报告追随耳听到的信息。

(三) 结果

(1) 彻里的实验发现:被试能很好地再现追随耳听到的信息,但无法报告非追随耳听到的信息;被试从非追随耳得到的信息很少,能分辨是男音或是女音,并且当原来使用的英文材料改用法文或德文呈现时,或者将课文颠倒时,被试也很少能够发现。这说明,从追随耳进入的信息,由于受到注意,因而得到进一步加工、处理,而从非追随耳进入的信息,由于没有受到注意,因此,没有被人们所接受。

(2) 布罗德本特的实验表明:大部分被试是以耳朵为单位分别再现各个耳朵所接受的信息;分别再现(即627、493)的正确率为65%,成对再现(即6—4、2—9、7—3)的正确率为20%;随意再现时被试多采取分别再现。

彻里和布罗德本特的实验都表明被试能很好地报告追随耳的项目,对非追随耳除能觉察出刺激的一些物理特性外,几乎不能报告出其他任何东西。

据此,布罗德本特提出了最早的过滤器理论,也就是过滤器模型。该模型认为,人面对来自外界的大量信息,其加工能力是有限的,这就需要对信息进行过滤和选择,使中枢神经系统不致负担过重。这种过滤器按照全或无的方式进行工作,即只允许一条通道上的信息经过并进行加工,其余通道则全部关闭。由于该模型认为到达高级分析阶段的通道只有一条,因此也被称为"单通道模型"。布罗德本特本人的实验也有力地支持了过滤器模型,如图2-3-1:

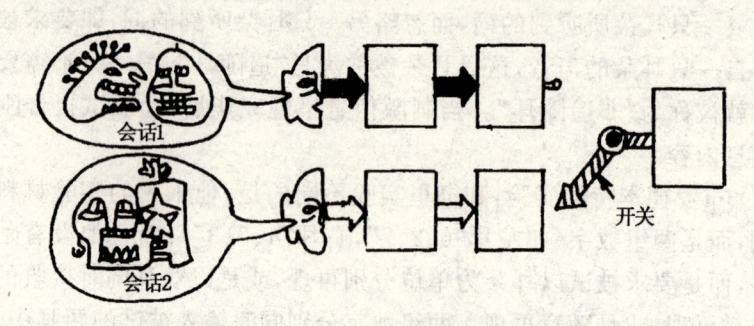

图2-3-1 注意的过滤器信息加工模型

(3) 特瑞斯曼的实验表明:大多数被试报告所听到的内容都是"There is a house on a hill"。而且他们声称信息来自一个耳朵。这表明被试并非只注意追随耳中的信息,也注意到了另一只耳朵中的重要信息。这只有在两个通道都接通的情况下才能实现,过滤器不只允许一个通道的信息(追随耳)通过,并不是简单的"开"与"关"的关系;注意的选择不仅依赖于刺激信息的感觉特征,还依赖于刺激信息的意义(语义)特征。因此特瑞斯曼对"单通道模型"提出了质疑,并对过滤器模型进行了改进,提出了衰减模型。如图2-3-2:

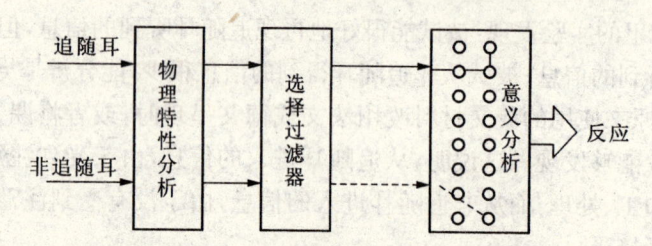

图2-3-2 注意衰减器信息加工模型

从图中可以看到,追随耳和非追随耳的信息都能通过物理特性分析和过滤器,非追随耳的信息经过过滤器时受到衰减(以虚线表示),而追随耳的信息则没有受到衰减(以实线表示)。特瑞斯曼认为这些储存的信息在高级分析(意义分析)上有不同的兴奋阈限。追随耳的信息通过过滤器没有受到衰减,保持原来的强度,于是可以顺利激活有关的字词,从而得到识别。而非追随耳的信息由于受到了衰减,强度减弱,一般不能被激活,因而不能得到识别。但对于特别有意义的项目,如自己的名字,具有较低的阈限,就可以被识别。

(四) 讨论及后续研究

在双耳分听实验的基础上提出的注意过滤器模型揭示了部分实验现象,使人们更好地理解注意的选择过程。但是追随耳实验的设计遭到了一些批评,例如,实验者要求被试对一个耳朵的信息进行出声复述,而对另一耳朵的信息不必复述,这种操作本身就将两个通道在实验开始时置于不平等的地位上。因此,批评者指出,实验中追随耳和非追随耳在实验结果上的差异很可能是由复述这一额外变量的混淆造成的。

由此多依奇(M. Deutsch)提出了反应选择模型。注意选择所在的位置可能并不在信息加工的早期,也不在中期,而是在晚期。他们认为注意的选择是在被知觉分析之后发生的。1969 年的哈德威克设计的双耳分听追随靶子词的实验结果支持了反应选择模型。1974 年希夫林(R. M. Shiffrin)进行的实验,让被试在白噪音的背景下识别一个特定的辅音实验也证实了反应选择模型,无论是单耳还是双耳都能识别输入的信息,只要所处的条件相同,就能有相同的识别率。

由于注意的选择模型没有对注意如何分配有限资源、如何协调不同认知任务等问题进行解释。卡拉曼等又提出了资源限制理论。约翰逊和欣兹在双耳分听实验中证明了资源限制理论。

双耳分听实验发展出来的双耳分听技术在后续的研究中得到了广泛的运用。一项检查听觉言语材料加工大脑两半球功能优势的研究(利手与注意偏向对双耳分听汉字大脑功能优势的影响,2006)运用了双耳分听技术,用来探索大脑偏侧化。还有一项关于初中学生的记忆的应用研究也使用了双耳分听技术(双耳分听和补笔对立即回忆和延迟回忆的实验研究,1998)。

人物栏:布罗德本特

布罗德本特(D. E. Broadbent,1926—1993),二十世纪 100 位最著名的心理学家之一,英国认知心理学家、实验心理学家。

1926 年 5 月 6 日,布罗德本特出生在英格兰城市伯明翰。他就读于剑桥大学,在 1958 年担任应用心理学研究所主管,该研究所隶属于英国医学研究院,由巴特莱特创建于1944年,尽管研究所大部分工作都是关于军事或工业应用问题,布罗德本特还是很快以其理论研究出名。当学术界开始使用数字计算机时，他首先将其类推到人类的认知活动，发展了选择性注意和短时记忆理论。主张用信息加工理论研究注意、感觉和记忆等认知过程，他在双耳同时分听实验的基础上提出了注意的"过滤器模型"，为认知心理学的兴起做出了很大贡献。他的研究工作成为第二次世界大战前巴特莱特爵士的方法与战争期间应用心理学发展之间的桥梁，从1960年代末以后又以认知心理学著称。他还在1958年最早提出"工作记忆"的概念和"注意是资源有限的加工系统的工作结果"的想法，他所提出的注意过滤器模型也体现了这种思想。

布罗德本特1970年当选为国家科学院院士，1975年获美国心理学会颁发的杰出科学贡献奖。

二、听觉掩蔽实验

（一）导言

听觉掩蔽是指两个声音同时呈现时，一个声音因受到另一个声音影响而减弱的现象，包括纯音掩蔽、噪音掩蔽、噪音与纯音对语言的掩蔽。一个可听声由于其他声音的干扰而使听觉发生困难，则必须增加强度才能重新听到，这种阈限强度增加的过程和强度增加的量就叫声音的掩蔽效应。要听的声音叫做被掩蔽音，起干扰作用的声音叫做掩蔽音。在日常生活中经常可以遇到声音的掩蔽现象，人们利用掩蔽效应有效地掩蔽、保护机密信息和避免关键信息被掩蔽。

对听觉掩蔽的研究是从纯音掩蔽开始的，即以某个频率的纯音掩蔽其他不同频率的声音，再来观察后者阈值提高的情况，这是以佛莱奇尔（H. Fletcher）的研究为代表，另外佛莱奇尔对于噪音与纯音对语言的掩蔽也进行过研究；在实际生活中，更常见的是噪音的掩蔽作用，这是以依根等人的研究为代表的。

（二）过程

纯音掩蔽：确定400赫的掩蔽音，被掩蔽音频率分别为800、1 600、2 400、3 200、4 000（赫），掩蔽阈限水平为0、20、40、60、80、100（分贝）。主试依次给出各个水平的掩蔽音，在每个水平依次测定被试听到各频率的被掩蔽音时被掩蔽音的强度，记录数据。确定3 500赫的掩蔽音以同样方法做对比实验。

噪音掩蔽：利用白噪声仪确定一个固定频率的掩蔽音，掩蔽阈限水平为10、20、30、40、50、60、70、80、90（分贝），被掩蔽纯音的响度分别为40、60、80、100分贝，频率范围为100、200、500、1 000、2 000、5 000、10 000（赫）。主试逐个给出各个强度的掩蔽音，在每个强度上，记录被试听到各个频率的纯音时纯音的强度。除了这种白噪音对纯音的掩蔽，依根等人还曾使用窄频带噪音作为一种掩蔽刺激。依根使用的噪音频带为90赫，中心在410赫，有三种强度水平：40、60、80（分贝），被掩蔽音的频率范围为100、200、300、400、500、700、1 000、2 000、3 000、5 000、10 000（赫）。主试分别给出三种强度的噪音，测定被掩蔽音在不同频率水平达到的强度，即产生的掩蔽总量。

噪音与纯音对语言的掩蔽：在距离说话者的口唇30厘米的地方测量相连的每个音阶（在低频段）和每半个音阶（在高频段）的声强，与各频段的语音的平均强度比较。

（三）结果

(1) 不同频率的掩蔽音对不同响度纯音的掩蔽程度的曲线图，如图2-3-3。
(2) 不同强度的白噪音对纯音的掩蔽程度的曲线图，如图2-3-4。
(3) 窄频带噪音对不同频率的被掩蔽音产生的掩蔽总量，如图2-3-5。
(4) 男女声在每一频带中语音强度曲线图，如图2-3-6。

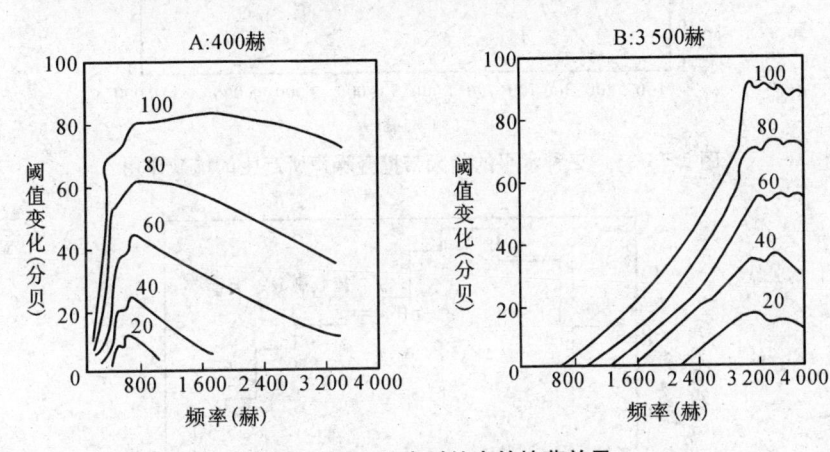

图2-3-3 纯音对纯音的掩蔽效果

说明：A、B为掩蔽音。横坐标为各种频率的被掩蔽音，纵坐标为掩蔽阈限。

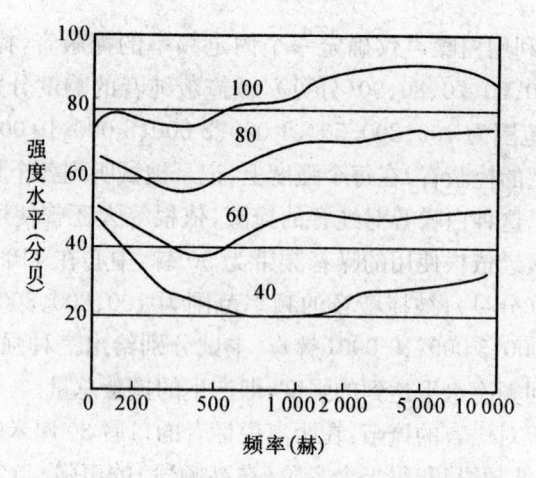

图2-3-4　不同强度的噪音对纯音的掩蔽

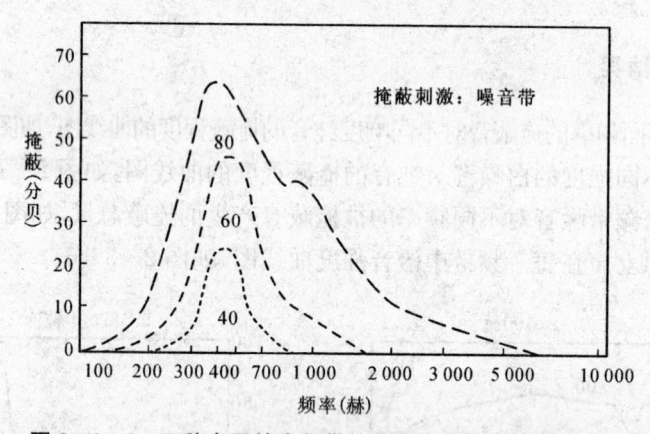

图2-3-5　三种水平的窄频带掩蔽噪声所产生的掩蔽作用

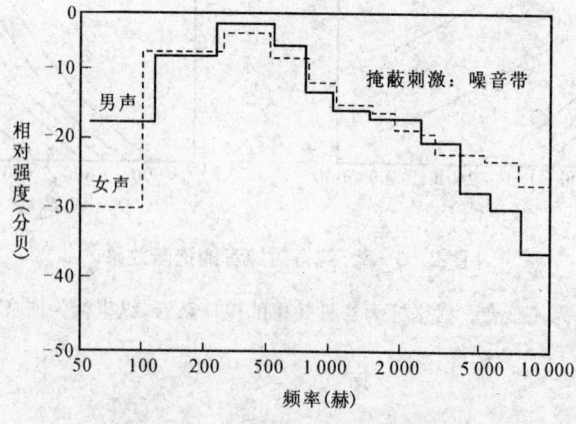

图2-3-6　男生和女生的语言音谱

从图2-3-3可以看出：掩蔽音强度提高，掩蔽效果随之增加；掩蔽音对于频率相近的被掩蔽音的掩蔽效果最大；低频对高频的掩蔽效果大于高频对低频的掩蔽效果。

从图2-3-4可以看出：当噪音强度低时，各种纯音的阈限差别很大，当噪音强度提高时，各种纯音的阈限差别缩小；当噪音对纯音掩蔽时实际上起作用的只是以该纯音信号为中心频率的一个窄频带，之外的频率成分对掩蔽的作用不大。

从图2-3-5可以看出：当噪音在低水平（40分贝）和中水平（60分贝）时，所产生的掩蔽总量相当对称，但是在80分贝水平时，噪音对较高频率比对较低频率产生的掩蔽作用范围更大。

从图2-3-6可以看出：语音频率范围内，强度最高的频带在300～500赫左右，600赫以上强度渐减，超过5 000赫强度就非常小了。

（四）讨论及后续研究

佛莱奇尔和依根等人的实验没有提供更多被试的信息，人们不禁要问被试在听觉掩蔽现象是否存在年龄和性别差异。

前面已经提到人们将掩蔽现象运用在信息传送中，其实在生活中声音的掩蔽效应随处可见。佛莱奇尔和依根等人的实验给了我们很多信息，由图2-3-3可知，400赫掩蔽音对高频音的影响范围和效果相当大，而3 500赫掩蔽音对低频音的影响范围和效果就相当小。所以在生产与无线电通讯中，应当着重考虑排除低频音的干扰作用。

在医疗中，掩蔽疗法已成为临床上常见的耳鸣治疗途径，声音掩蔽法也正被用于治疗口吃；在广播电视技术中，利用掩蔽效应的音频信号压缩解码是数字电视技术的关键；MP3等压缩的数字音乐格式、环绕立体声这样的多声道数字音频系统能让人们欣赏美妙的音乐和电影；在建筑声学中也为室内厅堂的音质和噪音控制解决了许多问题。

三、视崖实验

（一）导言

视崖实验是关于深度知觉的研究。深度知觉是个体对物体的凹凸和远近的知觉，又称为距离知觉或立体知觉。深度知觉是人类最重要的视觉能力，当你需要接近想要的东西或躲避危险的物体时，你必须精确地知觉物体离你的距离。如果没有深度知觉,生活对于我们来说会变得寸步难行,你可能会撞上障碍物或从悬崖上摔下去。那么人是如何进行深度知觉的,我们知道一切物体的成像都必须依赖视网膜,而视网膜只有两个空间维度——垂直和水平,它是如何对三维信息进行加工的呢?吉布森(E. J. Gibson)和沃克(R. D. Walk)假设深度知觉是原始生物机制的一部分,是先天的,而非经验的产物,并对此进行了实验研究,即著名的视崖实验。

(二)过程

被试分为两类。一类为年龄在 6～14 个月大的婴儿,共 36 名,这些婴儿的母亲也参加了实验,她们通过呼唤和招手来吸引自己的孩子;另一类为刚出生的小动物,包括小鸡、小山羊、小猫、小狗、小老鼠等。吉布森和沃克设计了一种实验仪器——视崖,见图 2-3-7。视崖为一张高为 4 英尺的桌子,表面是一整块厚玻璃,其中一半是不透明的,紧贴玻璃下方就有一块红白格子的布,此为"浅滩",而另一半透明,不过在相距 4 英尺远的地面上同样放着红白格子的布,此为"视崖",如果被试具有深度知觉,他们会知觉到两边红白格子布的深度是不同的。由于厚玻璃的阻隔,这一仪器可以防止被试掉下去。

图 2-3-7 视涯实验

将婴儿放在视崖的中间,要求他们的母亲站在视崖浅的一端召唤他们,观察他们是否会跟着母亲的召唤,向"浅滩"爬去。再将婴儿放在视崖的中间,要求他们的母亲站在视崖深的一端召唤他们,观察他们是否会跟着母亲的召唤,向"视崖"爬去。这里的自变量为视崖的深浅,它有两个水平,一为"视崖",另一为"浅滩";因变量为婴儿爬向视崖边缘的行为,也有两种情况,爬或者不爬。对于小动物来说,同样的实验则不能使用母亲召唤的方式,而是要观察动物的其他行为表现,比如:在将其放在视崖处,动物是否出现明显的防御行为,或是全身肌肉紧张等。

(三) 结果

在以婴儿为被试的情况下,有 9 名婴儿拒绝离开中间板,不管他们的母亲在浅的一侧还是深的一侧呼唤他们。另外 27 个婴儿,当母亲在浅的一侧呼唤他们时,所有的孩子都爬下中央板并穿过玻璃。当母亲从视崖的深渊呼唤孩子时,只有 3 名婴儿极为犹豫的爬过视崖的边缘,大部分婴儿拒绝穿过视崖,他们远离母亲爬向浅的一侧;或因为不能够到母亲那儿而大哭起来。母亲敲击玻璃以显示其坚固性,一些婴儿也会用手拍打玻璃,通过触觉确认玻璃的坚固性,但即使如此,他们仍不愿意爬过去。

在以动物为被试的情况下,出生不足 24 小时的小鸡在视崖上从不会犯跌下深渊的错误。出生仅一天的小山羊在视崖深的一侧玻璃板上显得惊恐呆滞,表现出防御性姿态;在视崖浅的一侧则变得轻松自在,并跳向看似坚实的表面。小老鼠则没有被视崖欺骗,它们离开中间地带走向"视崖"和"浅滩"的几率相同,并未对浅滩表现出明显的偏好。大约 4 周左右的小猫在视崖实验中表现出卓越的深度知觉。各种生物中在视崖上成绩最差的是海龟,它们中的 76% 都爬向"浅滩",但是也有 24% 的小海龟"越过边界"爬向"视崖"。

(四) 讨论及后续研究

通过婴儿视崖实验,吉布森和沃克得出结论:几乎没有什么后天经验的婴儿也有深度知觉,说明深度知觉是某种先天的生存机制。全体被试的 2/3 都对"视崖"和"浅滩"做出了不同反应,说明 6~14 个月大的婴儿已经具备了深度知觉能力;有 9 名婴儿拒绝离开中间板,研究人员并未作出解释,可能的原因是这些孩子比较固执或对外界刺激反应不灵敏,并不能说明他们没有深度知觉。处在爬行或蹒跚学步阶段的婴儿可能时常磕磕碰碰甚至会从高的地方掉下来,对于这一现象,吉布森和沃克的解释是:并不是婴儿不能感知深度,而是由于他们的肌肉协调能力不佳,无法有效地控制自己的身体,待控制能力完全成熟之后,这种事故就可以避免,他们固有的深度知觉能力也才能表现出来。

通过动物视崖实验,吉布森和沃克得出结论:不同种类动物知觉深度能力的发展与它们的生存需要有关,即一旦动物的生存需要深度知觉,这种能力便得以展现。这也进一步论证了深度知觉能力是天生的。由于小鸡出壳后就必须马上开始自己觅食,所以24小时大的鸡雏便具有深度知觉;小山羊和小绵羊出生后很快就可以站立、行走,需要深度知觉避免碰撞或摔倒,所以从能站立的那一刻起,它们对视崖的反应和小鸡一样准确而可预测,一次错误也没有;小老鼠没有表现出较好的深度知觉,是由于老鼠的生存在很大程度上不依赖于视觉,它们的视觉系统并不完善,通常习惯在夜间活动的老鼠是依赖于气味和鼻子上的触须来寻找食物的,而实验中视崖两端的触觉感受一样,所以对老鼠来说,它们没有差别;相反,同样是夜间活动的猫身上表现出了很强的深度知觉能力,是由于猫是捕食者,它必须要感知老鼠的运动,这有赖于深度知觉,所以在猫差不多能移动身体的时候,它们就有了深度知觉;小海龟的深度知觉能力很差,可能是由于它们是水栖类动物,自然生活环境使它们较少害怕跌落,深度知觉能力对它们生存的价值较小。

吉布森和沃克将视崖实验的结果解释为深度知觉的生态学意义,并从一个侧面验证了深度知觉的确具有先天性。但是,由于不能对新生儿或初生的动物进行实验(他们没有爬行能力甚至没有视觉),因此该实验并没有从知觉中完全剥夺经验的成分,接受实验的被试可能已经在后天的经验中习得了深度知觉。后来有研究把年龄在2~5个月之间的、更小的婴儿放在视崖深侧的玻璃上,这时所有的婴儿都表现出心率变慢。这种心率变慢是感兴趣的信号,而不是恐惧的信号,恐惧应伴随着心率加快。这表明这些婴儿还没有习得对落差的害怕,稍后,他们将学会躲避落差的行为。这些发现与吉布森和沃克的结论恰恰相反。

索兹等人把1岁的婴儿放在视崖上,落差不深也不浅,大约30英寸。当儿童爬向视崖时,他会停下来向下看。在另一边,与吉布森和沃克的研究一样,母亲在那里等待。有时母亲根据指令在脸上做出害怕的表情,有时则看起来兴高采烈和兴趣盎然。当婴儿看到母亲害怕的表情时,他们会拒绝再向前爬。然而,当看到母亲高兴的表情时,大部分婴儿会再次检查悬崖并爬过去。当落差变得很浅时,婴儿不再观察母亲的表情而径直向前爬。婴儿这种通过非语言交流以改变行为的方式叫作"社会参照"。

吉布森和沃克发明的视崖装置,在如今研究人类发展、认知、情绪,甚至心理健康等方面都发挥着重要的影响。一项研究引用了吉布森和沃克的早期研究,他们关注初学走路的儿童从爬到走的过程中是如何获得根据不同地形而作出不同反应的能力。你可能已经注意到,这些儿童是被迫做出探索性的行为的,特别是在面对具有不寻常表面的物体之时,如石头、沙滩或(最好是)泥巴。阿道弗和爱波勒声称,这就是人的视觉系统习得不平整地面对我们平衡的影响的过程,从而使我们学会了在行走中如何补偿这种变化。根据他们的理论,这就是我们最终毫不费力地避免摔跤的原因。

人物栏:吉布森

吉布森(E. J. Gibson,1910—),美国心理学家,二十世纪一百位最著名的心理学家之一。先后在美国国家科学院、美国艺术及科学研究院、国家教育研究院从事研究工作。1931 年毕业于史密斯学院,K.考夫卡和年轻的詹姆斯·吉布森都曾任她的老师,后者后来成为她丈夫并使她对心理学产生兴趣,他们在 1932 年结婚。1933 年获得心理学硕士学位后,埃莉诺成为詹姆斯的助理。后来进入耶鲁大学攻读博士学位,期间她计划跟随 R.耶基斯从事动物行为的研究,但是他们第一次见面时耶基斯就告诉她,他不允许妇女在自己的实验室工作。后来她和 C.赫尔共事,1938 年获得耶鲁大学博士学位,毕业后她回到史密斯学院任讲师,1940 年升任助理教授,1949 年任职于康奈尔大学,1966 年任该校教授至 1979 年退休。1950 年全家迁往康奈尔,在这里她完成了其著名的视崖实验。20 世纪 60 年代,她的研究主要集中在儿童的学习与认知发展,其研究领域涉及人类与动物的学习、阅读技能的发展,尤其是关于婴幼儿知觉的发展。认为知觉的发展是一个变异过程,感知觉学习是积极获取信息的过程。感觉世界不是由分期付款式的联想及推论过程构成,而是婴幼儿探求构成世界的永恒性及物体持久基础的不变性,这种不变性常显露于事件中,如关于时间的变化体现不变的特征。1971 年当选美国国家科学院院士。1968 年获美国心理学会杰出科学贡献奖。著有《感情学习及发展原理》(1969)、《发展中的承受概念:机械主义的复兴》(1982)等。

四、三维图形的知觉测验

(一) 导言

自从十九世纪中叶,赫尔姆霍兹提出了知觉经验论以来,心理学家有关知觉的直接性和间接性的争论就未停止过。有趣的是,不同观点的心理学家往往沿袭不同的实验思路设计各自的研究,于是得到的实验结果也就各自支持知觉的直接性和间接性。

间接知觉论并不完全否认直接知觉的存在,它只是在肯定刺激信息的基础上,更强调经验信息,即当经验信息和刺激信息互相协调时,它们共同作用,形成知觉,而当经验信息和刺激信息互相矛盾时,经验信息往往会压倒刺激信息,而在知觉中占据主导地位。

由于经验信息和刺激信息相互协调时,很难辨别两种信息是否真的在共同起作用,所以间接知觉论的基本验证方案往往是创造经验信息和刺激信息相矛盾的情境,来分离只有刺激信息独立作用时和只有经验信息参与时的两种不同知觉。为了达到这一目的,研究者设计了一些不可能图形、特殊的三维图形和错觉图等。

三维图形的知觉测验是哈德森(J. A. Hudson)在1960年设计的,它表明人们在深度知觉上的经验会直接影响到人们对这一测验中各个图片的感知,支持了间接知觉论的观点。此测验包括7幅图,每一幅图都以不同的形式包含了三条深度知觉线索:熟悉大小、重叠和透视。实验分离了具有深度知觉经验的"三维知觉者"与没有深度知觉经验的"二维知觉"。

(二) 过程

哈德森(1960)对来自非洲许多地区不同部落的被试进行实验。测试中,他向被试随机地呈现一些图画,这些图片中指出了人、大象和羚羊的实际位置和比例关系,见图2-3-8的上图,同时用被试的母语进行提问,问题主要包括:"你看见了什么","这个人在做什么","羚羊和大象哪个比较近"等等。让被试根据所看到的图片对这些问题进行一一回答。

图2-3-8 三维图形知觉测验图例

注:上图指出了人、大象和羚羊的实际位置和比例。

采用的测验材料包括7幅图,每幅图画都可以包括7个组成部分中的若干个:一只羚羊、一只大象、一个人、一棵树、一条路、几座小山和一只正在飞翔的小鸟。

(三) 结果

研究者发现,在测验过程中来自非洲不同部落的被试,回答主要有两种情况,一种回答是:"这个男人正试图戳杀那只羚羊"或是"大象在远处";而另一种回答是:"这个男人正试图戳杀那只大象"或是"大象在人与羚羊的中间"。

回答"这个男人正试图戳杀那只羚羊"或是"大象在远处"的被试,他们能够正确的知觉图形中的深度,说明这些被试具有深度经验,哈德森称此类被试为三维知觉者;而那些回答"这个男人正试图戳杀那只大象"或是"大象在人与羚羊的中间"的被试无法正确感知图形中的深度,说明他们不具有深度经验,哈德森称此类被试为两维知觉者。

实验结果发现,非洲班图人不具有深度经验,是典型的两维知觉者,而班图人的生活环境恰好无法提供他们如此尺度的深度经验。因此是经验帮助人类感知外部世界,这支持了间接知觉论的观点。

(四) 讨论及后续研究

(1) 在1972年,哈德森又设计了一个图形测验来分离有无经验信息的两种不同知觉结果。图形测验中所采用的刺激材料是两个三叉戟图形,一个是常见的三叉戟图形,另一个则是矛盾的三叉戟图形——三个叉子在三叉戟的柄部看起来似乎是交汇成了两个叉子,见图2-3-9。

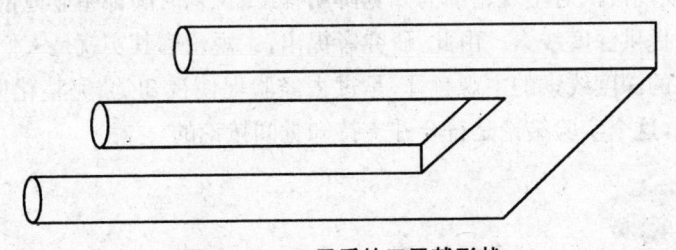

图 2-3-9 矛盾的三叉戟形状

实验要求赞比亚的学龄儿童临摹上述两个图形。结果发现,这些儿童中具有三维知觉经验者,在临摹那个矛盾图形所需的时间远远超过了临摹普通三叉戟，正是因为经验在知觉间接性中所起的作用，使得他们无法理解矛盾的三叉戟，复制此图就显得非常困难。而那些没有三维经验的被试，他们临摹普通和矛盾三叉戟所需的时间相等。

(2) 在哈德森之后，一些研究者还设计了其他的三维图形测验。分裂型图形测验便是其中较为典型的一种。分裂型图形主要针对透视图形而言，它显示了物体所有的重要特征，而通常我们是不可能从同一个视角看到所有这些特征的，见图2-3-10的左图。透视型图形在我们的日常生活中颇为常见，它仅呈现物体的一面，某一特定视角下无法看到的特征在图中不呈现，见图2-3-10的右图。

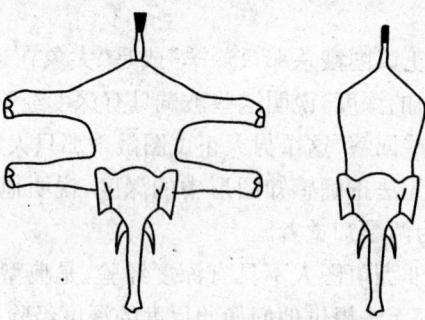

图2-3-10 大象的分裂型图形与透视图形

注：左图是俯视大象的分裂型图形，右图是透视型图形。

(3) 张厚粲等(1980)采用了主观轮廓图作为实验材料进行了系列研究。主观轮廓是一种错觉现象，指人们在一片完全同质视域中知觉到的轮廓，如看一幅图，看似存在一个白色三角形，但其实是没有任何轮廓线的。张厚粲等的实验解析了主观轮廓的成因：研究者变化了主观轮廓图中提供的三维深度线索，结果发现被试对主观轮廓的知觉鲜明程度、识别时间都明显地依赖于刺激图形是否提供深度线索。由此，研究者提出，主观轮廓其实就是人们对二维图形中提供的深度线索的主观解释，是过去经验促使视知觉"完整化"的倾向所致。显然，这个实验结论是符合并支持知觉间接论的。

练习与思考

1. 采用双耳分听技术进行实验，材料不同，结果有什么变化？
2. 从对儿童心理研究的角度，谈谈视崖实验对我们有什么启发？
3. 哈德森的三维图形实验说明了什么？

第四部分　记忆与思维实验

教学目标

1. 了解遗忘曲线、记忆重构和思维定势的含义；
2. 理解遗忘曲线、记忆重构、量水实验的过程；
3. 掌握遗忘曲线、记忆重构、量水实验的研究方法。

一、遗忘曲线实验

（一）导言

遗忘曲线是关于记忆遗忘进程规律的研究。记忆是人脑对过去经历过的事物的反映，是个体对其经验的识记、保持和重现。人们过去感知过的事物，思考过的问题，体验过的情绪与情感以及练习过的动作都能作为经验在头脑中保留下来，这些经验以映像的形式储存在大脑中，在一定条件下可以提取出来，这一过程就是记忆。早期对记忆的研究不涉及测量和实验，直到德国心理学家艾宾浩斯（Hermann Ebbinghaus）在费希纳的《心理物理学纲要》的启发下，最先对记忆过程中的遗忘现象作了比较系统的定量研究。

（二）过程

艾宾浩斯以自己为被试，使用无意义音节组作为实验材料。无意义音节由两个辅音和一个元音组成，元音放在两辅音中间。元音包括 a, e, i, o, u, ä ö, ü, au, ei, eu, 无意义音节开始的辅音包括：b, d, f, g, h, j, k, l, m, n, p, r, s,（= sz）, t, w and in addition ch, sch, soft s, and the French j（共19个），结尾的辅音包括：f, k, l, m, n, p, r, s,（= sz）t, ch, sch（共11个）。艾宾浩斯用辅音和元音共组合成 2 300 个无意义音节，从中随机抽取并组成不同长度的无意义音节组。

实验包含 163 对测试，每一对测试包括 8 列 13 个音节组成的无意义音节组。每次识记一定数量的音节，直到连续两次背诵无误。经过不同时距后进行回忆，如果有遗忘则需重新学习直到再次达到背诵无误，时距分别为 1/3 小时、1小时、9小时、1天、2天、6天和31天。

(三) 结果

实验结果见表 2-4-1～表 2-4-7，L 表示开始学习材料所用的时间；WL 表示再学习材料所用的时间；WLk 表示再学习材料的时间减去修正的时间；⊿表示 L-WL 或 L-WLk 的差异，即再学习需要节省的时间；Q 表示记忆保持的百分数，计算时去除背诵时间，只考虑其真实的学习时间；估计背诵两遍 8 列 13 个音节组成的无意义音节组需要 85 秒，因此 Q＝(100 ⊿)/(L-85)；A、B、C 表示每天学习的时间段，A 为上午 10 点至 11 点，B 为上午 11 点至 12 点，C 为下午 6 点至晚上 8 点。

表 2-4-1　19 分钟，12 组测试，A 时间段学习和再学习

	L	WL	⊿	Q
	1156	467	689	64.3
	1089	528	561	55.9
	1022	492	530	56.6
	1146	483	663	62.5
	1115	490	625	60.7
	1066	447	619	63.1
	985	453	532	59.1
	1066	517	549	56.0
	1364	540	824	64.4
	975	577	398	44.7
	1039	528	511	53.6
	952	452	500	57.7
m	1081	498	583	58.2 P.E. m=1

表 2-4-2　63 分钟,16 组测试,A 时间段学习材料,B 时间段再学习材料

L	WL	WLK	△	Q
1095	625	594	501	49.6
1195	821	780	415	37.4
1133	669	636	497	47.4
1153	687	653	500	46.8
1134	626	595	539	51.4
1075	620	589	486	49.1
1138	704	669	469	44.5
1078	565	537	541	54.5
1205	770	731	474	42.3
1104	723	687	417	40.9
886	644	612	274	34.2
958	591	562	396	45.4
1046	739	702	344	35.8
1122	790	750	372	35.9
1100	609	579	521	51.3
1269	709	674	595	50.0
m 1106	681	647	459	44.2 P.E.m=1

注:B 时间段学习 6 列 13 个音节组成的无意义音节组(不包括背诵时间),39 次测试的平均值＝807 秒(平均值的可能误差为 10)。A 时间段学习相同的无意义音节组,92 次测试的平均值＝763 秒(平均值的可能误差为 7)。因此,与 A 时间段的数据相比,B 时间段的时间值多出自身数值的 5％左右。因此 B 时间段再学习的时间必须减去 5％。

表 2-4-3　525 分钟,12 组测试,A 时间段学习,C 时间段再学习材料

L	WL	WLK	△	Q
1219	921	811	408	36.0
975	815	717	258	29.0
1015	858	755	260	28.0
954	784	690	264	30.4
1340	955	840	500	39.8
1061	811	714	347	35.6
1252	784	690	562	48.2
1067	860	757	310	31.6

	L	WL	WLK	△	Q
	1343	1019	897	446	35.5
	1181	842	741	440	40.1
	1080	799	703	377	37.9
	1091	806	709	382	38.0
m	1132	855	752	380	35.8 P.E.m=1

注：C时间段学习8列13个音节组成的无意义音节组，38次测试的平均值＝1 173秒（平均值的可能误差为10）。A时间段学习相同的实验材料，92次测试的平均值＝1 027秒（平均值的可能误差为8）。C时间段的时间值比A时间段多出自身数值的12%左右。因此，C时间段的数值需减去12%。

表2-4-4 一天，26组测试，A时间段是10组，
B时间段是8组（每一组包含6列），C时间段是8组

A

	L	WL	△	Q
	1072	811	261	26.4
	1369	861	508	39.6
	1227	823	404	35.4
	1263	793	470	39.9
	1113	754	359	34.9
	1000	644	356	38.9
	1103	628	475	46.7
	888	754	134	16.7
	1030	829	201	21.3
	1021	660	361	38.6
m	1109	756	353	33.8 P.E.m=2

B

	L	WL	△	Q
	889	650	239	29.0
	824	537	287	37.8
	897	593	304	36.5

续表

	L	WL	△	Q
	825	599	226	29.7
	854	562	292	37
	863	761	122	14.9
	742	433	309	45.6
	907	653	254	30.1
m	853	599	254	32.6 P.E. m=2.2

C

	L	WL	△	Q
	1212	935	277	24.6
	1215	797	418	37.0
	1096	647	449	44.4
	1191	684	507	45.8
	1256	898	358	30.6
	1295	781	514	42.5
	1146	936	210	19.8
	1064	750	314	32.1
m	1184	803	381	34.6 P.E. m=2.3

注：就绝对值而言，每次在不同时间段学习时间和再学习时间的平均差异稍有变化（B时间段来源于6列，因此254需乘以4/3）。每组保持量非常接近，数据显示所有保持量的总平均数Q=33.7（平均值的可能误差为1.2）。

表2-4-5 26组测试，A时间段是11组，B时间段是7组，C时间段是8组

A

	L	WL	△	Q
	1066	895	171	17.4
	1314	912	402	32.7
	963	855	108	12.3
	964	710	254	28.9
	1242	888	354	30.6
	1243	710	533	46.0

续表

	L	WL	∆	Q
	1144	895	249	23.5
	1143	874	269	25.4
	1149	953	196	18.4
	1090	855	235	23.4
	1376	847	529	41.0
m	1154	854	300	27.2 P.E.m=2.3

B

	L	WL	∆	Q
	752	549	203	29.5
	1087	740	347	33.9
	1073	620	453	44.9
	826	693	133	17.5
	905	548	357	42.4
	811	763	48	6.4
	782	618	164	22.8
m	891	647	244	28.2 P.E.m=3.5

C

	L	WL	∆	Q
	1246	889	357	31.6
	1231	885	346	30.2
	1273	1039	234	19.7
	1319	925	394	31.9
	1125	971	154	14.8
	1275	891	384	32.3
	1322	857	465	37.6
	1170	880	290	26.7
m	1245	917	328	28.1 P.E.m=1.8

注：三次保持量的平均值比较接近，26 组测试得出 Q=27.8（平均值的可能误差为 1.4）。

表 2-4-6　六天,26 组测试,A 时间段是 10 组,B 时间段是 8 组,C 时间段是 8 组

A

L	WL	△	Q
1076	868	208	21.0
992	710	282	31.1
1082	756	326	32.7
1260	973	287	24.4
1032	864	168	17.7
1010	955	55	5.9
1197	818	379	34.1
1199	828	371	33.3
943	697	246	28.7
1105	868	237	23.2
m　1090	834	260	25.2　P.E.m=1.9

B

L	WL	△	Q
902	564	338	40.3
793	517	276	37.9
848	639	209	26.5
871	709	162	20.1
1034	649	385	39.7
745	728	17	2.5
975	645	330	36.2
805	766	39	5.3
m　872	652	220	26.1　P.E.m=4

C

L	WL	△	Q
1246	922	324	27.9
1334	1097	237	19.0
1293	939	354	21.0
1401	988	413	31.4
1214	992	222	19.7

	L	WL	△	Q
	1299	1045	254	20.9
	1358	1047	311	24.4
	1305	881	424	34.8
m	1306	989	317	24.9 P.E. m=1.6

注：26 组测试得出保持量的平均数 Q=25.4（平均值的可能误差为 1.3）。

表 2-4-7　31 天,45 组测试,A 时间段是 20 组,B 时间段是 15 组,C 时间段是 10 组

A

	L	WL	△	Q
	1069	813	256	26.0
	1109	785	324	31.6
	1268	858	410	34.7
	1280	902	378	31.6
	1180	848	332	30.3
	1095	888	207	20.5
	1089	988	101	10.1
	1113	1043	70	6.8
	1090	1025	65	6.5
	997	876	121	13.3
	1116	934	182	17.7
	1060	893	167	17.1
	930	796	134	15.9
	1030	769	261	27.6
	980	862	118	13.2
	1079	805	274	27.6
	1254	978	276	23.6
	1164	938	226	20.9
	1127	869	258	24.8
	1268	972	296	25.0
m	1115	892	223	21.2 P.E. m=1.3

B

L	WL	△	Q
831	638	193	25.2
867	516	351	43.7
960	748	212	23.7
828	675	153	20.0
859	705	154	19.4
838	661	177	22.9
946	887	59	6.7
833	780	53	6.9
696	532	164	25.9
757	626	131	18.9
906	733	173	20.5
1024	915	109	11.4
930	780	150	17.3
899	756	143	17.1
1018	705	313	32.8
m 879	710	169	20.8 P.E.m=1.4

C

L	WL	△	Q
1424	1004	420	31.4
1307	1102	205	16.4
1351	893	458	36.2
1245	1090	155	13.4
1258	895	363	31.0
1155	1070	85	7.9
1219	800	419	36.9
1278	1110	168	14.1
1120	1051	69	6.7
1250	1055	195	16.7
m 1261	1007	254	21.1 P.E.m=2.7

注：45组测试得出保持量的平均数 Q=21.1（平均值的可能误差为 0.8）。

根据以上数据,总表格绘制如表 2-4-8:

表 2-4-8　不同时段记忆的保持量

序号	时距(X)	保持量/节省时间(Q,%)	平均值的可能误差(P.E.m)	遗忘量(v,%)
1	0.33	58.2	1	41.8
2	1	44.2	1	55.8
3	8.8	35.8	1	64.2
4	24	33.7	1.2	66.3
5	48	27.8	1.4	72.2
6	6×24	25.4	1.3	74.6
7	31×24	21.2	0.8	78.9

(三) 讨论

艾宾浩斯得出结论:学习材料后经过的时间越长,遗忘越多,但遗忘的速度不均衡。在识记初期遗忘很快,以后逐渐缓慢。学习材料后 1 小时,遗忘已经达到原材料的一半;8 小时后,遗忘已达最初的 2/3。随着时间的推移,遗忘的速度逐渐减慢,24 小时后,记忆量为 1/3,6 天后大约是 1/4,1 个月后大约是 1/5,在相当长的时间之后,几乎不再遗忘。根据实验结果,艾宾浩斯计算出保持和遗忘与时间的数学公式,精确地找出遗忘数值变化的规律。$b=100K/((\lg t)^c+K)$,$t=$时距(分钟),$b=$保存量,C 和 K 是常数(近似估计值 $K=1.84$,$C=1.25$)。结果如下:

时距	观测值 b	计算值 b	$\triangle$
20	58.2	57.0	1.2
64	44.2	46.7	−2.5
526	35.8	34.5	1.3
1 440	33.7	30.4	3.3
2×1 440	27.8	28.1	−0.3
6×1 440	25.4	24.9	0.5
31×1 440	21.1	21.2	−0.1

艾宾浩斯用 10 个音节组成的无意义音节组进行实验,每次测试包括 15 列无意义音节组。时距 18 分钟,6 次测试表明当重新学习 10 个音节组成的无意义音节组,18 分钟后,保持量 56%,结果与之前的研究相符(13 个音节组成的无意义音节组,19 分钟后,保持量 58%)。

	L	LW	△	Q
	848	436	412	57.5
	963	535	428	50.9
	921	454	467	58.5
	879	444	435	57.5
	912	443	469	59.4
	821	461	360	51.6
m	891	462	429	56.0 P.E.m=1

1883~1884 年期间,艾宾浩斯做了 7 个实验,包括 9 列 12 个音节组成的无意义音节组,研究表明学习材料记熟后,24 小时后再学习,被试节省的时间为 33.4%。结果与之前的研究相符(1879~1980 年期间,8 列 13 个音节组成的无意义音节组,24 小时后,保持量 33.7%)。

	L	LW	△	Q
	791	508	283	37.9
	750	522	228	32.3
	911	533	378	43.6
	725	494	231	33.9
	783	593	190	27.1
	879	585	294	35.2
	689	535	154	23.9
m	790	539	251	33.4 P.E.m=1.7

人物栏:艾宾浩斯

艾宾浩斯(H. Ebbinghaus 1850—1909)德国实验心理学家,现代联想主义的创始人。实验学习心理学的创始人,也是最早采用实验方法研究人类高级心理过程的心理学家。1950 年生于德国波恩附近的巴门一商人家庭。17 岁入波恩大学学习历史和语言,后转入哈雷大学、柏林大学专研哲学。1867 年,艾宾浩斯在巴黎一家书摊上买了一本费希纳的《心理物理学纲要》,这一偶然的事情对他的一生产生了深远的影响。艾宾浩斯决定像费希纳研究心理物理学那样,通过严格的系统的测量来研究人类的高级心理

活动过程。1873年于波恩大学获哲学博士学位。1875—1878年赴英国和法国留学。1880年,艾宾浩斯受聘于柏林大学。1885年出版《论记忆》,该书是实验心理学史上最为卓越的研究成果之一。1886年任柏林大学副教授,1905年任哈雷大学教授。1890和1894年先后在柏林大学、布雷斯劳大学建立心理学实验室,后来在哈雷大学又将原有的实验室加以扩充。1890年他和物理学家寇尼格创办了《感官心理学与生理学杂志》,后开展视觉研究,1893年艾宾浩斯发表其色觉理论。主要著作包括《记忆》(1885)、《心理学原理》(2卷,1897—1902)、《心理学纲要》(1908)等。

二、记忆重构实验

(一) 导言

美国认知心理学家伊丽莎白·罗夫特斯(Elizabeth Loftus)主要研究人类的认知和记忆活动,在创伤性压抑记忆的延展性和可靠性等方面作出了巨大贡献并通过大量实验证实目击者的部分证词是基于错误记忆。罗夫特斯在其早期记忆研究中,指出人们对记忆进行分类并将记忆的过程划分为识记,保持和重现。大脑提取过去的信息时会对其进行加工,回忆过去发生的事件受现在正在发生事件的影响,如不同的提问方式。1974年伊丽莎白·罗夫特斯和约翰·帕尔莫在语言学习和语言行为杂志上发表了一篇文章,文中描述了两项有关记忆重构的经典性实验。

(二) 过程

实验一,选择45名学生为被试,采用7段5~30秒描述交通事故的视频材料(选自当地安全协会以及西雅图警局的行车安全教育片)。被试分为5组,每段影片后9位被试先对刚刚看过的交通事故进行描述,然后回答相关问题。实验持续近一个半小时,问题是关于交通事故中汽车行驶的速度,询问方式如下:
(1) 当两车相碰时,汽车的行驶速度是多少?
(2) 当两车猛然撞击时,汽车的行驶速度是多少?
(3) 当两车互相撞击时,汽车的行驶速度是多少?
(4) 当两车碰撞时,汽车的行车速度是多少?
(5) 当两车相擦时,汽车的行车速度是多少?
实验二,选择150名学生为被试,采用一段描述多辆汽车相撞的视频材料,时长不到1分钟。看完短片后,首先要求被试用自己的语言对刚刚看过的交通事故进行描述,然后回答一系列的相关问题。询问中的关键问题是交通事故中汽车的行驶速度。所有被试平均分为3组,第一组的问题是汽车猛然相撞时,行驶速度是多少？第二组的问题是汽车相碰时,行驶速度是多少？最后一组被试,没有询问汽车的行驶速度。一周后,所有被试返回并回答有关该事故短片的一系列新问题。十个问题一组,关键性问题被随机地穿插在其中。问题为你看到破碎的玻璃吗？答案为"是"和"否",但实际的短片中并没有玻璃破碎的场景,因为破碎的玻璃是高速行驶事故中常见的现象。

(三) 结果

实验一:不同动词使用后,预测的平均速度如表2-4-9所示。

表2-4-9 被试预测的平均速度

动词	预测的平均速度（英里/小时）
猛然撞击	40.8
互相撞击	39.3
碰撞	38.1
相碰	34.0
相擦	31.8

使用"猛然撞击"进行询问时,被试预测的平均速度最大,而使用"相擦"进行询问时,被试预测的平均速度最小。以动词作为固定效应,以被试和电影作为随机效应,$F=4.65, P<0.005$。

选出七段视频材料中的四段,使用"碰撞"来询问被试。其中一段视频材料汽车撞击的真实速度是20英里/小时,被试预测的平均速度为37.7英里/小时,另一段视频材料中汽车撞击的真实速度是30英里/小时,被试预测的平均速度为36.2英里/小时。剩下两段视频材料中汽车撞击的真实速度是40英里/小时,两组被试预测的平均速度分别为39.7英里/小时和36.1英里/小时。从以上数据可知,被试对汽车撞击速度的预测和汽车撞击的真实速度之间没有太大的联系,而询问中使用不同的动词会影响到被试的预测结果。

实验二:被询问"猛然撞击"的被试预测的平均速度为10.46英里/小时;被询问"相碰"的被试预测的平均速度为8.00英里/小时。平均数有显著的差异,$t(98)=2.00$,$P<0.05$。实验结果如表 2-4-10。

表 2-4-10 被试对"你有没有看见玻璃碎片?"的回答

回答	动词		控制组
	猛然撞击	相碰	
是	16	7	6
否	34	43	44

经过独立性卡方检验,被试的回答存在显著性差异 $\chi^2(2)=7.76$。除此之外,实验还显示当使用动词"猛然撞击"时,被试回答"是"的概率是 0.32。当使用动词"相碰"时,被试回答"是"的概率是 0.14。因此,"猛然撞击"的使用让被试更倾向于选择答案"是"并高估汽车的行车速度。

使用"猛然撞击"进行询问时,除了提高预测的速度外,还有其他的作用吗?为回答这一问题,罗夫特斯根据预测的速度进行分类,计算被试回答"是"时,"猛然撞击"和"相碰"出现的概率。结果见表 2-4-11。

表 2-4-11 对"你看见破碎的玻璃吗?"回答"是"的概率

动词	预测的速度(英里/小时)			
	1~5	6~10	11~15	16~20
猛然撞击	0.09	0.27	0.41	0.62
相碰	0.06	0.09	0.25	0.50

如果动词只对预测的速度产生影响,那么回答"是"的概率应该与动词的分类无关。但表 2-4-11 的数据表明使用"相碰"进行询问,被试回答"是"的概率要低于使用"猛然撞击",二者概率之间的差距从 0.3(预测速度 1~5 英里/小时)到 0.18(预测速度 16~20 英里/小时)。由此可知,询问"猛然撞击"除了简单地提高预测速度外,还可以使被试在头脑中形成与"猛然撞击"有关的画面,如破碎的玻璃。

(四)讨论

询问的方式直接影响被试对问题的回答,例如汽车的行驶速度,同时还影响到一周后被试对某些问题的回答,例如有没有玻璃碎片。记忆中存在两种信息,一种来源于对原始事件的认知,第二种是事件之外的信息供给。这两种信息会整合在一起,难以分辨,所有的内容我们都称之为记忆。在该实验中,被试首先描述了他们亲眼目睹的事故。当主试问"当两车猛然撞击,汽车的行驶速度是多少"时,他们给被试提供了一些外部的信息,也就是两车的确狠狠地相撞在一起。当两个信息融合后,被试记忆中的事故要比真实的事故严重。破碎的玻璃总是和严重车祸现场联系在一起,因此一周后被试认为交通事故中有破碎的玻璃。

随后罗夫特斯在记忆的重构方面又做了大量的实验研究。1975年她在认知心理学杂志上发表题为诱导提问和目击证人的报道。文中讲述了四个实验,实验一主试将150名学生分成小组后请他们观看短片。影片结束后,要求被试回答10个问题。闯过停车路标的那辆车被称为轿车A,对于其中的一半被试,问卷的第一个问题为,"轿车A闯过停车路标时速度有多快?"另一半被试的第一个问题为,"轿车A右转弯时的速度有多快?"对所有被试而言,最后一个问题为,"你看到轿车A前有路标吗?"被试只需回答是和否。实验结果显示对在第一个问题中提到停车路标的那组被试,有40名(53%)说他们看到轿车A前有停车路标,但在第一个问题中提到"右转弯"组中,只有26名被试(35%)声称他们看到了停车路标,经卡方检验显示差异具有统计上的显著性。

实验二,主试给40名被试呈现"一个学生罢课日记"中时长3分钟的片段。看完后要求被试回答20道问题。其中一半被试的一个问题是:"进入教室的4名示威者的带头者是男性吗?"另一半被试的问题则是:"进入教室的12名示威者的带头者是男性吗?"向两组被试所提的其他问题完全相同。一周后,主试把两组被试请回,不再重复看短片,请他们回答有关这部电影的20道新问题。其中一个关键性问题是:"你看见几名示威者走进了教室?"真实的示威者的人数为8。实验结果显示,一周前提问中显示"12名示威者"的被试报告的平均人数为8.85。提问中显示"4名示威者"的被试报告的平均人数为6.40人。$t=2.50, P<0.01$。两者存在显著性差异。由此可知,问题的措辞改变了被试对目击事件的记忆。

实验三,150名被试观看一段交通事故的短片,然后要求回答与录像有关的10个问题。一半被试的问卷中的一个问题是:"白色跑车在乡间道路上行驶,穿过谷仓时速度有多快?"对另一半被试则问道:"白色跑车在乡间道路上行驶时,速度有多快?"录像中的确有谷仓。和前面的研究一样,被试一个星期后返回并回答10道新问题。其中最后一个问题是:"你是否看见了一个谷仓?"实验结果显示,在前面的问题中提到谷仓的那组被试,17.3%的人对此问题回答"是"。没有提到谷仓的那组被试,只有2.7%的人回答"是"。卡方检验显示二者存在显著性差异。

实验四中150名被试分成三组观看三分钟的短片,短片在一辆汽车内拍摄的,结尾是这辆车撞到了一位男士推着的婴儿车上。看完影片后让被试回答三组问题。第一组:直接提问组。问题中包含了40道填充题和5道关键的题目,五道题均包含了事件中并不存在的事物。如,"你是否在电影中看到一个校车?"第二组:错误假定组。被试回答同样的40道填充题和5道关键问题,这些关键问题包含了对同样不存在的物体的假定。如,"你是否看见一个小孩上了校车?"第三组:控制组。只回答40道填充题,没有关键的题目。一周后,所有被试返回,不再观看短片,回答20个新问题,其中包含5道关键问题,与一周前直接提问组的被试所回答的关键问题完全相同。研究结果表明,一周后三组被试对关键问题回答为"是"的百分比如下:控制组的被试为8.4%;直接提问组的被试为15.6%;错误假定组的被试为29.2%。实验短片中根本不存在校车、卡车、谷仓等,但提问会使得人们把新信息无意识地整合进最初的记忆中。

本次报道中共涉及被试490人,这四项实验把研究向前推进了一大步。研究表明向目击证人提问方式会影响到他们对事件的记忆,并影响到被试对后续问题的回答。伊丽莎白·罗夫特斯对目击证人证词的研究影响深远。这四项研究既影响了记忆理论,同时也影响了司法领域[3]。

人物栏:罗夫特斯

罗夫特斯(E. Loftus 1944—),美国认知心理学家,1944年10月出生于加利福尼亚的洛杉矶,本打算成为一名数学教师,后来发现自己对心理学很感兴趣。1966年罗夫特斯在加利福尼亚大学洛杉矶分校(UCLA)获得数学和心理学学士学位。1968年,她和Geoffrey Loftus结婚并申请到斯坦福大学研究所。1967年在斯坦福大学获得硕士学位,1970年获得博士学位。1973年,罗夫特斯在西雅图的华盛顿大学获得助理教授的职务,后任该校心理学教授。2002年起任华盛顿大学心理学资深教授,同时出任加州大学欧文分校的杰出教授,主要研究人类的记忆以及目击证人证词等。罗夫特斯在对过去事件的信息是怎样塑造人类记忆的研究方面十分著名,对心理学有着巨大的贡献,开启了记忆研究独特和有争议的一面。主要著作:《当心!你的记忆会犯罪》(1994)、《目击证人证词》(1996)等。

三、量水问题实验

（一）导言

量水实验是关于思维定势对问题解决影响的研究。定势指在过去经验的影响下，被试在解决问题时有一定的倾向性，这类倾向性有时有助于问题的解决，有时会妨碍问题的解决。最初研究解决问题中的定势作用的是梅尔（N. R. F. Maier），他设计了双绳相接问题，两条系在天花板上的绳子相距太远，不能直接相连，房间内有一张椅子和一把钳子。主试要求被试把两根绳子系在一起，结果绝大多数被试没能够解决该问题。1942年，美国心理学家陆钦斯（Abraham S. Luchins）通过量水实验进一步研究定势对问题解决的影响。

（二）过程

实验以大学生为被试，实验组79人，控制组57人。采用三种不同容量的水桶：水桶A、水桶B、水桶C。D栏代表所求的水量（单位加仑）。被试的任务是用水桶配出D栏所需的水量。第一题为例题。详见表2-4-12。

表2-4-12 定势对问题解决影响的实验材料（加仑）

问题类型	水桶容量 水桶A	水桶B	水桶C	所求水量 D
1	29	3		20
2	21	127	3	100
3	14	163	25	99
4	18	43	10	5
5	9	42	6	21
6	20	59	4	31
7	23	49	3	20
8	15	39	3	18

第一个问题是演示题，实验开始时，主试说明例题做法，先将A桶装满，然后从中倒出3个B桶的量，这时A桶中剩余的水，正好是D所求的水量。换以数字计算：29-3-3-3=20，若以代数式表示：D=A-3B。主试要求被试按例题方式采用代数式求解其他各题的答案。实验组从例题之后逐渐求解，一直做到第8题。控制组则在例题之后直接做第7、8两题。

(三) 结果

实验组被试中有81%的人套用D=B-A-2C的方法一直做到最后,而控制组被试则全部采用简捷方法D=A±C的方法解答7、8两题。这说明实验组被试明显地受定势的影响,而控制组则不受其影响。实验结果见表2-4-13所示。

表2-4-13 定势对问题解决影响的实验结果

组别	人数	采用D=B-A-2C方法的正确解答(%)	采用D=A±C方法的正确解答(%)	方法错误(%)
实验组	79	81	17	2
控制组	57	0	100	0

(四) 讨论

本实验旨在研究用同样的方法解答1至6题后,被试是否会产生定势继而影响其运用简捷方法解答第7、8两题。2至8题均可采用D=B-A-2C的公式计算,但7与8两题有简捷的方法,第7题可用D=A-C,第8题可用D=A+C。实验结果说明个体在解决新问题时有一种套用先前方法的倾向。定势的存在可以使我们很快地找到解决问题的方法,提高解决问题的效率。但是定势也会阻碍问题的解决,尤其是在需要新方法的时候。过去的习惯越强烈,越难灵活地思考。最成功的问题解决者应该能够准确判断何时需要完全放弃定势,不拘泥于某一方法,多角度地思考并解决问题。

1984年陆钦斯进一步研究量水问题的性别差异,被试为100名大学生,男女各半。实验中设计了四种类型的题目。第一种为说明性问题。第二类为定势题目,可以用公式B-A-2C计算。第三类为关键性题目,可以用定势方法(B-A-2C)或直接方法(A±C)解决。第四类为中止题,不能通过定势方法解决,只能通过直接方法(A-C)解决。该研究包括两个实验,实验一被试被告知解决每个问题有时间限制,不能超过2.5分钟,实验结果见表2-4-14。

表 2-4-14 时间范围、每题平均时间和男女生被试间的时间差(秒)

问题	问题类型	女性($n=25$) 范围	女性($n=25$) 平均值	男性($n=25$) 范围	男性($n=25$) 平均值	差异 平均值
1	说明性问题	10~50	22.8	10~36	22.0	0.8
2	定势问题	10~60	26.8	10~42	24.4	2.4
3	定势问题	13~130	36.8	8~42	24.0	12.8
4	定势问题	10~40	24.5	8~38	20.6	3.9
5	定势问题	15~50	27.3	8~50	23.3	4.0
6	定势问题	10~40	23.2	8~37	21.4	1.8
7	关键性问题	8~38	18.2	7~36	16.6	1.6
8	关键性问题	4~36	16.2	7~32	14.1	2.1
9	中止问题	7~165	44.7	6~90	26.7	18.0
10	关键性问题	5~38	16.0	6~30	11.9	4.1
11	关键性问题	7~130	25.3	6~39	13.1	12.2
总计	问题 1~6	10~130	161.4		135.7	25.7
总计	问题 7~11	4~165	120.4	6~90	82.4	38.0

实验结果显示,女生在每一问题上平均花费的时间要高于男生,女生运用定势方式解决问题所花费的时间要多于男生,即使 B-A-2C 已不适用,她们仍坚持使用。女生运用直接方式解决问题所花费的时间要少于男生。女生在关键性问题上习惯使用定势方式解决问题。多数女生没能解决中止性问题。

实验二没有时间的限制,被试在相对宽松的情境下测试,实验结果显示:48%的女生和52%的男生在第一次关键性题目(题目7、8)上使用定势方式解决问题。28%的男女生在中止题目上失败了。32%的男女生在最后的两个关键性问题(题目10、11)上使用定势方式解决问题。定性研究结果显示:当询问被试为什么女生比男生更多地使用定势方式解决问题时,8位女生和6位男生回答不知道,只有1位女生和2位男生回答女生可能更害怕改变。综上所述,不管定量研究还是定性研究都表明实验二中的性别差异没有实验一显著。

练习与思考

1. 什么是遗忘曲线？
2. 简介罗夫特斯记忆重构的实验程序。
3. 陆钦斯的量水实验是怎样证明定势对问题解决影响的？
4. 评述艾宾浩斯对心理学研究的贡献。

第五部分　学习心理实验

教学目标

1. 了解有关学习心理实验的背景和后续研究；
2. 识记经典条件反射、操作条件反射、尝试错误学习、认知地图和社会学习等概念；
3. 理解经典条件反射实验、操作条件反射实验、尝试错误学习实验、认知地图实验、社会学习芭比娃娃实验、割裂脑实验的设计思想、实验装置、实验过程和研究结果。

一、经典条件反射实验

（一）导言

经典条件反射是指一个中性刺激与另外一个无条件刺激多次联结出现，可使个体学会在中性刺激单独呈现时，也能引起原先只有无条件刺激才能引发的反应。因为这种现象最早是由巴甫洛夫(Иван Петрович Павлов)发现和系统研究的，因此又称巴甫洛夫条件反射。又因为在行为出现之前离不开特定刺激的出现，因此又常被叫做应答性条件反射。

巴甫洛夫是俄国著名的生理学家。他以狗做被试以研究唾液在消化中的作用。他们不断变化各种可以食用或不可食用的东西放入狗的嘴里，以观察唾液分泌的比例和数量。随着研究的深入，结果出现了一些完全出乎意料的现象：经过与食物的多次匹配后，不必呈现食物，狗只要看到空碟子、常喂食的人等本来不会引起唾液分泌的东西，也会分泌唾液。也就是说与消化无关的刺激引起了狗的消化反射。于是巴甫洛夫就设计了一系列实验来对这一现象进行研究。

（二）过程

实验目的是探讨经典条件反射的形成过程与基本定律。实验被试主要是狗，也有少部分其他动物和人。实验材料有食物，测量唾液分泌多少的仪器，铃声、节拍器、灯光等中性刺激。因变量是唾液分泌量，实验可以简化为三个阶段。第一阶段只呈现无条件刺激物；第二阶段中性刺激和无条件刺激物配对出现，这一过程经过多次重复；第三阶段只呈现中性刺激。

表 2-5-1 条件反射形成的三阶段

阶段	刺激	反应
第一阶段	无条件刺激（食物）	无条件反射（唾液分泌）
第二阶段	无条件刺激（食物） ＋ 中性刺激（如节拍器，铃声）	无条件反射（唾液分泌）
多次重复第二阶段		
第三阶段	条件刺激（原来的中性刺激，如节拍器，铃声）	条件反射（即原来的无条件反射，即唾液分泌）

无条件刺激（US）指的是能够引起无条件反射（UR）的刺激。无条件刺激（如食物）和无条件反射（如分泌唾液）之间的关系被称为无条件反射，是生来就有无需学习的。

条件刺激（CS）指的是能够引起条件反射（CR）的初始中性刺激（NS），这是需要学习的。当某个中性刺激（如铃声）与某个无条件刺激（如食物）重复性地伴随出现，这个中性刺激就具有了同无条件刺激一样的作用，此时就变成了条件刺激，并产生条件反射（如听到铃声分泌唾液）。

（三）结果

巴甫洛夫及其助手变换了多种形式的中性刺激（如灯光、脚步声、转动的物体、白大褂等），结果都证明条件反射的确是存在的。例如把一些淡酸溶液倒入狗的嘴巴之前，向狗呈现香草的气味，这种组合重复 20 次之后，只呈现香草气味也能引起唾液分泌。

此外他们还发现中性刺激与无条件刺激出现的时间也很关键。如果中性刺激出现在无条件刺激之后，就不会形成条件反射。即如果先将淡酸溶液倒入狗的嘴巴，然后再呈现香草的气味，即便这种组合出现 427 次，单独呈现香草味也不能引起唾液的分泌。基于此，人们还进一步分析了条件反射的获得与消退、刺激的泛化与分化等经典条件反射的主要规律。这一发现不仅局限于对狗唾液分析的研究，还可以解释和说明人类的许多行为。

（四）后续研究

在巴甫洛夫之后，条件反射的研究又有了许多新进展。其中比较著名的是华生恐惧习得的研究。他通过将小白鼠和刺耳声音配对出现，使本来不害怕白鼠的小艾尔伯特学会了害怕白鼠，甚至发展到后来看到毛茸茸的东西都会害怕，即出现了泛化。华生这一研究中所用到的原理同巴甫洛夫研究中的原理是一样的。

另外一个著名的研究则发生在 20 世纪 70 年代初，研究者较好地利用巴甫洛夫条件反射技术解决了狼捕杀羊的难题。其程序是首先向狼提供经过处理后的羊肉（里面加入了氯化锂），狼吃过之后就会感到十分难受，不断地呕吐。这样狼就学会闻到羊的味道就想呕吐。后来，再把这些饥饿的狼同活羊放在一个围栏中，起初狼会攻击羊群，但一闻到羊身上的气味就立即停止攻击并尽可能远离羊群，一有机会狼就迅速逃出围栏跑走了。

尽管经典条件反射的过程十分重要，但也有一些心理学家持有不同意见，特别是斯金纳反驳说另一种形式的学习即操作性条件反射才是人类许多学习的原型。

二、桑代克迷箱实验

（一）导言

桑代克（E. L. Thorndike）较早使用实验方法研究动物心理，用以替代对动物的自然观察，为动物心理的研究开辟了新的道路。他以动物为被试进行了一系列实验，其中最为著名的是以饥饿的猫为研究对象的迷箱实验，见图 2-5-1，在此基础上提出了著名的"试误说"及学习规律。

（二）过程

将饥饿的猫关入箱中，把食物放在箱子外面看得见却够不到的地方。

观察记录猫的反应和逃出迷箱所需时间。然后再把猫放回迷箱，进行下一轮尝试。如此反复，直到猫一进入迷箱，很快就能打开开关逃出迷箱为止。

（三）结果

第一次将猫放入迷箱时，猫会拼命挣扎，或咬或抓，试图逃出迷箱。在这些努力和尝试中，它可能无意中一下子抓到门闩或踩到台板或触及横条，结果使门打开，于是逃出箱外吃到了食物。研究人员记下猫逃出迷箱所需时间后，再次把猫再放回迷箱内，进行下一轮尝试。

猫仍然会经过乱抓乱咬的过程，不过所需时间可能会少一些。经过如此多次连续尝试，猫逃出迷箱所需的时间越来越少，无效动作逐渐被排除，以致到了最后，猫一进迷箱内，即去按动踏板，跑出迷箱，获得食物。将猫每次逃出迷箱所需的时间记录下来，发现随着尝试次数的增加，猫逃离迷箱所需的时间是一个逐渐下降的过程。

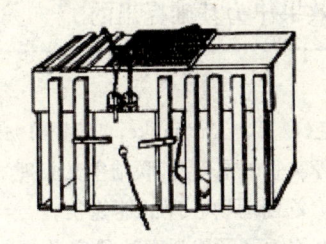

图 2-5-1　桑代克迷箱示意图

基于这些实验，桑代克提出了著名的学习的"尝试——错误"理论及准备律、练习律、效果律等学习定律。桑代克把猫在迷笼中不断地尝试、不断地排除错误最终学会开门出来取食的过程称为尝试错误学习，认为学习的实质就在于形成刺激——反应联结。

准备律指的是学习者在学习时的预备定势。如果有所准备并按其准备进行活动，学习者就会产生满足感；如果有准备而没有按其准备活动做，学习者就会产生烦恼感；如果没有准备而强制其进行活动，就会产生厌恶感。练习律则是认为在奖励情况下，不断重复一个学会的反应就会增加刺激和反应之间的联结。效果律则是在对同一情境所做的若干反应中，在其他条件相等的情况下，那些对学习者伴有满足的反应或紧跟着满足的反应，就越加牢固地与这种情境相联结。例如，猫在迷箱中会作出多种行为反应，但大多数反应都不能帮助它们逃出迷箱，只有极少数行为可以使它们逃脱并得到食物。因此，猫就记住了这些有效的行为,将迷箱这个刺激和这些有效的行为联系起来了。直到最后一进迷箱就知道应该作出什么反应了。

(四) 后续研究

几乎与桑代克同时,斯莫尔(W. S. Small)利用相当复杂的迷津通道对白鼠的学习行为进行实验研究。结果发现,刚开始走迷津时,白鼠的速度较慢,犹犹豫豫,在识别关键拐点时所用时间较长且喜欢沿着边缘嗅着气味走,而随着走迷津经验的增加,它们走迷津速度的不断加快,错误数和不确定程度逐渐减少,表现出越来越多的玩耍和探究行为。可见,虽然采用了不同的研究对象和实验工具,斯莫尔的研究再次支持了桑代克的研究结论。

由于桑代克的学习理论说明了一个刺激和一个反应新关系的建立,因此他的学习理论称为联结主义。桑代克改变了传统的联想主义。传统的联想主义所指的是观念间的联想,而桑代克的联结主义所指的是刺激与反应间的联结。此外,他的效果律对新行为主义者斯金纳的思想影响很大,后者的操作条件作用就是以桑代克的效果律为基础提出的。

人物栏:桑代克

爱德华·李·桑代克(E. L. Thorndike, 1874—1949),美国教育心理学家,动物心理实验的首创者,联结主义心理学的创始人。主要学术成就:(1) 首创动物心理的迷笼实验。与以往罗曼尼斯和摩尔根在自然条件下采用观察法研究动物心理不同,以严格控制的实验研究代替自然观察,开辟动物心理学研究的新途径。被巴甫洛夫认为是最早开展动物心理实验的研究者。(2) 创建联结主义心理学体系,认为动物学习是通过"尝试与偶然成功"在情境刺激与反应之间形成各种联结的过程、用刺激与反应的联结取代联想主义心理学关于学习的观念联想说,并否定动物心理学中的拟人观进而将动物研究技术应用于儿童和青年,将联结概念推广至人类心理,形成联结主义心理学体系。(3) 提出学习律,包括练习律、效果律、准备律三条主律以及多式反应原则等五条副律。20世纪30年代根据人类学习的研究进行修改。放弃使用律,提出相属原则。放弃烦恼对学习影响的观点,用奖惩加以补充。(4) 与武德沃斯共同提出学习迁移的相同要素说。(5) 创建教育心理学体系。总结美国机能主义心理学和自己的研究成果。首次构建教育心理学理论体系,包括人的本性、学习心理和个体差异三大部分,使教育心理学从教育学和儿童心理学中分化出来成为一门独立学科,被誉为"美国教育心理学之父",领导美国于20世纪30年代兴起的科学教育运动。

(6) 编制许多心理测验。继承 J. M. 卡特尔的心理测量学说。编制标准化的教育成就验阅读和作文等学科量表。设计军队的智力测验、CAVD 测验和非文字量表等，成为美国心理测验运动的领导人。

三、操作性条件反射实验

操作性条件反射是美国新行为主义代表人物斯金纳(B. F. Skinner)学习理论的核心概念。斯金纳认为行为可以分成两类：一类是由已知刺激引起的应答性行为，例如学生听到上课铃声后就迅速坐好等待教师上课；另一类是有机体主动发出的操作性行为，在此之前并没有明显的刺激物出现。斯金纳认为后者是人类的主要行为。

实验一 操作条件反射实验

（一）导言

斯金纳认为，所有的行为都可以用它产生的环境后果来解释。即便是那些被看作是人类独有的行为，也可以让鸽子或老鼠这样的低等动物学会。在任何特定的情况下，我们的行为都可能伴随着某种结果。如果得到了赞扬、报酬等结果，那么在以后类似情况下，该行为出现的概率就会得到增强；而如果得到的是疼痛或尴尬，那么在今后类似情况下，该行为出现的概率就会减少。为了更好地进行研究，斯金纳精心设计制作了一种特殊的仪器即斯金纳箱，并在此基础上提出了著名的强化原理。

（二）过程

实验目的是探讨操作条件反射的形成过程与基本定律。实验被试是老鼠或鸽子等。实验仪器为斯金纳箱，如图 2-5-2 所示。

它是由一只里面装有开关的空笼子或空箱子组成，如以老鼠为被试，开关即是一小根杠杆或一块木板；如以鸽子为被试，开关就是一个键盘。开关连着箱外的记录系统，当动物按压开关时就可

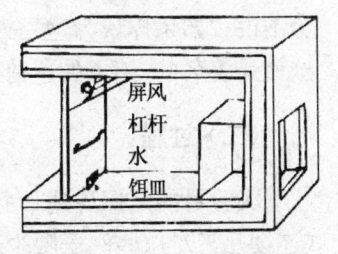

图 2-5-2 斯金纳箱

以用线条精确地记录下动物触动开关的次数与时间。里面有食物分发器，实验者可以精确地控制食物的呈现方式。将饥饿的小动物放入箱内，精确控制

食物的呈现方式,记录实验动物按压开关的次数与时间。

(三) 结果

观察发现,刚进入斯金纳箱的老鼠开始有点胆怯。经过反复探索,老鼠迟早会做出按压杠杆的动作,只要箱内的老鼠按压杠杆,就有一粒食丸滚入食物盘。若干次后,就形成饿鼠按杠杆取得食物的条件反射,斯金纳称此为操作条件反射。

操作条件反射是一种由刺激引起的行为改变。它与经典条件反射不同之处在于操作条件反射形成过程中,人或动物必须找到一个适宜的反应,并且这个习得的反应可以带来某种结果(如按压杠杆可以得到食物),在经典条件反射中,并没有这样的效果出现(如唾液的分泌不会导致食物的出现)。

基于实验研究,斯金纳认为个体作出的反应与随后出现刺激之间的关系对行为起着控制作用,会影响以后行为发生的概率。斯金纳把反应之后出现的、能增强反应概率的手段或措施称为强化。斯金纳细致地研究了强化的程序,特别是固定间隔强化、非固定间隔强化、固定时间比率强化和非固定比率强化对反应习得、反应速度和反应消退的不同影响,形成了著名的强化原理。

实验二 鸽子的迷信行为实验

(一) 导言

人们总是会有这样那样的迷信行为,比方说,忌讳从梯子下走过,忌讳踩到裂缝等。尽管人们不愿意承认这一点,但某些时候人们会因为迷信而做某些事情。斯金纳认为,人们这样做的原因是他们相信或推测在迷信行为和某些被强化的结果之间存在联系,即便是实际情况下两者并没有关联。所以,斯金纳说:"如果你认为这是人类特有的行为,那么我将给你一只迷信的鸽子。"这就是著名的"鸽子的迷信行为"的研究。

(二) 过程

实验目的是探讨迷信行为的形成与消退。实验被试是 8 只饥饿的鸽子(连续几天对这些鸽子喂少于正常进食量的食物)。实验仪器为斯金纳箱。实验共分 3 个阶段:第一阶段将鸽子放入固定间隔强化的斯金纳箱中。食物分发器被设定为每隔 15 秒落下食丸,不管动物做了什么,每隔 15 秒它将得到一份奖励。实验持续几天。第二阶段更改食物分发器,将时间间隔更改为每隔

60秒落下食物。第三阶段更改食物分发器,不再出现食物。由两名研究者分别记录鸽子的行为特征与行为次数。

(三) 结果

在第一阶段中,8只鸽子中的6只产生了非常明显的反应,两名观察者得到了完全一致的记录。一只鸽子形成了在箱子中逆时针转圈的条件反射,在两次强化之间转2~3圈;另一只反复将头撞向箱子上方的一个角落;第三只出现一种上举反应,似乎把头放在一根看不见的杆下面并反复抬起它。还有两只鸽子的头和身体呈现出一种摇摆似的动作,它们头部前伸,并且从右向左大幅度摇摆,接着再慢慢地转过来,它们的身子也顺势移动,动作幅度过大时还会向前走几步。还有一只鸽子形成了不完整的啄击或轻触的条件反射,动作直冲地面但并不着地。这说明每隔15秒落下食物这一特定结果强化了鸽子的某些行为,使得鸽子出现了迷信行为。

在第二阶段中,当两次投放食丸的时间间隔增加到1分钟后,鸽子表现得更加精力充沛,一只跳舞的鸽子像在表演一种舞蹈(好像一种"鸽子食物舞")。在第三阶段中,测试箱中的强化不再出现。这时,迷信行为会逐渐消退,直到完全消失。然而,值得注意的是,这只"跳舞"的鸽子在完全消退前的这种反应次数超过了1万次。这都足以说明迷信行为一旦形成,消退需要很长的时间。

这一实验可以说是证明了一种迷信。鸽子行为的依据是行为和食物之间的因果关系,虽然这种联系实际上并不存在。迷信难以消退的原因可以从那只在行为消除前跳了1万多次舞的鸽子那儿去寻找。当某种行为只是偶然的被强化一次,它就变得非常难以消除。这是因为人们的期望值很高,期望迷信行为会产生强化的后果。对人类而言,偶然的强化通常要过很长时间才能发生,因此迷信行为常常持续一生。

(四) 后续研究

斯金纳的这一研究每年都被大量的研究所引用,并产生了深远而重要的影响。尤其是1998年对多动症男孩的考察。

研究者首先请正常男孩和患有多动症的男孩玩一游戏,在游戏中给他们硬币或小玩具作为强化物。虽然强化间隔为30秒一次,但是所有男孩都产生了他们认为与奖励有关的行为。也就是他们都产生了迷信行为。接着研究者调整了程序,不论被试做什么活动,强化都不会出现,以希望让这种行为逐渐消退。结果正常男孩身上的确出现了消退;但是患有多动症的儿童结果则不同,在经历了一个短暂停顿后,他们变得更加活跃,并且开始了一种突发冲动的方式做出反应,好像强化再次出现了。研究者认为这或许意味着与正常儿童相比,他们的应对强化延迟能力明显不足,这对于深入认识和治疗多动症有着十分重要的意义。

斯金纳认为可以通过有目的地设计强化程序,使人和动物学会某种行为或控制某种行为的发生。因此斯金纳努力将他的强化原理广泛地推广和应用于人类实践,在程序教学、言语行为、社会控制以及动物训练和心理治疗领域都有着很强的生命力。

人物栏:斯金纳

伯尔霍斯·弗雷德里克·斯金纳(B. F. Skinner, 1904—1990),美国心理学家,新行为主义中极端行为主义的主要代表,操作行为主义的创始人。强调必须在自然科学的范围内对行为进行科学研究,主张心理学只研究环境与有机体行为之间可观察的函数关系,而不必关心机体内部发生的生理、心理或情感过程。主张采用描述性和归纳性的方法研究行为。其主要成就:(1)提出操作条件反射原理,设计用以研究操作条件反射的实验装置"斯金纳箱",通过实验总结出习得反应、条件强化、泛化作用与消退作用等学习规律。(2)根据操作—强化原理,发明"教学机器",设计程序教学方案,对西方教育产生重大影响。(3)其操作条件反射技术构成行为矫正的基本程序,被广泛运用于心理治疗、问题儿童的处理、智力迟钝儿童的教育、犯罪改造、课堂管理、工业管理等领域,取得成效。(4)在谋求建立一个完善的教育过程的同时,设想计划一个更好的社会结构,积极投身于社会改革。

四、托尔曼的学习实验

新行为主义代表人物托尔曼(E. C. Tolman)主张,在学习过程中不仅有刺激和反应,而且在机体内部还发生了比这更复杂的事情。托尔曼对当时极端的刺激——反应观点提出了两点意见:一是如果不对与刺激和反应同时发生的内部心理过程进行考察,就不可能充分理解学习的本质及其复杂性;二是尽管内部认知过程无法直接观察,但人们可以通过分析可观察的行为而客观、科学地将其推断出来。因此托尔曼被公认为认知——行为主义的奠基人。为了支持自己的观点,托尔曼以老鼠为被试进行了大量的实验。

实验一 潜伏学习实验

（一）导言

托尔曼认为外在的强化并不是学习产生的必要条件，不强化也会出现学习。在实验中，托尔曼发现动物在未获得强化前学习已出现，只不过未表现出来，托尔曼称之为潜伏学习。

（二）过程

随机把老鼠分为三组：C组（控制组）、N组（无奖励组）和D组（延迟奖励组）。对C组（控制组）而言，研究者所使用的是学习走迷宫的标准程序——让老鼠练习走迷宫，在迷宫的出口处放着作为奖励的食物，每日如此；对N组（无奖励组）的老鼠，其每天被放入迷宫的时间与C组相同，但不出现食物，而且在迷宫中的任何行为都不会受到奖励；而D组（延迟奖励组）的老鼠在前10天与N组受到同样待遇，但自第11天起，研究者会在迷宫的出口处放置食物，而且以后每天如此。记录走迷宫所用时间与犯错误的次数。

（三）结果

图2-5-3显示了以三组老鼠的平均错误数（进入盲巷的次数）为指标的实验结果，N组和D组的老鼠在没有得到任何奖励时，它们的学习没有多少

C组：控制组
N组：无奖励组
D组：延迟奖励组

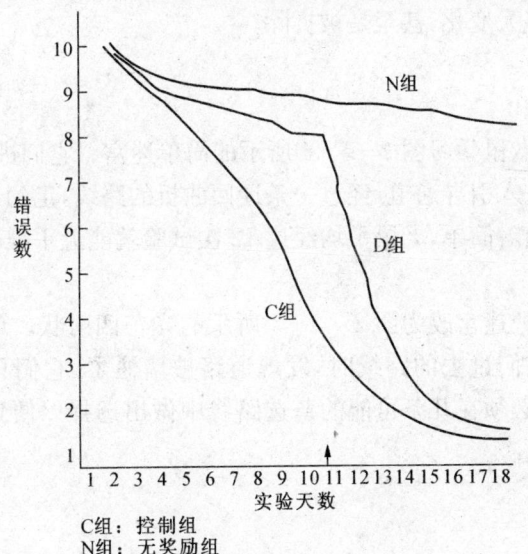

图2-5-3　在潜伏学习实验中老鼠学习走迷宫的错误率

进步；而控制组的老鼠在2周的时间内就可以达到近乎准确无误的程度。但当D组的老鼠发觉走迷宫能得到好处（食物）时，他们仅在3天内就可以近乎无误地学会走迷宫（从第11天到第13天）。

对这些发现的唯一可能的解释是，该组老鼠在学习走迷宫的前10天中，它们所学到的东西比它们表现出来的要多得多。正如托尔曼所解释的："一旦……它们知道能得到食物，它们就表现出在先前没有奖励的练习阶段，它们已经习得了一些盲巷的位置。它们已经构建了一幅'地图'，而一旦它们产生了学会走迷宫的动机，它们就能立刻利用这幅'地图'。"

实验二 空间定向实验

（一）导言

刺激——反应理论认为，老鼠为了得到食物奖赏，它只有通过在迷宫里四处奔跑并经历过所有的刺激—反应联结（即S-R）后，才能知道食物的具体位置。这就好比说，你只有走出厨房，穿过起居室，走过门厅，经过洗手间，进入你的卧室，才能知道卧室的具体位置。实际上，你对卧室在你家中的具体位置已形成了一种心理表征，而并不必通过象"走迷宫"那样的方式来确定你卧室的方位。托尔曼设计的空间定向实验就是要说明，进行走迷宫训练的老鼠实际上掌握的是食物出现的空间位置与它们的出发位置间的相对关系，而不管迷宫的结构有多大变化，甚至是被拆除。

（二）过程

第一阶段：老鼠学习图2-5-4所示的简单迷宫。它们进入迷宫的入口，穿过圆台面并进入引导通道，经过一条迂回曲折的路线，走到有食物奖励的出口。由于任务相对简单，老鼠平均经过12次试验就能近乎准确无误地完成整个走迷宫任务。

第二阶段：把迷宫改为图2-5-5所示的光芒四射状。现在当受过训练的老鼠试图走它们过去的路线时，发现道路被堵住了，它们只能回到圆台面上，在那里它们必须在几条可能的备选路线中做出选择以便到达先前放有食物的迷宫出口处。

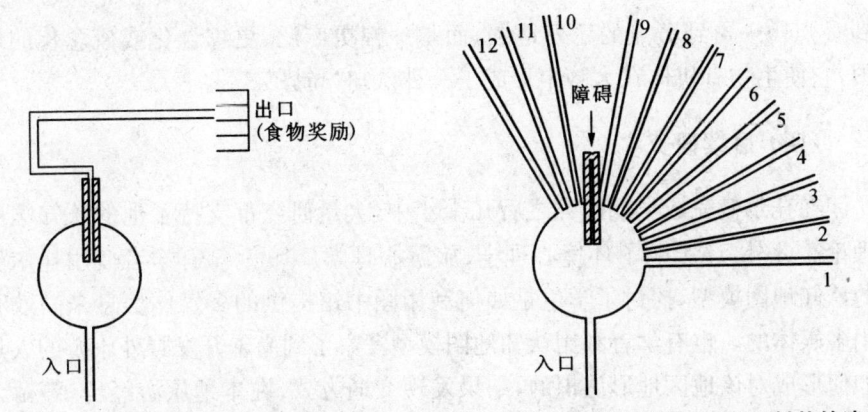

图 2-5-4 空间定向实验:简单的迷宫　图 2-5-5 空间定向实验:光芒四射状的迷宫

(三) 结果

图 2-5-6 列出了选择各条路线的老鼠数量。与其他路线相比,老鼠更多地选择了出口距先前食物出现的位置仅 4 英寸的路线 6。根据刺激—反应理论,老鼠应最可能选择最接近先前迷宫中第一个转弯的方向的路线 11,但事实并非如此。"看来老鼠掌握的不只是使它能按特定路线找到食物的序列地图,而是掌握了一幅含有食物的具体位置及其在房间内的具体方位的更广泛的综合性地图"。

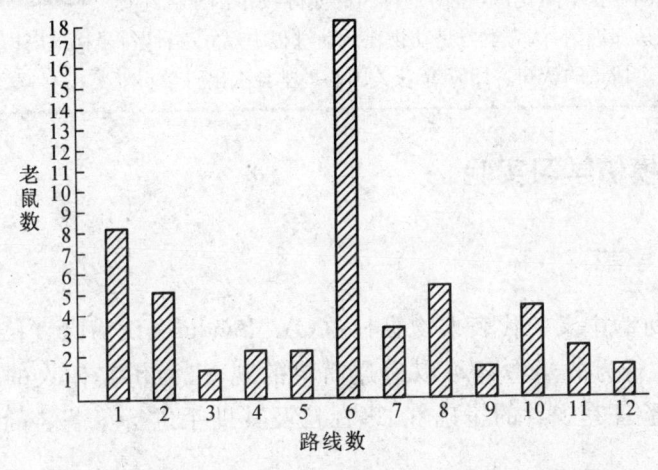

图 2-5-6 空间定向实验:选择各条路线的老鼠数量

托尔曼把他得自于老鼠的认知地图理论推广到包括人类在内的其他有这种潜能的生物有机体上。有机体所形成的认知地图不是一种从 A 点到 B 点到C点……再到Z点的序列地图,而是一幅更广泛、更综合化或概念化的地图,它使生物有机体在大脑中形成了一种认知"局势"。

(四) 后续研究

在托尔曼完成早期研究之后几十年中,大量研究都支持了他的认知学习理论。此外,还影响了环境心理学、旅游心理学。1999年有学者使用托尔曼的认知地图模型,探讨了学生是如何利用图书馆提供的多媒体信息来高效利用多媒体的。也有学者利用认知地图模型考察了到尚未开发野外旅游的人是如何形成对该地区地形认识的,结果发现交通方式、在本地旅游经历、停留天数、旅游者籍贯、年龄及性别等都会影响被试认知地图的质量。

人物栏:托尔曼

托尔曼(E. C. Tolman 1886—1959),美国心理学家,新行为主义的主要代表,目的行为主义创始人,认知心理学先驱。倡导目的性行为主义即以有目的的整体行为作为心理学的研究对象,认为行为都是有目的的,都能客观地加以描述。不必诉诸内省或研究有机体是怎样感觉到经验的。行为的最初原因有5种:环境刺激、生理内驱力、遗传、过去训练和年龄。它们是引起行为的自变量。行为即这些自变量的函数。在这些自变量和行为变量之间存在中间变量,它们是行为的实际决定因子。还提出学习的认知理论,认为学习是动物在活动过程中建立一种"符号格式塔模式",从而达到对整个情景的认知。1957年获美国心理学会杰出科学贡献奖。

五、模仿学习实验

(一) 导言

新新行为主义的代表人物班杜拉(A. Bandura)认为除直接的鼓励和惩罚之外,行为的塑造还可以通过简单的观察、模仿其他人的行为而形成。为了验证其观点的正确性,班杜拉及其助手进行了著名的芭比娃娃实验。

(二) 过程

实验目的是为了考查儿童是否会将榜样行为泛化到没有榜样的情境中。

实验被试由72名年龄介于3~6岁之间的儿童组成,平均年龄为4岁零4个月,其中男女各半。班杜拉通过事先获得的每个被试的攻击性评定等级来匹配被试以保证各组被试在攻击性行为上处于同一水平。24名儿童被安排在控制组,他们将不接触任何榜样。其余的48名被试被分成8个实验组,其中4个为攻击榜样组,4个为非攻击榜样组。具体的儿童——榜样的组合为:女孩——女性成人攻击性榜样,女孩——男性成人攻击性榜样,男孩——女性成人攻击性榜样,男孩——男性成人攻击性榜样,女孩——女性成人非攻击性榜样,女孩——男性成人非攻击性榜样,男孩——女性成人非攻击性榜样,男孩——男性成人非攻击性榜样。

实验共分4个阶段,如表2-5-2所示:

表2-5-2 芭比娃娃实验程序表

阶段一	阶段二(10分钟)	阶段三	阶段四
引入榜样	实施榜样行为 攻击性榜样 女孩—女性攻击性榜样 女孩—男性攻击性榜样 男孩—女性攻击性榜样 男孩—男性攻击性榜样 非攻击性榜样 女孩—男性非攻击性榜样 女孩—女性非攻击性榜样 男孩—女性非攻击性榜样 男孩—男性非攻击性榜样	愤怒或挫折感的激发	检测对攻击行为的模仿,评定8种不同反应

阶段一:引入榜样。首先,实验者把一名儿童带入一间活动室。在路上实验者假装意外地遇到成人榜样,并邀请他过来"参加一个游戏"。儿童坐在房间的一角,面前桌子上有很多有趣的东西。有土豆印章,和一些贴纸,这些贴纸颜色非常鲜艳,还印有动物和花卉,儿童可以把它们贴在一块贴板上。随后,成人榜样被带到房间另一角落的一张桌子前,桌子上有一套儿童拼图玩具,一把木槌和一个1.5米高的充气芭比娃娃。实验者解释说这些玩具是给成人榜样玩的,然后便离开房间。无论在攻击情境还是在非攻击情境中,榜样一开始都先装配拼图玩具,为时1分钟。

阶段二:成人榜样实施为时10分钟的榜样行为。攻击性榜样便开始用暴力按照一定的顺序击打芭比娃娃。4个组中榜样攻击行为的顺序是完全一致的:"榜样把芭比娃娃放在地上,然后坐在它身上,并且反复击打它的鼻子。随后榜样把芭比娃娃竖起来,捡起木槌击打它的头部,然后猛地把它抛向空中,并在房间里踢来踢去。这一攻击行为按以上顺序重复3次,中间伴有攻击性语言,比如'打他的鼻子…,打倒他…,把他扔起来…,踢他…'和两句没有攻击性的话:'他还没受够','他真是个顽强的家伙'。"这样的情况持续将近10分钟。

在无攻击行为的情境中,榜样只是认真地玩10分钟拼图玩具,完全不理芭比娃娃。

班杜拉和他的同事们努力确保除要研究的因素——攻击性榜样、非攻击性榜样以及榜样性别——以外的所有实验因素对每一名被试都是一样的。

阶段三:愤怒或挫折感的激发。实验者回到房间里向榜样告别并把被试带到另一个有非常吸引人的玩具的房间中。那里有救火车模型、喷气式飞机、多套衣服和玩具车在内的一套娃娃等等。他们先让被试玩这些有吸引力的玩具。

不久,告诉被试这些玩具是为其他儿童准备的,并告诉被试可以到另一间房间里去玩别的玩具。这是因为研究者认为,为了测试被试的攻击性反应,使儿童变得愤怒或有挫折感会令这些攻击行为更容易发生。

阶段四:检测对攻击行为的模仿。在最后的实验房间内,有各种攻击性和非攻击性的玩具。攻击性玩具包括芭比娃娃、一把木槌、两支掷镖枪和一个上面有人脸的绳球。非攻击性玩具包括一套茶具、各种蜡笔和纸、一个球、两个娃娃、小汽车和小卡车,以及塑料动物。允许每个被试在这个房间里玩20分钟,在这期间,评定者评定了被试行为中的八种不同反应,其中有四种明显的反应。第一,模仿身体攻击,即所有对榜样攻击行为的模仿,包括坐在芭比娃娃身上,击打它的鼻子,用木槌击打它,用脚踢它,把它抛向空中。第二,模仿言语攻击,即被试对攻击性语言的模仿,记录他重复"打他,打倒他"等的次数。第三,用木槌攻击,即被试用木槌进行的其他攻击行为,也就是用木槌击打娃娃以外的其他东西。第四,自发的攻击行为,即成人榜样未做出而被试自发做出的身体或语言的攻击行为。

(三)结果

儿童在不同处理条件下攻击反应的平均数,见表 2-5-3。

结果发现,攻击性榜样与非攻击性榜样的主效应显著,也就是如果被试看到榜样的攻击行为,他们就倾向于模仿这种行为。这些特定的身体和言语攻击行为,在无攻击行为榜样组和控制组几乎没有发现。

榜样与模仿者之间的性别组合十分有趣。男孩受攻击性男性榜样的影响明显超过同样条件下的女性榜样的影响。观察男性攻击榜样后,男孩每人平均出现104次攻击行为,而观察女性榜样后,则只有48.4次。女孩的行为虽不太一致,但观察女性榜样的攻击行为后,平均出现57.7次攻击行为,而观察男性榜样后,只有36.3次表现出这种行为。

在同性别模仿条件下,女孩更多地模仿言语攻击,而男孩更多地模仿身体攻击。最后,男孩比女孩都更明显地表现出身体攻击的倾向。如果把表2-5-3中的所有攻击行为的数据相加,男孩共表现出270次暴力行为,女孩则只有128.3次。

表2-5-3 儿童在不同处理条件下攻击反应的平均数

攻击类型	攻击性男性	非攻击性男性	攻击性女性	非攻击性女性	控制组
模仿身体攻击					
男孩	25.8	1.5	12.4	0.2	1.2
女孩	7.2	0.0	5.5	2.5	2.0
模仿言语攻击					
男孩	12.7	0.0	4.3	1.1	1.7
女孩	2.0	0.0	13.7	0.3	0.7
用木槌攻击					
男孩	28.8	6.7	15.5	18.7	13.5
女孩	18.7	0.0	17.2	0.5	13.1
自发攻击行为					
男孩	36.7	22.3	16.2	26.1	24.6
女孩	8.4	1.4	21.3	7.2	6.1

(四)后续研究

后来班杜拉等人采用类似于芭比娃娃研究的程序,考察了真人、电影榜样和卡通榜样等三类攻击榜样对被试的影响力。结果发现三种形式的攻击性榜样对儿童的影响都比非攻击性榜样或无榜样明显得多,其中真人榜样影响力最大,电影榜样紧随其后,卡通榜样名列第三。

班杜拉后来的研究中发现,当儿童看到暴力行为受奖励时,他们会更多地模仿暴力行为;当榜样的暴力行为受惩罚时,他们会明显减少对攻击行为的模仿。这意味着在特定的条件下榜样的暴力影响可以被改变。

> **人物栏:班杜拉**
>
> 阿尔伯特·班杜拉(A. Bandura,1925—),美国心理学家,认知行为主义的代表,社会学习理论的奠基者。20世纪50年代末60年代初在关于儿童攻击行为的研究中开创"宝宝玩偶"实验,潜心探索行为矫正技术,并在此基础上提出社会学习理论。1974年任美国心理学会主席。主要理论观点与成就:(1)建构现代社会学习理论。从人、环境和行为三元互动作用论的观点出发,认为个体不必靠直接经验,不应过于强调外在强化作用的控制,只要充分发挥个体的认知功能、自我效能、社会互动作用,通过有意识的自主观察学习(或模仿学习),即可建立新行为或改变旧行为。(2)建构社会认知行为主义或人本行为主义。使现代社会学习理论突破传统行为主义的理论框架,将强化理论与信息加工理论相结合,既强调行为的操作因素,亦重视行为获得过程中人的因素、内部活动和认知因素的重要作用,使解释人的行为的理论参照点发生转变,出现行为主义与认知主义、人本主义的目标渐趋一致的倾向。

六、割裂脑实验

(一)导言

美国神经心理学家斯佩里教授(R. W. Sperry),通过割裂脑实验验证了有关人类大脑两半球存在的功能差异,并提出大脑两半球具有不对称性的"左右脑分工理论"。根据这一理论,人的左脑是理解语言的中枢,主要完成言语、阅读、书写、数学运算和逻辑推理等,进行着有条不紊的逻辑思维。而知觉物体的空间关系、情绪、欣赏音乐和艺术等则定位于右半球,这是一个没有语言中枢的哑脑。有人说,左脑就像个善于语言和逻辑分析的雄辩家和长于抽象思维和复杂计算的科学家,但刻板、缺少幽默和情感贫乏;右脑则像个艺术家,长于形象思维和直觉观察,对艺术活动有超常的感悟力,感情丰富但不善言辞。左右脑这些相互分离、各自独立的功能是如何得到证实的呢?如果大脑两半球功能独立,那么它们之间是否还存在着信息互通和联系?一旦这些信息传输被中断,人的思想、行为和情感是否还能像平常一样协调一致?斯佩里和加扎尼加(M. Gazzaniga)正是通过他们的割裂脑研究试图对上述问题做出回答。

（二）过程

从20世纪50年代末开始，斯佩里等人在对割裂脑的老鼠、猫和猴子的研究基础上，建立起每个半球独立功能的复杂评估技术。当1962年美国神经外科医生沃格尔(P. Vogel)等人实施了第一例旨在控制患者癫痫发作的人类胼胝体切除术后，斯佩里便制定了借助于这些癫痫患者进行割裂脑研究的计划，试图把半球功能专门化的评估技术应用于割裂脑患者。在1966年斯佩里开始割裂脑实验之时，已有10例胼胝体成功切除的手术，其中4名裂脑人同意参加他们的研究，帮助科学家们深入了解胼胝体切除对人类感知、思维和行为等方面的影响。

斯佩里和加扎尼加设计了一些装置，旨在让被试通过视觉、听觉、触觉等感觉器官将信息传入大脑的某一个半球（采用某种方法避免将信息同时传入两个半球），然后要求被试用涉及另一个半球的动作、语言表达出来。譬如视觉和触觉测试中，在裂脑人面前竖起一块半透明的、能呈现文字和图像的屏幕，要求被试盯着屏幕的中心点看，且屏幕上呈现的左、右视野刺激只持续1/10秒或更短的时间，以此确保文字和图像信息只被投射到对应的左视野或右视野，另一侧的大脑或视野则接受不到这样的视觉信息，见图2-5-7。通过屏幕下方的一个洞口被试可以伸手触摸到屏幕背后的物体，但无法看到自己的手以及触摸物。主试在被试的正前方通过操纵幻灯放映机呈现不同的刺激，整个实验过程经由摄像机拍录下来后进行分析。

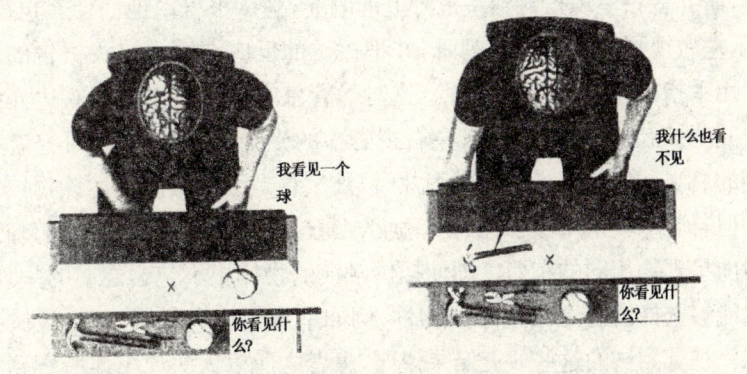

图2-5-7 对割裂脑患者进行视觉和触觉测验的典型装置

在斯佩里和加扎尼加的一系列实验研究中，含有包括视觉、听觉和触觉测试在内的三组不同类型的测试,以揭示患者在切除胼胝体之后心理或认知能力方面出现的变化。

第一类是有关视觉方面的测试。通常人的双眼能够同时向大脑的左右两个半球传递信息,但当视觉刺激出现在某一特定位置、或者人的视线固定在某一个特定的点上时,就只能大脑的某一单侧视野接收到图像信息。视觉测试中研究者设法使呈现的视觉刺激(如印有物体、字母或者单词的图片)只能投射到大脑的左半球或右半球的视觉区域,即患者大脑的两个半球不能同时接收到外部的视觉刺激。

第二类涉及到触觉方面的测试。虽然是同样呈现一个物体、大写字母或单词,但患者只能通过触觉感受到它们。例如,将钢笔及其他一些物品放在屏幕后以便被试触摸,如果被试用左手触摸该物品,那么该物品的有关信息便会被投射到大脑的右半球。

最后一类是听觉方面的测试。由于声音刺激输入大脑的方式与视觉刺激有所不同,当声音传到人的一侧耳朵时,相关的听觉信息会同时输入大脑的两个半球,因此即使对割裂脑患者也无法将听觉信息只输入大脑的一个半球。对此斯佩里和加扎尼加的办法是,限制大脑的一个半球对这些输入信息作出反应。

(三)结果

在视觉测试中,首先在患者的面前呈现含有一束水平光的木板。让患者盯着光束中间的某一特定点看,这时光束会分别出现在被试的左、右视野并闪烁,要求被试随即说出他们所看到的内容,他们只能报告出板上右边的闪烁光线。第二步,研究者只呈现投射到左视野上的闪光,被试报告说他们什么也没看见。第三步,左右视野的光线再次闪烁,并把被试的反应在原先口头报告的基础上增加了用手指出光线闪烁的位置。这时尽管患者仍然只说看到右边光线在闪烁,但却能明确地用手指出落入左右视野中的光线。同样地,当研究者只让被试大脑的右半球接收某一物体的图片时,被试总是无法正确描述该物体的相关信息。但若要求被试用左手伸到屏幕下方通过触摸做出反应时,他们却总能找到与之前呈现物相同的东西。即使提供触摸的物体中不包含之前的呈现物,被试依然能够选择出与之最接近的物件,例如呈现图片为香烟,那么被试会选择烟灰缸。视觉测试的这些研究结果说明,患者之所以无法说出他所看到的全部光线,并非是因为两个半球的视觉功能有差异,而是因为语言中心主要位于大脑的左半球。患者即使实施了胼胝体切除术,他们大脑的两个半球仍然具有基本等同的视知觉能力。同时尽管右半球不具有语言表达能力，但却有良好的语言加工能力，能进行一定的分析、思考和判断。

在触觉测试中，斯佩里和加扎尼加让裂脑人把自己的双手放到身后，然后由别人把勺子、钢笔、书、手表等熟悉的日常物品放在被试的右手或左手中，不让患者看到或听到，以了解其触觉辨别能力是否发生改变。主试先把物品放到患者的右手上，这时有关物品的信息只传递到患者大脑的左半球，然后再把同样的物品放在与患者右半球相关的左手中，要求被试说出手中物品的具体情况。接着研究者改变被试的反应方式，要求被试在没有看到实际物品的情况下，从他面前呈现的各种物品中找出与左手中相配的物品，以便进一步确认患者所掌握的物品信息。在这两个测试中被试的表现有很大差异，第一个测试中右手握有物品时患者不仅能够说出物品的名字，而且能描述它的样子和功能，但当物品转入左手时患者既不能说出物品的名字，也无法正确描述它。第二个测试的结果发现，无论物品事先是放在被试的哪只手中，事后他们都能很容易地找出相匹配的物品。斯佩里和加扎尼加还在屏幕后放置了一些塑料制品的大写字母，尽管患者依然说不出所拼写的单词是什么，但还是很轻松地用左手完成了拼写单词的任务。例如他们能用左手拼出"pie"及更抽象的词，能辨认名词和一些形容词，甚至具有一定的句法、发音和语义的辨别能力。触觉测试的实验同样说明，裂脑人之所以无法正确说出放在左手的物品，是因为胼胝体的切除阻断了右脑向主管言语活动的左半球传递信息，患者也就无法说出"那是一支钢笔"。

听力检测的结果与视觉、触觉测试基本类似，同样说明了大脑的右半球虽然不能执行语言表达的功能，但是它们能够理解语言、分析语言。此外，虽然右半球也具有语言加工能力，但大脑的左半球在言语功能方面显然优于右半球（左利手人的情况可能正好相反）。例如，患者能够在一个装满塑料水果的袋子里挑出香蕉，以回答主试提出的问题——"猴子最喜欢的水果是什么？"然而当要求被试用言语作出反应时，患者大脑的右半球则无法完成此项任务。

斯佩里和加扎尼加的这些测试不仅说明了人类大脑的左半球具有较强的语言优势，同时还发现大脑右半球的一些功能特点。在他们的研究中，确认了右半球不仅具有一定的语言加工能力，而且在空间关系和形象加工方面比左半球更胜一筹。如果要求患者用铅笔在屏幕后复制所看到的三维图画，那么即使这些病人都是右利手，他们左手的成绩也会显得比右手更好，见图2-5-8。此外，右半球还能像左半球一样，对外界的视觉刺激产生情绪反应。

当研究者突然给被试的右半球呈现一张女人的裸体照片时,患者虽然无法准确表达所看到的是什么,却产生了与刺激相吻合的情绪反应。

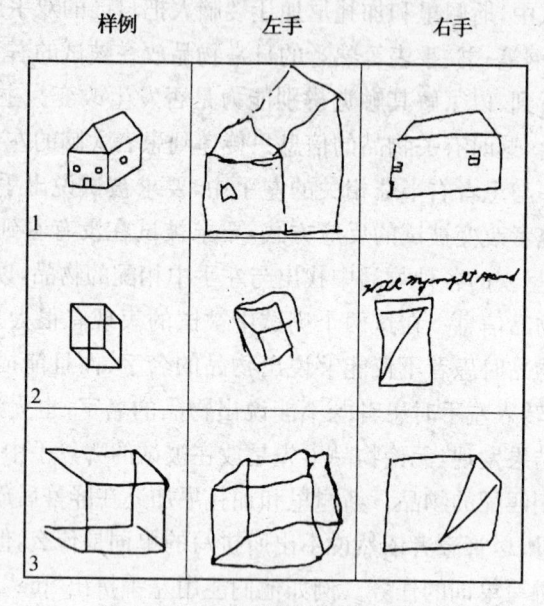

图 2-5-8 割裂脑患者所画的图

(四)讨论及后续研究

在斯佩里等人进行裂脑人的相关研究之前,医学工作者在20世纪50年代早期,就已通过左脑损伤与失语症、失写症、失读症等相关联的临床现象,得出了大脑左半球是语言功能优势区域的结论,这个结论在斯佩里和加扎尼加的研究中得到了进一步证实。他们的研究发现,每个人颅骨内的两个脑都各自具有复杂的信息加工能力。左脑更擅长于言语、写作、阅读等方面的语言活动,右脑则在解决空间关系问题、艺术活动等方面更有优势。同时,他们的研究还纠正了当时科学界普遍存在的一种偏见,即右利手的人右半球相对发展落后,缺乏更高级的认识功能。斯佩里等人的研究让人们了解到更多的右脑功能,加深了左右大脑半球专门化功能的认识,使左半球优势观念发生了关键性的改变。事实上每一个分离的大脑半球,都各自具有较高级的知觉、想象、联想等认知功能。

扎德尔(E. Zaidel)和他的同事们在1981年研究了两个半球的阅读能力,他们的结果进一步证实大脑右半球的阅读能力十分有限。霍茨曼(J. D. Holtzman)的研究则发现,即使通过外科手术分开了两个半球,它们之间依然会分享一些信息加工的资源。科伯利斯(M. C. Corballis)在 2003 年以右半球视觉空间加工优势为基础,提出了一种右半球为"解释器"的观点。他认为仅仅通过视觉所获得的信息往往含糊不清,而右半球所发挥的解释器功能则为个体创造出一个真实的世界表征。

在许多领域,割裂脑的研究都具有极其重要的意义。对于那些脑部或神经系统受到损伤的患者,随着人们对大脑两半球的功能专门化了解的越来越多,确定了具体的损伤部位就意味着能够预测他们康复后可能存在的后遗症,并在这些预测的基础上,制定出适宜的重新学习和适应的计划,最大限度地帮助他们恢复健康,为治疗和帮助脑损伤病人提供依据和办法。

人物栏:斯佩里

斯佩里(R. W. Sperry,1913—1994),美国神经心理学家。生于美国康涅狄格州。早年就读于俄亥俄州奥伯林学院,主修英国文学,1935 年毕业后留校转攻心理学,1937 年获心理学硕士学位。之后到芝加哥大学专攻心理学,并于 1941 年获生物学哲学博士学位。1941—1946 年任哈佛大学叶克斯动物实验室研究员。1946—1953 年任教于哈佛大学。1953 年任芝加哥大学副教授。1954 年起任加利福尼亚理工学院神经心理学教授。为英国皇家学会、英国哲学学会和美国心理学会会员。1960 年当选美国国家科学院院士。1939 年提出神经化学亲和力学说。20 世纪 50—60 年代通过对大脑两半球功能的研究,提出大脑两半球具有互补专门化的概念,认为大脑左半球主抽象思维,右半球主具体思维,在对空间的认识以及复杂关系的理解方面占优势。60 年代末提出心理物理相互作用的模式,在科学界引起对意识的论述的转向。所发现的裂脑现象导致心理学中的双重人格论。在大脑与意识的相互关系上,主张"一元论的相互作用论",批判二元论和心理生理同一论。1969 年获美国心理学会实验心理学会的沃伦奖。1971 年获美国心理学会杰出科学贡献奖。1981 年因对"裂脑人"的实验获诺贝尔生理学奖。还获得加利福尼亚科学家年度奖。著有《大脑——精神相互作用:是精神论非二元论》(1980)、《科学与道德》(1982)等。

练习与思考

1. 经典条件反射与操作条件反射实验中的自变量、因变量和可能的控制变量分别有哪些?

2. 在托尔曼的动物实验中,认知地图概念是如何被证实的?

3. 分析班杜拉芭比娃娃实验中的主要变量和实验程序。
4. 割裂脑的实验研究结果对揭示左右脑的不同功能有何重要意义？

第六部分　社会心理实验

教学目标

1. 了解服从的种类，从众的种类、原因及影响因素；
2. 理解晕轮效应、从众、服从、罗森塔尔效应等概念；
3. 掌握晕轮效应、从众、服从的研究方法；
4. 应用晕轮效应、从众、服从解释社会生活现象；
5. 评价米尔格莱姆对服从的实验研究。

一、晕轮效应实验

（一）导言

晕轮效应是指个体对认知对象的某些品质一旦形成倾向性印象，就会带着这种倾向去评价认知对象的其他品质。也就是说，个体对认知对象的某些特质过分重视，从而掩盖了认知对象的其他特质。晕轮效应最早是由美国心理学家桑代克于 20 世纪 20 年代提出的。他认为，人们对人的认知和判断往往只从局部出发，扩散而得出整体印象，个体对认知对象的某些特征如果形成了好的或坏的印象，便会将这种印象扩散到认知对象的其他特征上去，使认知对象的其他特征都笼罩在这种印象的光环之中。这就好像刮风天气前夜月亮周围出现的光环（即月晕或晕轮），只不过是月亮光的扩散或泛化。据此，桑代克将这一心理现象称为"晕轮效应"，也叫作"光环作用"。

美国心理学家阿希（S. E. Asch）早在 1946 年就运用词单法进行了一项关于晕轮效应的实验，实验材料是两张描写人格特征的形容词单，一张词单上列出的 7 个形容词是：聪明、熟练、勤奋、热情、坚决、实干、谨慎，另一张词单仅仅将"热情"换成了"冷淡"，其他形容词及排列顺序都与第一张词单相同；被试为两组大学生，A 组 90 名，B 组 76 名；实验过程是将两张词单分别呈现给两组被试，要求被试根据词单上的形容词来描写一个人；结果表明：两组被试对人物的描写出现了实质性的差异,看到含有"热情"一词的第一张词单的被试(A组)较多地使用了"宽宏大量"、"聪明"、"性格温和"、"幽默"、"受欢迎"等良好的品质来描述这个人物,并认为"这个人若相信某事是正确的,就希望别人了解他的观点,并能很真诚地与他人讨论,而且愿意看到自己的观点占上风。";看到含有"冷淡"一词的第二张词单的被试(B组)则较多地使用了"自私"、"冷漠"等反面词来描述这一人物,并将其评价为"一个相当势利的人,他的成功和聪明使得他觉得高人一等。精于算计且冷漠无情。"在第二次实验中,阿希用"礼貌"与"粗鲁"分别替换"热情"与"冷淡",结果在两组被试间未表现出实质性差异。说明"热情"与"冷淡"是人们认知和评价他人的中心特质,这一品质容易掩盖认知对象的其他品质从而发生晕轮效应。相关的实验研究还有很多,在此仅介绍美国社会心理学家凯利(H. H. Kelley)于1950年进行的一项现场实验。

(二) 过程

以美国麻省理工学院经济学专业一个班的学生为被试。实验材料是两篇描写代课研究生的内容,第一篇的内容是:"此人是本校经济学研究生,26岁,曾有一年半的教学经验,服过兵役,已婚,熟悉他的人都说他是一个热情、勤奋、讲求实际而又果断的人。"第二篇的材料仅仅将"热情"一词换成了"冷漠",其余的文字介绍与第一篇材料完全相同。

实验程序是这样的:在真实的课堂教学情境中,首先由主试告知被试:教经济学课的教授因事缺课,由一位研究生代课,为了便于大家对代课老师有个初步的了解,先呈现一篇介绍此人的材料供大家阅读。其次,把被试随机分成两个组;给第一组被试发放第一篇材料,即含有"热情"一词的材料;给第二组被试发放第二篇材料,即含有"冷漠"一词的材料。两组被试对材料的不同并不知情。最后,由该代课老师分别在两个组主持了20分钟的课堂讨论,并要求两组被试陈述对此人的印象。

(三) 结果

(1) 两组被试对代课老师的印象存在显著差异:第一组被试(即看到"热情"一词的被试)认为此人有同情心、体贴人、有社会能力、富有幽默感等;第二组被试(即看到"冷漠"一词的被试)则认为此人自我中心、脾气暴躁、不受欢迎、古板等,见表2-6-1。

表 2-6-1 学生对代课老师的评价

形容词	"热情"组	"冷酷"组
自我中心的	6.3	9.6
脾气暴躁的	9.4	12.0
不善于交际的	5.6	10.4
不受欢迎的	4.0	7.4
古板的	6.3	9.6
没有幽默感的	8.3	11.7
粗鲁的	8.6	11.0

注：表中的数据为学生评价代课老师该特征的得分，分数越高表示越认同客座教授具有该特征。

(2) 两组被试在课堂讨论过程中积极发言的比例存在显著差异：第一组被试积极发言的比例(56%)显著高于第二组被试(32%)。

(四) 讨论及后续研究

凯利的实验表明：两组被试对代课老师的评价受到了代课老师身上"热情"与"冷漠"这一重要品质的影响，认为代课老师"热情"的被试会用这一品质推断出其一系列良好的品质，即用"热情"这一品质掩盖了此人的其他品质，从而形成了关于此人的良好的整体印象；认为代课老师"冷漠"的被试则用这一品质推断出其一系列不良的品质，即用"冷漠"这一品质掩盖了此人的其他品质，从而形成了关于此人的不良的整体印象。

晕轮效应的研究结果与印象形成中的中心品质模式是一致的，在印象形成的过程中，人们往往会忽略一些次要的、对个体意义不大的特征，而仅根据几个重要的特征形成关于认知对象的整体印象，也就是说，这几个中心品质容易被认知者放大，从而掩盖了其他的次要特征。相关研究表明，"热情"、"真诚"等特征是人们在社会认知中最重视也是最喜欢的中心品质，在印象形成中容易发生晕轮效应。

晕轮效应的发生与知觉的整体性有关。知觉的对象有不同的属性，由不同的部分组成，但人们在知觉客观事物时，并不是对知觉对象的个别属性或部分孤立地进行感知，而总是把它知觉为一个有组织的统一的整体。即使知觉的对象出现了部分的不清、遗失或缺漏，认知主体也能凭借自己已有的经验，根据对象呈现出来的几个重要部分、属性或特征，完整地反映出对象的整体。

社会知觉也是如此,认知主体会根据认知对象的几个重要特征去形成关于认知对象的整体印象,这便是晕轮效应。

继阿希和凯利之后,很多追随者对晕轮效应进行了实验研究,这些研究在更广阔的情境和条件下检验了印象形成的过程。其中较有影响的研究有:

戴恩(K. K. Dion)等人1972年的实验。被试为三组正常人;实验材料是具有高吸引力、无吸引力和吸引力一般的三类人的照片。实验过程是:分别给三组被试呈现高吸引力、无吸引力和吸引力一般的三类人的照片,然后让被试在与魅力无关的方面评论这些人,如他们的职业、婚姻、能力等。结果表明:被试对有魅力的人比对无魅力的人赋予了更多理想的人格特征,如和蔼、沉着、好交际等,见表2-6-2。

表2-6-2 印象评定的晕轮效应

评定特征	高吸引力者	一般吸引力者	无吸引力者
个人的社会赞许性	65.39	62.42	56.31
职业地位	2.25	2.20	1.70
婚姻能力	1.70	0.71	0.37
做父母的能力	3.54	4.55	3.91
社会的、职业的幸福感	6.37	6.34	5.28
总体幸福程度	11.60	11.60	8.83
婚姻的可能性	2.17	1.82	1.52

注:表中的数字越大,表示所评定的特征越积极。

1996年,绍尔和斯蒂尔斯通过实验探讨人们是怎样对那些他们认为可能成为朋友、约会对象、合作者或雇员的人形成印象的。被试为60名男性和60名女性;材料为目标人选的外表、典型的行为方式、基本的人格特质和人口统计学特征(年龄,收入等)等信息;实验过程是向被试呈现材料,并要求被试根据这些信息,为可能成为自己"朋友"、"约会对象"、"合作者"及"雇员"这四类人选出自己心目中的最佳人选。研究结果表明:除了"约会对象"外,人们在选择其他三种关系时,更加注重人格特质而最少关注外表。男性比女性更加注重外表信息,特别是在选择约会对象时;而女性比男性更加注重人格特质方面的信息。

2000年,麦肯纳和巴法把阿希的印象形成模型应用到网络人际关系方面。他们认为,心理学必须找到一种可靠的分析方法,用来解释为什么通过因特网获得社会认同感、社会交往以及人际关系等信息时,可能与在现实生活中所获得的信息有所不同。

人物栏：凯利

凯利(H. H. Kelly,1921—2003),美国社会心理学家。1921年出生于美国爱达荷州。分别于1942年和1943年获得加利福尼亚大学伯克利分校心理学学士和硕士学位,毕业后专攻社会心理学。第二次世界大战期间服务于美国陆军,从事航空心理学方面的研究工作。战后回到麻省理工学院继续他的学业,1948年获得团体心理学博士学位。先后执教于密执安大学、明尼苏达大学和耶鲁大学。1961年起任加利福尼亚大学洛杉矶分校教授,直至1991年退休。凯利致力于群体社会心理学、社会知觉、人际关系方面的研究,提出了三维归因理论和有效模型理论。1971年获美国心理学会颁发的杰出科学贡献奖,还获得实验社会心理学会杰出资深科学奖;1978年当选为美国国家科学院院士。凯利的代表著作有:《传播与说服》(与霍夫兰、贾尼斯合著,1953)《社会心理学中的归因理论》(1967),《社会互动中的归因》(1971),《因果关系图式与归因过程》(1972),《人际关系：一种相互依存的理论》(与蒂博特合著,1978)。

二、从众心理实验

(一) 导言

从众是指在社会群体压力下,个人放弃自己的意见,改变原有的态度,自愿表现出与大多数人一致的行为。20世纪50年代,阿希多次进行了知觉方面的从众实验,这里仅介绍阿希1951年的实验研究。

(二) 过程

每次实验有7名被试,其中只有1人是真被试,其他6人都是研究者的助手(即假被试),真被试并不知情。实验材料共有18套卡片,每套卡片两张,其中一张上画有1条线段S,作为标准刺激;另一张上画有3条线段A、B、C,作为比较线段。如第1套卡片中S为25.40厘米,A为22.23厘米,B为25.40厘米,C为20.32厘米,见图2-6-1。

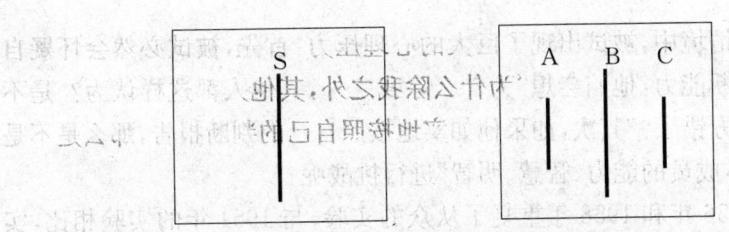

图 2-6-1　从众实验中使用的卡片

实验程序是让 7 名被试围桌而坐,主试依次呈现 18 套卡片,每呈现 1 套卡片都要求所有被试依次找出在比较线段 ABC 中哪条与标准线段 S 长度相同,并大声作出回答,真被试始终被安排在第 6 位(即倒数第 2 位)回答。由于其他被试都是实验者的助手,所以他们的回答可以由实验者控制。前 6 套卡片实验中,假被试都按照自己的实际判断,作出了正确的回答,这时真被试也能选出正确的答案,说明真被试具有一定的线段长度判断能力。但从第 7 套卡片开始,假被试都作出一致的错误选择,比如正确答案应该是 C,而前面回答的 5 个假被试都逐一选择 A,安排在第 6 位回答的真被试应该能看出正确答案是 C,但前面 5 个人都选择了 A,面对这一情境,真被试需要考虑:① 是自己的眼睛有问题,还是别人的眼睛有问题? ② 是相信多数人的判断,还是相信自己的判断? ③ 是坚持自己的独立判断,还是追随多数人的判断? 如果真被试不受别人的影响而坚持自己的正确答案,说明他是独立的,没有从众。但如果真被试受到前 5 个假被试的影响,放弃了自己的正确选择,作出与他们一致的错误回答,则说明他从众了。

(三) 结果

(1) 大约 1/4 到 1/3 的被试保持了独立性,即 12 次判断中都没有从众。

(2) 大约有 15% 的被试平均作出了总数的 3/4 次从众,即在 12 次判断中出现了 9 次从众。

(3) 所有被试平均作了总数的 1/3 次从众,即 12 次判断中发生了 4 次从众。

(四) 讨论及后续研究

阿希的实验发现,从众普遍存在于社会成员之中,哪怕是大学生,从众的存在也是一个明显的事实。阿希的实验研究首次清楚而科学地证明了社会压力对从众行为的影响力,如果出现了群体压力,个体也明显地感受到了这种压力,他便会表现出愿意与群体的行为保持一致,哪怕是对明显的错误有时也不具有独立的判断力。1976 年,罗斯等人对阿希的实验进行了评述,他们认为在阿希的实验情境中，被试出现了巨大的心理压力：首先，被试必然会怀疑自己对线段的判断能力，他们会想"为什么除我之外，其他人都这样认为？是不是我有什么地方错了？"其次，如果他如实地按照自己的判断报告，那么是不是在对"其他群体成员的能力、智慧、明智"进行挑战呢？

阿希在1956年和1958年重复了从众的实验，与1951年的实验相比，实验材料的数量略有变化，如1956年共采用了50套卡片。实验结果表明：75%的被试至少作出一次从众；所有被试从众的平均比率达到37%。

阿希（1951年）、杰拉德（H. B. Gerard, 1968年）和米尔格莱姆（S. Milgram, 1969年）都曾经通过实验研究团体规模对从众的影响。阿希的研究结果表明，当群体人数（助手人数）在4人以下时，随着人数的增多，从众行为也增多，即从众的倾向性随团体规模的增加而提高；但当群体规模达到4人以上时，从众的概率将不再随群体的规模发生明显的变化。杰拉德的研究表明，女性被试在团体规模达到6人时，从众概率最高；男性被试在团体规模达到7人时，从众概率最高。米尔格莱姆的街头实验，研究结果也较为相似：群体规模在5人以下时，从众概率随人数的增加明显提高；超过5人以后，从众概率随人数增加而提高的速度放慢。

阿希（1956年）、莫里斯和米勒（W. N. Morris & R. S. Miller, 1975年）通过实验研究了团体成员的一致程度对从众的影响，结果表明：无论团体的规模大小，只要团体成员间出现了不一致，即出现了偏离者，从众的概率就会明显地下降到一个较低的水平，即使偏离者只有1个，甚至这个偏离者没有任何权威。绍尔（Shaw, 1968年）和艾伦（Allen, 1971年）等人的研究表明：偏离者甚至不用给出明确的答案，即使是对团体表示出轻微的异议，也会降低从众的概率。如在实验中偏离者回答自己还没想好，或者明显地表现出视力缺陷、不能确认自己能否看清刺激，都会降低真被试从众的程度。

关于从众的性别差异，早期的实验研究都表明女性比男性更从众，如1958年考勒曼（J. F. Coleman）等人的研究表明：问题难度与从众率的相关系数男性为0.58，女性高达0.89，即女性在相应的困难程度下比男性更倾向于从众。1967年朱利安（J. W. Julina）等人的研究发现，在各种不同的实验条件下，女性的从众行为是28%，男性的从众行为是15%。20世纪70年代以后，人们开始对这一结论提出了质疑，1971年西斯川克（F. Sistrunk）和麦克大卫（J. W. McDavid）指出，早期研究中表现出的从众的性别差异可能是由于实验中所使用的判断项目引起的，早期实验中所用的材料大多是男性所熟悉而女性所生疏的，所以女性被试要比男性被试更依赖团体的判断，从而表现出更为从众。为此,他们采用不同的材料进行了 4 次实验,结果表明:对与男性有关的项目(即男性更为熟悉的材料),女被试比男被试更容易从众;对与女性有关的项目(即女性更为熟悉的材料),男被试比女被试更从众。

> **人物栏:阿希**
>
> 阿希(S. E. Asch,1907—1996),美国社会心理学家。1907 年出生于波兰的华沙,1920 年移居美国。1928 年,获得纽约市立学院的学士学位;1930 年获得哥伦比亚大学的硕士学位,1932 年又获得该校的哲学博士学位,并留校执教约 10 年。1949 年起先后任教于布鲁莱克学院和斯沃斯摩学院,1966 年起任拉特基斯大学心理学教授。阿希致力于用格式塔方法研究社会心理学,其研究工作主要集中于特质的因素分析、测验编制以及文化因素和团体差异对测验分数的影响等方面。1946 年运用词单法进行了晕轮效应的实验研究;20 世纪 50 年代多次进行从众的实验研究,引起广泛的社会影响。1967 年获美国心理学会颁发的杰出科学贡献奖。阿希的代表著作有:《群体压力对判断的变化和歪曲的影响》(1951),《社会心理学》(1952),《格式塔理论》(1968)。

三、服从实验

(一) 导言

服从是指个体在社会要求、群体规范或权威意志的压力下作出的一种相符行为。根据服从的对象,可以分为对社会规范的服从和对权威命令的服从。根据个体的心理状态,服从可以分为自愿的和不自愿的。

1934 年,F. 奥尔波特(F. Allport)在一段时间对十字路口的汽车驾驶情况进行了观察,共观察了 2114 车次,结果发现:绝大多数(75.5%)的汽车司机绝对服从交通规则,见到红灯立即停车。说明人们服从社会规范的倾向是比较高的。下面介绍米尔格莱姆(S. Milgram)在 1963 年进行的关于服从权威的经典的实验。

(二) 过程

实验被试是通过公开招聘选出的 40 位市民,年龄为 20～50 岁的男性。被试的年龄及职业分布见表 2-6-3。

表 2-6-3 被试分布

职业	20~29 岁	30~39 岁	40~50 岁	人数	百分比
熟练与不熟练工人	4	5	6	15	37.5%
推销员与商人	3	6	7	16	40.0%
专家	1	5	3	9	22.5%
总人数	8	16	16	40	
百分比	20%	40%	40%		100%

除了以上40名真被试之外，还有1名研究者的助手扮演被试，47岁，会计，脸庞圆润、笑容憨厚，看上去既不精明干练也不热情奔放；另一位是"演员"，扮演主试的角色，穿着一件灰色的实验室工作服，看上去非常正式。

实验仪器及材料包括一个电击装置：一台巨大的机器，上面有30个硬币大小闪闪发亮的按钮，每个按钮的下面都标注了它所控制的电压的强度，第1个按钮下标注的是"15伏"，第2个按钮下标注的是"30伏"，如此，以15伏递增，最后1个按钮下面标注的是"450伏"。每4个按钮分为一组，并在下面标明这一组电击的严重程度，共分为七组零2个按钮。如第一组（15~60伏），标注为"弱电击"；第二组（75~120伏），标注为"中等电击"；第三组（135~180伏），标注为"强电击"；第四组（195~240伏），标注为"特强电击"；第五组（255~300伏），标注为"剧烈电击"；第六组（315~360伏），标注为"极剧烈电击"；第七组（375~420伏），标注为"危险电击"；最后2个按钮（435伏和450伏），标注为"×××"。这是一个伪造的电击装置，看起来非常逼真，但实际上不会让任何一个人遭到电击的痛苦。

一套学习材料：由一系列词组构成的阅读材料，如"湖水、幸福、稻草、太阳、树木、水鸟、笑声、儿童、……、巧克力、松饼、情人节、丘比特"等。

实验程序如下：每次实验由2名被试参加：1名真被试，另1名为实验者助手。主试告知被试："这项实验是要研究惩罚对学习的影响。目前这方面的相关研究并不多，我们希望实验结果对教育单位有所帮助。你们一人当学生，一人当老师。老师念一组词汇，学生复诵。学生若是背错，就要遭受电击，由老师执行。谁当学生，谁当老师？抽签好了！"主试在帽子里放了两个事先准备好的纸签，由真被试先抽，结果抽中了"老师"，那么另1名被试（实验者助手）当"学生"。（每次实验中真被试都必须当"老师"，因为主试事先准备的两张纸签都写着"老师"。而真被试对实验者助手的真实身份以及这种虚假行为都不知情。)

将被试带进一个小房间,真被试(以下简称"老师")看到实验者助手(以下简称"学生")被绑到一张电椅上,电极固定在他的胳膊上,手边有 ABCD 四个选择按钮,供"学生"回答"老师"的问题所用。将"老师"带到隔壁小房间,坐到电击装置前,主试用电击装置上一根分岔线碰触"老师"的手臂,让其感受 45 伏的真实电击,"老师"明显感到很难受,但主试告知被试:"电击很温和,不会带来危险。"

"老师"通过麦克风向"学生"大声朗读学习材料,要求"学生"复诵这些词汇。如果学生出错,则要求"老师"在指出他的错误后,必须通过电击装置上的按钮对其实施电击,第一次错误时,进行 15 伏电击;第二次错误,进行 30 伏电击;"学生"每增加一次错误反应,"老师"必须将电压强度提高一级,逐级递增。

在实验过程中,"学生"故意多次出错,"老师"实施的电击强度也逐级升高。当电击到 90 伏时,"学生"痛苦得发出呻吟;电击到 150 伏时,"学生"尖叫:"我受够了,我要出去,放我出去!""老师"看向主试,问:"够了吧?我们是不是该停止了?他想出来了!"主试简单地回答:"实验就是这样,请继续。"电击到 180 伏时,"学生"哭着说:"我再也忍受不了了,快放我出去吧!"并用拳头击打房间的墙壁,"老师"看着主试要求停止实验,主试冷冷地说:"请继续电击,这是实验要求!"电击到 300 伏时,"学生"尖叫:"我有心脏病,我要出去,我要立刻退出实验!"并猛烈撞击墙壁,但主试却命令"老师":"你必须继续。电击不好受,但对人体无害,不会产生永久伤害。"当电击超过 300 伏之后,"学生"变得完全沉默,不再回答任何问题,也不再有任何反应,似乎已经昏厥过去。主试告诉"老师":"不回答也是错了,你别无选择,必须继续进行电击,后果由我们负责,与你无关。"

实验结束后把实验真相告知真被试,以消除他们内心的焦虑和不安:实验中当"学生"的被试是实验者的助手,他所遭受的电击及由此产生的痛苦都是不存在的,只是一种表演。

(三) 结果

40 名被试实施电击的强度都在 300 伏以上,其中 26 人完成了全部实验,占总人数的 65%,他们一直将电击强度提高到最高电压 450 伏,说明 65% 的被试绝对服从权威,具体结果见表 2-6-4。

表 2-6-4　不同电击强度下服从权威的百分比

电击强度(伏)	在该强度上拒绝执行电击的被试人数	服从权威的被试的百分比(%)
15	0	100.0
30	0	100.0
…	0	100.0
300	5	87.5
315	4	77.5
330	2	72.5
345	1	70.0
360	1	67.5
375	1	65.0
…	0	65.0
450	26	65.0

(四) 讨论及后续研究

米尔格莱姆的研究表明,人们对权威命令的服从程度非常高,在65%以上,甚至高达100%。这一实验结果与米尔格莱姆最初的预测存在较大差异:米尔格莱姆原先认为,在实验情境中,当电压高到一定程度时,作为"老师"的真被试在被要求对犯错的"学生"实施电击惩罚时,他们会拒绝执行。实验前米尔格莱姆曾邀请精神病专家、大学生和中产阶级成年人共110人对实验结果进行预测,三个群体预测的平均电压为135伏,大家普遍认为当电压超过135伏时,被试会拒绝服从。40名精神病专家还预测,被试对"学生"实施最高电压450伏电击的可能性只有0.1%。

米尔格莱姆根据被试实施电击的强度来观察其服从权威的程度,评价标准比较客观。研究表明,人们在明知自己的行为对别人有"伤害性后果"时,仍然会倾向于服从权威的命令。虽然多数人对自己伤害别人的行为表现出了强烈的心理冲突:担忧、内疚、恐慌等,并试图要求主试停止实验,但他们最终还是对别人实施了电击惩罚。米尔格莱姆认为,这是因为真被试在归因时进行了责任转移,他们认为自己只是在执行主试的命令,帮助主试完成实验研究,对"学生"实施电击是自己作为被试应尽的义务,由此而带来的不良后果,完全由实验者负责,与自己无关。

这项研究备受争议。人们首先对此研究的外在效度提出质疑，批评其实验设计与现实不符，被试所处的情境和现实生活中的冲突也截然不同。帕克(Lan Parker)认为：这项实验充其量只是一出悲喜交集的戏剧。而另一学术期刊的主编琼斯干脆拒绝刊登米尔格莱姆关于服从研究的论文投稿，其理由是：该论文仅让人对实验情境之影响深感惊讶，却未能提出实质结论说明服从权威的心理。政治学者戈德哈根(D. J. Goldhagen)批评得更为彻底和到位：米尔格莱姆对于大屠杀的解释是目前已知最为荒谬的推论。其服从理论并不适用。……在米尔格莱姆的实验情境中，被试没有时间反思自己当下的作为，与实际情况不符。现实世界里的纳粹军官，白天屠杀犯人，晚上回家陪伴家人。现实世界里，人有许多改变自己行为的机会。如果有机会却不改变，这就不是畏惧权威的服从，而是自由意志的选择。

对米尔格莱姆研究的最大争议还是关于伦理道德问题。为此，米尔格莱姆接受过校方的调查，虽然最终没有具体结果，但由于受到耶鲁大学同事的投诉，他申请加入美国心理学会的审批还是被搁置了一年，后来他甚至被耶鲁大学和哈佛大学两校解聘。鲍姆林德(D. Baumrind)批评他在被试不知情的情况下将被试暴露在心理痛苦、困窘、丧失尊严的情境之中，并质疑实验之后对被试进行的解释和安慰是否真的能够消除被试的不安和焦虑。并可能在实际生活中表现出对权威的不信任。

米尔格莱姆在实验后对被试进行了一年的跟踪调查，发现84%的被试表示很高兴参加了这次活动，而只有1%的人对这次经历表现出后悔。尽管有些被试在实验中表现出很不舒服并有强烈反应，但实验后被试都表达了对实验的正性感受，没有证据表明被试遭受了长时间的心理伤害。

在第一次实验的基础上，米尔格莱姆进一步研究了影响服从的主客观因素。① 米尔格莱姆研究了被试与权威人物之间的物理距离对服从的影响，结果表明：当主试与被试面对面在同一房间里时，被试服从程度最高；当主试不在现场（讲完实验要求后离开或用录音机播放实验要求）时，被试服从程度最低。主试在场时被试服从的次数是主试不在场时的3倍。说明个体与权威人物间的距离越远，服从权威的可能性越低。② 米尔格莱姆研究了"老师"（真被试）和"学生"（被电击的假被试）之间的距离对服从的影响，结果表明：当"学生"在另外一个房间，"老师"与他彼此不见面也听不见对方的声音的情况下，出现了最高的服从率（93%的被试实施了最高电压450伏的电击）。当"学生"与被试同在一个房间内，主试要求被试强迫"学生"把手放在电击板上，此时的服从率最低，只有30%。说明个体与被惩罚者间的距离越近，服从权威的可能性越低。③ 米尔格莱姆研究了被试的道德水平对服从的影响,结果表明:道德发展水平高(处于柯尔伯格道德发展阶段中后习俗水平)的被试,有75%的人拒绝服从权威的命令;道德发展水平较低(处于柯尔伯格道德发展阶段中习俗水平)的被试,只有12.5%的人对权威不服从。说明个体的道德水平越高,服从权威的可能性越低。

米尔格莱姆的服从研究对目前的研究仍有广泛的影响。1999年,贝思(Blass)发现在米尔格莱姆第一次发表他的研究结果之后的近40年内,服从率似乎并没有发生显著的改变,而且男人和女人在服从率上并没有多大区别。杨克洛维奇(S. Yankelovich & W. Yanyelovich)等人1980年的研究则表明,现代青年的服从性变得更低,在他们的调查中,70%的大学生将"有机会运用自己的头脑"作为选择工作的首要标准。许多学者对不同民族和不同文化背景成员的服从行为进行了研究,证实了服从现象的普遍性:1967年惠泰克尔(J. O. Whittaker)研究发现,非洲南部罗德西亚的一支土著民族,其文化意图要求服从,对抗拒行为会严厉惩罚,这个民族的服从率也远远高于其他民族;1971年门特尔(Mantell)的研究表明,法国人的服从率是85%;1994年克尔罕的研究表明,澳大利亚人的服从率是68%;1997年沙拉伯(Shanab)的研究表明,约旦人的服从率是63%。

贝思在另一项研究中指出,根据与个性相关的变量,如人格特征和信仰,也能预测服从行为。他提出对服从权威行为的正确描述必须考虑内外在因素的相互影响。

人物栏:米尔格莱姆

米尔格莱姆(S. Milgram, 1933—1984),美国社会心理学家。1933年出生于美国纽约市。1960年获得哈佛大学哲学博士学位,同年转入耶鲁大学。1963年回到哈佛大学,担任该校社会关系系国际比较研究课题的行政负责人。美国科学促进会的会员,1965年获该会社会心理学奖。1972年成为古根海姆的一名研究人员,1980年任纽约市立大学心理学教授。米尔格莱姆主要从事社会心理学方面的研究,曾进行"小世界实验",由此启发了六度分隔理论;他还进行了人们对权威服从的实验研究,产生了广泛的社会影响。米尔格莱姆的代表著作有:《对权力的服从》(1974),《电视与孤僻行为》(与肖特兰合著),《社会生活中的个体》。

四、皮格马列翁效应实验

（一）导言

1968年，罗森塔尔和雅各布森（R. Rosenthal & L. Jacobson）等人通过实验研究发现，教师对学生成绩的期望可以促进学生学习成绩的提高。罗森塔尔借用古希腊的神话，把教师期望的预言效应称为皮革马列翁效应，后人也将此效应称为罗森塔尔效应。

（二）过程

实验被试选自橡树小学1~6年级，每个年级3个班，共18个班级的学生及每个班级的班主任。这些学生多数出身于中产阶级和下层阶级；18名班主任中16名女性，2名男性。实验材料为智力测验量表（一般能力测验，简称TOGA）。

实验程序：研究者对橡树小学1~6年级18个班级的所有学生进行了智力测验，并告诉18位班主任：学生们所接受的是"哈佛应变能力测验"，该测验的成绩可以对一名学生未来在学术上是否会有成就作出预测。这样做的目的是要让班主任相信在测验中获得高分的学生，其学习能力在未来的这个学年中将有所提高。测验结束后，18位班主任都分别得到了一份名单，上面记录着本班在哈佛测验上得分最高的前20%的学生（实验组），班主任还被告知：这些学生经鉴定在心理上是"正要开放的花朵"，他们在学习上具有"猛进"的潜力。事实上，名单中的学生是完全随机选出的，他们在测验中的得分并不高，有的甚至得分很低。但班主任并不知情，他们以为这些学生很有发展潜力，所以非常期待这些学生会有不同寻常的智力发展表现。8个月后，对18个班级的所有学生再次进行同一量表的智力测验，计算出每个学生8个月来的智力水平的变化程度，并将实验组（列入前20%名单的学生）与控制组（未列入名单的学生）的智商的变化进行差异比较。

（三）结果

图2-6-2显示了实验组和控制组学生的IQ提高情况。综合全校的情况来看，实验组学生的IQ平均提高幅度（12.2%）显著高于控制组的学生（8.2%）。这种差异在1、2年级表现得更加突出：1年级的实验组为27%，控制组为12%；2年级的实验组为16.5%，控制组为7%，见图2-6-2。罗森塔

尔和雅各布森还统计了 1、2 年级每组学生中 IQ 成绩分别提高了 10 个、20 个、30 个百分点的人数比例,更加直观地反映了 1、2 年级实验组与控制组的差异,见图 2-6-3。

图 2-6-2　1~6 年级学生 IQ 分数增长图

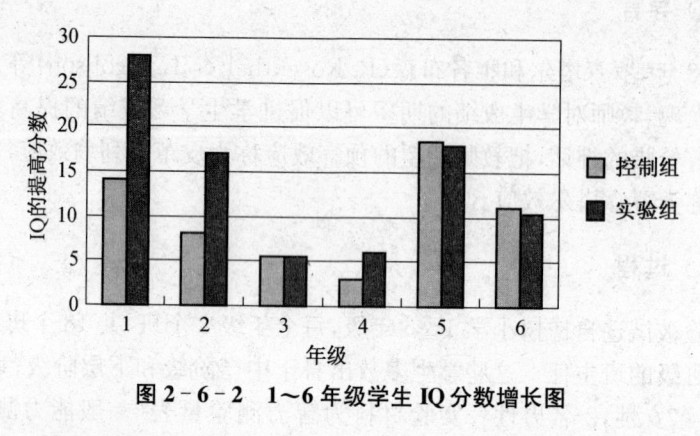

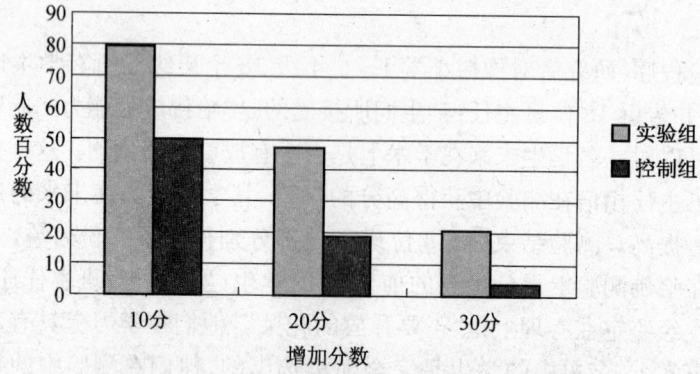

图 2-6-3　2 年级学生 IQ 分数增加的人数的百分数

(四) 讨论及后续研究

实验结果证实了罗森塔尔的预测:教师对学生行为的期望转化成了学生的自我实现预言。这在小学低年级表现得非常突出,而对高年级学生而言却似乎并不明显。罗森塔尔和雅各布森对此提出了以下几种可能的解释:① 低年级儿童的可塑性一般较高年级儿童更强。如果事实确实如此,那么研究中低年级儿童变化更大也许仅仅是由于他们比高年级儿童更易变化。与此相关的另一种可能性就是,即使低年级儿童并不具有很强的可塑性,但教师也会认为他们是有这种特性的。如果单是这种想法就足以令教师对学生采取不同的处理方式,从而产生不同的结果。② 小学低年级学生还未能在教师的心目中形成牢固的印象。换言之,如果教师没有对学生的能力形成某种认识,那么研究者所说的那种期望就会产生更重要的影响。③ 在教师把对学生表现的期望传递给学生时,他们在不经意间使用的微妙方式更容易影响和带动低年级学生。④ 低年级教师向学生传递期望的方式与高年级教师不同。

查肯、西格尔和德来岗(Chaiken, Sigler & Derlega)1974 的研究中,随机抽取部分学生,并告诉教师说这些学生是"极为聪明"的,然后对课堂教学情境中的师生互动情况进行全程录像,通过对录像的分析发现,教师在许多教学细节上都对所谓的"聪明"学生表现出偏爱:他们给予这些学生更多微笑,更多的眼神交流,对这些学生的课堂回答给予更多的赞同。这些"聪明"的学生对教师的偏爱也作出了积极的反应:他们更喜欢教师的课堂教学,更乐意接受教师对其错误的建设性批评,并更努力地对此进行改进和提高。说明教师会在不知不觉中把自己的期望通过潜隐的信号转达给学生,学生也会以积极的方式作出反馈,正是师生间的这种积极的互动促成了教师期望的自我实现。1981年,布罗菲(J. E. Brophy)的研究还比较了教师在对待自己抱有不同期望的学生时所表现的行为差异,见表 2-6-5。

表 2-6-5 教师对学生的行为差异

	高期待儿童	低期待儿童
对正确回答的表扬	多	少
对错误回答的批评	少	多
对不适当回答的表扬	少	多
给予回答的线索	多	少
给予适当的反馈	多	少
给予不适当的反馈	少	多
要求付出努力	多	少
微笑与眼神交流	多	少
等待回答	多	少

1975 年,多克提出,教师的期望会受到学生的性别、民族、经济地位等因素的影响。1997 年,安德鲁斯等人引用罗森塔尔效应考察了教师把学生送到心理学家那儿接受心理评估和心理咨询的问题。结果发现,教师让班级中非洲裔美国学生去进行发展性障碍评估的比率显著高于黑人与白人学生的相对比率;教师把在教室里发生的问题以及在运动场上的行为问题更多地归咎于男生,较少归咎于女生,其间相差悬殊。他们认为,不同组别的学生所表现的差异更多地是由教师期望的不同所致,而不是个体之间真实存在的差异。

人物栏：罗森塔尔

罗森塔尔（R. Rosenthal, 1933— ），美国德裔教育心理学家。1933年出生于德国吉森，1946年加入美国国籍。1953年和1956年先后获加州大学洛杉矶分校学士和博士学位，以后分别在加州大学洛杉矶分校、俄亥俄州立大学和北达科他大学任职。因其论证自我实现的预言时常影响着心理学家本身的工作而引起注意和争论，并于1962年获哈佛大学社会关系学系教授职位。1968年与雅各布森提出著名的"皮格马列翁效应"。1979年获美国心理学会颁发的卓越专业贡献奖。罗森塔尔的代表著作有：《实验者在行为研究中的影响》(1966)，《课堂中的皮格马列翁：教师的期望和学生的智慧发展》(1968)，《自我实现预言的社会心理学》(1973)，《社会行为的数据分析程序》(1984)，《从实验者的无意识偏见到教师期望效应》(1985)。

练习与思考

1. 联系社会实际，思考晕轮效应与首因效应、近因效应以及刻板印象的区别。
2. 思考大学校园中有哪些常见的从众行为？
3. 思考米尔格莱姆的服从实验是否违背了社会心理学的研究原则？
4. 联系实际思考从众、服从和遵从的区别。
5. 思考罗森塔尔效应与社会心理学中的"贴标签"效应之间的关系。
6. 思考为什么罗森塔尔效应在小学低年级表现明显，但在小学高年级表现不明显？

第七部分　认知与情绪心理实验

教学目标

1. 了解条件性情绪反应实验和习得性无助实验的背景及后续研究；
2. 识记习得性无助概念；
3. 掌握华生的恐惧反应实验中条件反射形成的基本过程；
4. 掌握习得性无助实验的基本步骤和研究结果。

一、条件性情绪反应实验

(一) 导言

20世纪初的心理学几乎完全被西格蒙德·弗洛伊德(S. Freud)的精神分析理论所统治,20世纪20年代,以华生(J. B. Watson)为代表的行为主义在心理学界开始了一场新的运动。与精神分析学派的观点完全相反,华生试图用实验来证明行为是通过外在的不同环境和情境刺激而产生的,即情绪和行为反应可以通过条件反射而产生。

(二) 过程

被试小阿尔伯特是9个月大的孤儿,刚一出生就被母亲丢在了医院里。因此小阿尔伯特从出生起就一直呆在医院里,周围的研究人员和医护工作者认为他生理和心理都很健康、一切正常。

在华生的恐惧习得实验中,研究者给被试呈现了两种不同类型的刺激:一是中性刺激,即在条件反射实验开始之前这类刺激并不会引起预期的被试反应,华生选择了白鼠、猴子、狗、有头发和没头发的面具、白色毛毯等作为中性刺激;二是无条件刺激,华生选择了某种能使大多数人产生恐惧反应的刺激物,他用锤子敲击一根1.2米长的铁棒以此发出巨大声响,这种对巨大声响的恐惧是个体先天就有的反应。

在实验开始之前,主试首先确定小阿尔伯特已有哪些恐惧情绪反应,即他害怕什么。主试给被试呈现白鼠、猴子、狗、面具以及白色毛毯,并观察他对这些刺激的反应。小阿尔伯特对这些动物和物体都表现出一定的兴趣,愿意接近和触摸它们,没有丝毫的恐惧情绪。主试又进一步确定小阿尔伯特是否会对巨大的声音产生恐惧反应。当主试在小阿尔伯特身后用锤子敲击铁棒发出巨大声响时,他显然受到惊吓并开始哭泣,表现出对突如其来的巨大声音的恐惧。

(三) 结果

在确定了小阿尔伯特对这些动物、物体以及巨大声响的反应之后,恐惧习得实验正式开始。第一步,研究者向小阿尔伯特同时呈现白鼠和令人恐惧的声音,以此探究个体对某种物体的恐惧是否可以后天习得。小阿尔伯特在看到白鼠后很感兴趣并试图触摸它,但正在他要伸手碰到时,主试突然敲响铁棒使小阿尔伯特受到惊吓,他猛然向前扑倒把脸埋在靠垫下。这一过程重复了3次,小阿尔伯特都出现了恐惧的情绪反应。1周以后再实施同样的实验过程。在呈现7次白鼠与声音的配对后,小阿尔伯特对白鼠产生了极度恐惧,即使只单独呈现白鼠而不出现巨大声响,小阿尔伯特也会开始大哭,向远离白鼠的方向爬得飞快。由此可见,仅仅在短短的1周时间里个体就可以习得对某一物体的恐惧反应,建立恐惧的条件反射。

第二步,主试想了解这样的情绪反应是否会迁移到其他刺激物上,即所习得的恐惧是否会发生"泛化"。在确定小阿尔伯特习得了对白鼠的恐惧情绪的1周后,主试给他依次呈现与白鼠相似的东西,如白颜色的兔、狗、皮毛大衣、一袋棉花、华生头上的白发以及圣诞老人面具等毛茸茸的东西,小阿尔伯特很快就表现出哭泣的消极情绪和逃离的行为反应。实验之前小阿尔伯特对这些与白鼠类似的物品和动物并不惧怕,这说明他的恐惧情绪已经泛化。5天之后,再次对小阿尔伯特进行了测试,测试结果见表2-7-1。

表2-7-1 呈现刺激的顺序

呈现的刺激	观察到的反应
1. 积木	像平常一样玩积木
2. 白鼠	害怕、后退(没有哭)
3. 白鼠+噪音	害怕并哭泣
4. 白鼠	害怕并哭泣
5. 白鼠	害怕、哭泣并离开
6. 兔子	害怕,但不像前面表现得那么强烈
7. 积木	像平常一样玩积木
8. 兔子	与6相同
9. 兔子	与6相同
10. 兔子	有点儿害怕,但还想触摸它
11. 狗	害怕、回避
12. 狗+噪音	害怕并离开
13. 积木	像平常一样玩积木

第三步,主试将小阿尔伯特带到了一个灯光更明亮、现场人更多的新房间,在新环境中小阿尔伯特对呈现的白鼠和兔子依旧表现出十分明显的恐惧

情绪。31天后主试给小阿尔伯特呈现上述这些物品和动物时,他仍然感到非常恐惧。

(四)讨论及后续研究

华生的这项研究有两个目的:第一,借助于这个实验,不仅说明人类的恐惧既可以通过条件反射习得,也可以通过条件反射来消除,而且还试图证明人类所有的行为皆起源于学习和条件反射。第二,华生反对当时心理学界盛行又难以证伪的潜意识理论,想以此证明弗洛伊德的潜意识理论是错误的。

很明显该实验严重违反了道德伦理,虽然在他们的计划中,本来还准备让小阿尔伯特通过建立新的条件反射消除这些恐惧反应,但由于小阿尔伯特在实验之后很快离开了医院,不良情绪的干预和矫正未能实施。尽管如此,毫无疑问华生的实验还是留给了心理学界一笔巨大财富。他的实验不但令人信服地说明了情绪可以通过条件反射习得,同时还证实习得的情绪在一定条件下可以发生泛化现象,并且所习得情绪具有某种跨情境和跨时间的稳定性。在该实验的基础上,华生的学生琼斯(M. C. Jones)继续做了一个同样较为经典的治疗实验:34个月大的小男孩彼得患有恐惧症,害怕有毛的物体,尤其害怕兔子。治疗中,琼斯先给彼得一些他喜欢吃的食物,然后把一只关在笼子里的兔子逐渐移近正在津津有味地吃东西的小彼得,以便在愉快刺激(好吃的食物)与所害怕的兔子之间建立一种联系,减弱或消除恐惧反应。最后彼得不仅对关在笼子里的兔子不恐惧了,甚至变得很愿意与兔子一起玩耍。由此,建立起行为治疗中一种重要的治疗方法——系统脱敏法。

小阿尔伯特的恐惧习得实验说明了环境或后天因素在人类恐惧情绪的形成中有重要作用,但也有一些后来的研究者证实,恐惧情绪的形成和发展还应包括遗传因素的影响。例如,肯德拉(K. S. Kendler)等人以1 700多名女性双胞胎为被试,研究了她们的恐惧症及莫名恐惧的来源。结果发现,恐惧症中有很大一部分是由先天因素造成的,其中遗传因素在广场恐惧中占67%,在动物恐惧中占47%,在社交恐惧中占51%。由此他们认为,遗传因素在恐惧症形成中的作用似乎比环境方面的影响要大得多。

人物栏：华生

约翰·华生(J. B. Watson,1878—1958)，美国心理学家，行为主义心理学的创始人，西方心理学第一势力的领导人。生于美国南卡罗莱纳州格林威尔城外一农庄。1913年发表《行为主义者眼中的心理学》一文，对传统心理学方法和理论框架提出公开挑战，被认为是行为主义心理学的正式诞生，1915年任美国心理学会主席。他认为心理学研究的对象不是意识而是行为，其行为主义心理学风行于20世纪20年代，深刻影响世界各国心理学的发展达半个世纪。但其行为主义存在生物学化、还原主义和客观主义的弊端。1957年获美国心理学会杰出科学贡献奖。

二、习得性无助实验

（一）导言

习得性无助是指由于重复的失败或惩罚，个体形成了一种对现实无可奈何、听任摆布的消极行为和心理状态，这个概念由美国心理学家马丁·塞里格曼(M. E. P. Seligman)在1967年研究动物时提出。塞里格曼认为，人类对能力和控制的知觉是从经验中习得的，当一个人控制特定事件的努力遭受多次失败后，他将停止努力并将无能为力的感受泛化到所有情景中。这样的个体即使在实际可控的情景中，也会感到自己像一颗"命运的棋子"任人摆布，进而产生抑郁。他以狗为被试作了一项经典实验。

（二）过程

24只杂种狗，它们肩高15~19英尺，体重25~29英磅。被分为三组，每组8只。第一组是"可逃脱组"，第二组是"不可逃脱组"，第三组是"无束缚的控制组"。

"梭箱"：这是一个大箱子，中间有一块隔板将梭箱一分为二。其中一边箱子的地板上可以通电，但对狗施以的这种电击是无害的，电击的强度刚好能够引起狗的痛苦，但不会使狗毙命或受伤。当狗感到箱子的一边有电流时，便只需越过隔板跳到箱子的另一边即可避开电击。通常，狗或其他动物都能很快习得这种逃避行为，如果有一个闪光或蜂鸣器之类的信号能预示电击的来临，狗也能学会在电击前跳过隔板以躲避痛苦。因此这种箱子的一边也装有灯,当箱子一边的灯光熄灭时,电流将在 10 秒钟后通过箱子的底部。

在实验中,24 只狗被随机分成"可逃脱组"、"不可逃脱组"和"无束缚的控制组"。可逃脱组和不可逃脱组的狗均被单独安置并套上狗套,狗头部的两边各有一个鞍垫,虽然狗受到了一定程度的约束,但并不是完全不能移动。可逃脱组的狗受到电击后,通过挤压头部两边的鞍垫可以终止电击。不可逃脱组的狗与可逃脱组的狗一一配对,然后在同一时间给每一对狗施加完全相同的电击,但不可逃脱组的狗无论做什么(包括挤压鞍垫),都不能停止电击。两组狗除了在电击的可控性方面截然相反,它们接受电击的时间和强度完全相同。另一个控制组的 8 只狗在实验的这一阶段不接受任何电击。可逃脱组和不可逃脱组的狗在 90 秒的时间里均接受了 64 次电击,可逃脱组很快学会了挤压旁边的鞍垫来终止电击。

24 小时以后,所有的狗被放入到梭箱之中。如果狗在刚进入箱子的 10 秒内跳过隔板,它就能完全避免电击,否则它将持续遭受电击直到跳过隔板,电击时间为 60 秒钟。每只狗在此梭箱中进行 10 次实验。

主试收集以下数据来衡量狗的学习程度:从灯光熄灭到狗跳过隔板的平均时间;每组完全没有学会逃脱电击的狗的比率。此外,1 周后不可逃脱组中完全失败的 6 只狗被放入梭箱中再次接受 10 次额外测试,以检验该实验结果的持续程度。

(三) 结果

(1) 在三组狗逃脱所用的平均时间(即从灭灯到狗跳过隔板之间的时间)方面,可逃脱组与控制组之间不存在显著的差异,但不可逃脱组逃脱所用时间显著长于可逃脱组和控制组。

(2) 在 10 次尝试中至少 9 次不能跳过隔板避免电击的狗在每组中所占的比率方面,可逃脱组与不可逃脱组之间也存在非常显著的差异——可逃脱组中所有的狗都跳过了隔板,成功地避开了电击,而不可逃脱组中有 6 只狗完全失败。

(3) 在 64 次电击中,可逃脱组的狗用于挤压鞍垫以停止电击的时间迅速缩短,而不可逃脱组的尝试行为在 30 次后便完全终止。此外,7 天后的测试结果表明,6 只狗中有 5 只完全失败,10 次测试皆未能逃脱电击。

(四) 讨论及后续研究

继塞里格曼的早期实验之后，还有一些学者采用其他动物作为被试验证所得结论。例如美国费城天普大学的菲立普·柏希(J. B. Philip)及其同事训练老鼠认识警示灯，让它们在警示灯及5秒内电击之间建立条件反射。老鼠一旦明白了警示灯的作用，就可以跑到安全区避免电击。在老鼠习得逃避行为以后，实验人员把安全区遮挡起来，使老鼠无法逃避电击。和塞里格曼的研究结果一样，习得无助感后的老鼠在可以摆脱电击的情境中，不能很快学会逃脱行为。

塞里格曼不仅在动物身上进行了这些研究，他们还努力地把这些研究结果应用于人类。1975年塞里格曼以大学生为被试，把他们分为三组：让第一组学生听一种无法控制的噪音，第二组学生听着同样的噪音，但他们可以通过某种移动停止噪音，第三组学生不听任何噪音。这样的实验实施一段时间之后，开始让被试把手指放进一只"手指穿梭箱"，当他们把手指放在穿梭箱的一侧时，会有强烈的噪音出现，放在另一侧时则噪音消失。实验结果表明，在噪音可控组及对照组中的被试，在"穿梭箱"中都学会了把手指移到箱子的另一边以停止噪音，而第一组即噪音不可控组中的被试，他们的手指通常都停留在"穿梭箱"的原处，不作任何移动尝试。人类个体这种消极特性的习得过程，与动物无助感的形成非常类似。

后来，塞里格曼及其同事进一步对影响习得性无助的因素进行了深入探讨，在一项研究中，他们首先将狗置于可逃脱的情境中，这时的狗可以通过挤压鞍垫终止电击，然后再将它放到不可逃脱的情境中，最后狗被放入梭箱中以检验其逃脱行为。结果处于不可逃脱条件下的狗不仅没有放弃尝试挤压鞍垫，而且它们在梭箱中都成功地习得了回避电击的逃脱行为。该研究说明，如果动物之前能够习得某种有效行为，那么随后的失败经历并不一定必然导致个体出现习得性无助。这就是所谓的"免疫"现象，如果之前学习到有效行为，那这个学习往往可以预防无助感的形成。例如当狗还是小狗时就教给它有效方法，那么它的一生都会对无助感产生免疫力。这个结论对人类儿童的教育具有一定的启迪作用。

人物栏：塞利格曼

　　塞利格曼（M. E. P. Seligman 1942—　），美国心理学家，著名的学者和临床咨询与治疗专家，积极心理学的创始人之一，主要从事习得性无助、抑郁、乐观主义、悲观主义等方面的研究。曾获美国应用与预防心理学会的荣誉奖章，并由于他在精神病理学方面的研究而获得该学会的终身成就奖。1998年当选为美国心理学会主席。

练习与思考

1. 华生的恐惧情绪实验中，条件反射是如何形成的？
2. 为什么会出现习得性无助现象？它对儿童教育有哪些启示？

第三编　常见心理学实验汇编

第一部分　心理物理法实验

> **教学目标**
> 1. 了解BD-Ⅱ-103型长度和面积估计器、两点阈量规、混色轮的结构和性能;
> 2. 了解JGW-B型实验台操作箱单元、光点闪烁仪单元的结构和性能;
> 3. 识记绝对感觉阈限、绝对感受性、差别感觉阈限、差别感受性等概念;
> 4. 掌握平均差误法、最小变化法、恒定刺激法、对偶比较法;
> 5. 掌握信号检测论中的有无法和迫选法;
> 6. 掌握绝对感觉阈限和差别感觉阈限的测定和计算方法;
> 7. 熟练使用BD-Ⅱ-103型长度和面积估计器、两点阈量规、混色轮;
> 8. 熟悉JGW-B型实验台操作箱单元、光点闪烁仪单元的操作方法。

一、平均差误法——长度和面积估计能力的测定实验

【实验目的】

通过长度与面积差别阈限的测定,学习如何用平均差误法测量差别感觉阈限。

方法一

【实验仪器与材料】

BD-Ⅱ-103型长度和面积估计器。

【实验程序】

1. 长方形板直立。

2. 将画有两条直线的纸片插入长方形板的槽里。插入左右挡板,将其移至中央部位,背面指示器分别对准刻度"0"的位置,即间隔20毫米。轻移纸片使其中央空白正好位于挡板的间隔,拧紧后面左上侧滚花螺丝,固定纸片。

3. 主试坐在长方形板背面,即可以看到刻度的一面;被试坐在长方形板正面,即可以看到纸片上图形的一面,使仪器上的水平线与被试的双眼等高。

4. 移动被试左边的盖子使之离开长方形中心一定距离(50毫米),于是具有某种长度的线条(标准刺激)就呈现出来了。

5. 给被试指导语:"这个仪器的左边有一条黑色的水平线,这是标准线,现在请你移动右边的盖子露出黑线,使黑线的长度看起来和左边的黑线一样长。请你慢慢移动套子,到你刚好感觉到左右两边的黑线一样长时就停止,并报告'一样长了'。请注意,一定要调到刚刚觉得和标准线一样长就停止,不要调过头,也不要找任何其他的标记。"

6. 被试通过移动右边的盖子调整右边线条的长度(比较刺激),使之与左边线条的长度(标准刺激)匹配(相等),并报告主试。

7. 由后面板的刻度表上读出并记下主试呈现的线条长度(标准刺激)和被试调整的线条长度(比较刺激),计算出两者的差量,这一差量就是这次实验中被试估计的误差。至此,一次实验结束,主试不要将结果告诉被试。

8. 用平均差误法测量差别感觉阈限时,以上实验需要做40次,实验设计与计算如下:

(1) 为了消除动作误差,在全部实验中应有一半的次数(20次)呈现的比较刺激长于标准刺激,即被试需要由大到小进行调整(渐减↓);另一半次数(20次)呈现的比较刺激短于标准刺激,即被试需要由小到大调整(渐增↑)。

(2) 为了消除空间误差,在全部实验中应有一半的次数(20次)将比较刺激呈现在被试的左边;另一半次数(20次)将比较刺激呈现在被试的右边。

(3) 根据这样的要求,呈现比较刺激的方式可分为四种,即"左↓"、"左↑"、"右↓"、"右↑",实验中每种方式做10次测定。为了消除系列顺序的影响,可按照"左↓""左↑""右↓""右↑""右↑""右↓""左↑""左↓"的顺序实验,重复5次。

(4) 将每次实验的结果填入表3-1-1,并计算出40次结果的平均值。这个平均值就是测得的被试关于线条长度视觉的差别感觉阈限。

表 3-1-1 长度面积估计实验中被试的估计误差

	左↓	左↑	右↓	右↑	右↑	右↓	左↑	左↓
1								
2								
3								
4								
5								

9. 以上实验中,可以用三角形、长方形或其他几何图形来代替线条,以便研究面积的视觉估计。

10. 为了制作长度或面积的心理比例量表,可将比较刺激调整为标准刺激的几分之一或者几倍。

【实验结果】

1. 计算被试长度(面积)估计的平均误差(AE)。

2. 如果被试较多,应统计所有被试的长度(面积)差别阈限,计算其平均数,并说明它的范围。

【讨论】

1. 平均差误法有什么特点?

2. 如何用平均差误法测定音高的绝对阈限?

方法二

【实验仪器与材料】

PsyKey 心理教学系统。

【实验程序】

1. 实验设计:① 为了消除动作误差,将一半次数变异刺激长于标准刺激(简称"长"),另一半次数变异刺激短于标准刺激(简称"短")。② 为了消除空间误差,将一半次数在右边呈现变异刺激(简称"右"),另一半次数在左边呈现变异刺激(简称"左")。③ 组合上述 4 种方法,可得到"右短"、"右长"、"左短"、"左长"四种方式。实验中每种方式作 10 次测定,为了消除顺序误差,每种方式又分为两个 5 次进行。如下表 3-1-2:

表 3-1-2　实验中被试的估计误差

次数	右短	右长	左长	左短	左短	左长	右长	右短
1								
2								
3								
4								
5								

2. 键入被试姓名后,请仔细阅读指示语,主试应向被试指明反应键(红键和绿键)的位置和使用方法。

3. 提醒被试分清标准刺激和变异刺激(在标准刺激的下面印有"标准刺激"的字样)。

4. 被试每次调整完毕后,按反应键盒上的黄键表示确认。

【实验结果】

1. 详细结果共 40 行,表示 40 次测定,每行分 3 列印出。第一列为标准刺激的位置和相对于变异刺激的长短;第二列为变异刺激的初始长度;第三列为被试调节后的长度。

2. 计算被试长度估计的平均误差(AE),也即是此被试长度估计的差别阈限(近似值)。

3. 根据前面的实验顺序安排表,可以对结果进行进一步区分,即前 5 次为右短,其后 5 次为右长,以此类推,最后 5 次为右短。据此,可以计算"左"的 AE 和"右"的 AE,以及"长"的 AE 和"短"的 AE,以检验实验中的动作误差和空间误差的情况。

【讨论】

1. 平均差误法有什么特点?
2. 如何用平均差误法测定音高的绝对阈限?

二、恒定刺激法——绝对感觉阈限的测定实验

【实验目的】

通过测定手心的两点阈,学习如何用恒定刺激法测量绝对感觉阈限。

【实验仪器与材料】

JGW-B 型实验台操作箱单元,两点阈量规。

【实验程序】

1. 被试坐在实验台前,将左手伸入套袖式测试口,手心向上平放在桌

面上。

2. 主试练习使用两点阈量规的方法：将两点阈量规的两个尖点垂直地同时落在被试的手心，两个尖点加到皮肤上的压力要均匀，不能太重或太轻，时间要保持 2 秒，两次刺激之间的时间间隔至少要 5 秒。主试可以先在自己的手上练习几次再在被试手上练习几次，达到熟练程度为止。

3. 用笔在被试手心画一个直径为 2～3 厘米的圆圈，作为刺激呈现的皮肤区域。

4. 指导语："当我喊'预备'以后，你就注意自己的手心。如果你清楚地感觉到接触你手心皮肤的是两个点的话，你就报告说'两点'；如果感觉不到是两个分开的点，或者感觉到是一个变长了的椭圆的点，就报告说'一点'。要在手心受到刺激后马上报告，并且在整个实验中判断为两点的标准要前后保持一致。"

5. 确定刺激范围：用最小变化法粗略地测定两点阈。将两点间的距离由小到大（↑）和由大到小（↓）的方式各测试 5 次，找出被试既不是 100% 地判断为两点，也不是 100% 地判断为一点的刺激范围。在这个范围内选出间隔相等的 5 个刺激：将被试约 90% 次判断为两点的刺激作为最大刺激，约 10% 次判断为两点的刺激作为最小刺激；5 个刺激各测试 20 次，共 100 次。测试的顺序按照随机原则排列。

6. 按排定的顺序进行测定，并将被试报告的结果记录在事先准备好的表 3-1-3 内。每测 25 次休息 2 分钟。

7. 此实验也可以在被试身体的其他部位的皮肤上进行，如手臂、面颊、腹部、大腿等。

【实验结果】

1. 分别计算各被试对每个刺激报告为两点的次数百分数，将结果填入表 3-1-3 内。

2. 用计算法求出两点阈，即用直线内插法的公式计算两点阈的数值，公式为

$$x = x_1 + \frac{(x_2 - x_1) \times (y - y_1)}{y_2 - y_1}$$

式中 x_1, x_2, y_1, y_2 的值根据实验结果中的表 3-1-4 来确定，y_1 是感觉到两点的次数稍小于 50% 的百分数，其相应的刺激为 x_1；y_2 是感觉到两点的次数稍大于 50% 的百分数，其相应的刺激为 x_2。y 为所求的感觉到两点的百分

数,即50%,x是其相应的刺激值,即两点阈。

表3-1-3 被试对按顺序呈现刺激的反应

顺序	两点刺激的距离(毫米)	反应(1或2点)
1		
2		
3		
⋮		
100		

表3-1-4 被试将刺激反应为两点的次数(n)、百分比(P)和标准分(Z)

两点刺激的距离(毫米)	刺激1	刺激2	刺激3	刺激4	刺激5
反应为两点的 n P Z					

3. 作S-P图求两点阈:直线内插的程序也可以用作图来代替计算,所求得的阈限值与用计算的方法所得的结果是相同的。作法是以刺激为x轴,感觉到两点的次数百分数(P)为y轴;用五对数据在坐标上确定五个点,顺次将其连为一条曲线即S-P图;然后从y轴50%处引出x轴的平行线与曲线相交于(x,y)点,再通过交点作y轴的平行线与x轴相交于(x)点,这一点的读数即为50%次感觉到两点的刺激量,也就是所求的两点阈,见图3-1-1。

4. 作S-Z图求两点阈和标准差:由于测定两点阈总结果的肩形曲线与正态分布的累积曲线接近,因此可以将P值转换为Z值(在正态分布中以标准差为单位的每一数值与平均数之差),在x轴上与$Z=0$相对应的数值即为平均数,与$Z=±1$相对应的数值为总结果的标准差。具体步骤为:

(1) 查P-Z转换表,将实验结果的P值(即各刺激感觉为两点的百分数)转换为Z值,$P<0.50$时Z为负值。

(2) 以刺激为x轴,Z值为y轴,用五对数据在坐标轴上确定五个点,顺次将其连成一条直线即S-Z图。

(3) 从y轴上$Z=0$处引出x轴的平行线与直线相交,再通过此交点作y轴的平行线与x轴相交,交点的读数为所有结果的平均数,即两点阈。

(4) 从y轴上$Z=±1$的两点各作x轴的平行线,分别相交于直线上的两点,再从这两个交点分别作与 y 轴平行的线与 x 轴相交,x 轴上这两个交点就是总结果的分布的标准差。这个标准差是所测两点阈准确度的指标,标准差越小,所测得的两点阈越可靠,见图 3-1-2。

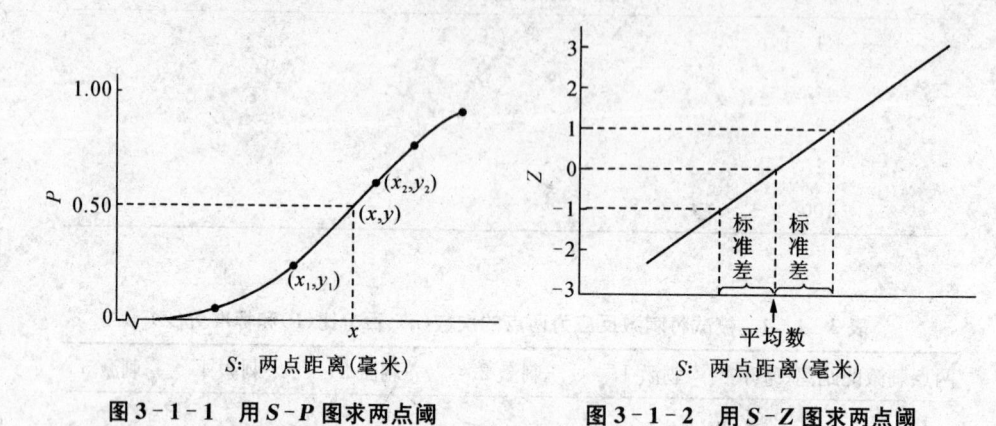

图 3-1-1 用 S-P 图求两点阈

图 3-1-2 用 S-Z 图求两点阈

【讨论】
1. 恒定刺激法的主要特点是什么?
2. 不同被试的两点阈是否存在个别差异和性别差异?
3. 同一被试的两点阈是否存在部位差异?

三、恒定刺激法——重量差别阈限的测定实验

【实验目的】
通过重量差别阈限的测定,学习如何用恒定刺激法测量差别感觉阈限。

【实验仪器与材料】
JGW-B 心理实验台操作箱,高 5 厘米直径 4 厘米的圆柱体一套共 8 个其中 100 克 2 个,88、92、96、104、108、112 克各 1 个。

【实验程序】
1. 依随机原则排出变异刺激(包括 100 克的 1 个)呈现的顺序:然后变异刺激各与标准刺激(100 克)配成一对,每对比较 10 次,为了消除顺序误差,10 次中有 5 次先呈现标准刺激,另 5 次先呈现变异刺激。

2. 被试坐在实验台被试侧,右手伸入实验台中部操作箱套袖式测试口,主试用粉笔在测试面上放刺激物处标出位置,也应将被试前臂接触桌面的位置用粉笔标出来,以便休息后仍可回到原处。

3. 实验开始时要向被试做示范操作:被试用右手的拇指和食指拿住圆柱

体慢慢上举,使它离开测试桌面约2厘米,2秒后放下(这时胳臂肘不要离开桌面)。每对中呈现两个刺激的时间间隔最好不要超过1秒,以免被试的第一个重量感觉消退,当被试放下第一个重量后,主试立即换上第二个重量。二次比较至少间隔5秒,以免各次感觉互相干扰,主试呈现刺激时,切莫让圆柱体碰被试的手。

4. 给被试指导语:

"现在请你一对一对地比较圆柱体的重量。当你听到我把圆柱体放在测试面板上时,就用刚才示范的方法轻轻地把它提起,注意这时的重量感觉,放下后也要尽量保持住这个感觉。当拿起第二个圆柱体时,就用你对第二个圆柱体的重量感觉与第一个的重量感觉进行比较,如果你觉得第二个比第一个轻些就说"轻";如果你觉得重些就说"重";如果分不清轻重就说"相等",这样一共要比较几十次,每次比较后必须做出判断,判断的标准要尽量一致。请注意:要你判断第二个比第一个是轻、重还是相等。"

5. 按排好的顺序呈现刺激,每次被试做出轻、重或是相等的判断,要在记录表的相应位置记下"-"、"+"或"=",每比较10次后休息2分钟。

6. 换一被试重复上述程序的实验。

【实验结果】

1. 整理记录,将变异刺激在前、标准刺激在后的判断记录中的"+"转换为"-";"-"转换为"+"。例如:先呈现88克后呈现100克,被试报告说重记为"+",整理时则要转换成"-"。

2. 分别统计每个变异刺激判断为轻、重和相等的次数,并算出相应的百分数,列成表格。

3. 以变异刺激的重量为横坐标,以反应各变异刺激重于、轻于和等于标准刺激的次数百分数为纵坐标,把所得结果画成三条曲线。

4. 用直线内插法分别根据图表求出重量差别阈限(DL)。

5. 用同法求出其他被试的重量差别阈限。

【讨论】

1. 用恒定刺激法测定差别阈限有什么特点?

2. 你的实验结果是否符合韦伯定律?

四、恒定刺激法——音高差别阈限的测定实验

【实验目的】

通过音高差别阈限的测定,学习如何用恒定刺激法测量差别感觉阈限。

【实验仪器与材料】

PsyKey 心理教学系统。

【实验程序】

1. 预实验:一般在使用恒定刺激法之前,要先用最小变化法粗略地测试被试的阈限值,用以确定合适的变异刺激。在本实验开始,也采用试验的办法让被试自己选择合适的声音频率差别。本实验采用 700 赫频率的声音为标准刺激,共 7 个比较刺激。刺激的频率差由被试经预实验选取,预试的初始频率差为 3 赫。即:被试用 700 赫的声音分别与频率差为 3 赫的一组变异刺激中差异最大的 691 赫及 709 赫的声音各比较 10 次。若两组测试的正确率均大于 90%,选择间距差为 2 赫的一组变异刺激;若两组测试的正确率均小于 70%,选取频率差为 4 赫的一组变异刺激;其余情况下选取 3 赫的一组变异刺激进行正式实验。

2. 请仔细阅读指导语,强调用第二个刺激去比第一个刺激。

3. 共有 7 个变异刺激(包括一个标准刺激)和一个标准刺激,每对比较 10 次,共比较 70 次,完全按随机原则安排顺序。

【实验结果与讨论】

1. 数据分四列印出。第一列为实验顺序,从 1~70;第二列为变异刺激,共有 7 种;第三列为标准刺激出现的位置,在前或在后;第四列为被试的反应,为"+"、"="或"-",它们分别表示被试认为变异刺激比标准刺激高、相等或低。

2. 本实验标准刺激为 700 赫,变异刺激依照被试选择的间隔而定。700 赫以下三种,700 赫以上三种,以及 700 赫一种,共七种。

3. 分别统计被试对每种变异刺激判别为"+"、"="和"-"的次数。计算出百分数,填入表 3-1-5。由此表可以画出两类曲线(三条曲线和两条曲线),并可用直线内插法求出差别阈限。

表 3-1-5 被试对变异刺激作出各种判别的次数及百分数

变异刺激	(-) 次数	百分数	(=) 次数	百分数	(+) 次数	百分数	(+)+(=) 次数	百分数
1								
2								
⋮								
7								

五、最小变化法——明度差别阈限的测定实验

【实验目的】

通过对明度差别阈限的测定,学习如何用最小变化法测定差别感觉阈限。

方法一

【实验仪器与材料】

混色轮;透明直尺(画有中线)一把。直径 175 毫米的开口黑白纸盘各两个,其中一白一黑组成为固定黑、白各 180°的色盘(称为大黑白色盘);直径 105 毫米的开口黑白纸盘各两个,其中一白一黑组成为固定黑、白各 180°的色盘(称为小黑白色盘)。

【实验程序】

1. 将混色轮放在光线充足的地方,不要让色盘背光,也不要让阳光直射色盘。被试坐在离色盘 2 米远处,使色轮中心和被试眼睛的高度处于同一水平。然后将小黑白色盘放在大黑白色盘上面,并分别使大、小色盘的开口方向与混色轮圆盘转动方向相反,以免色轮旋转时撕破纸盘。

2. 按下述要求安排实验顺序,并画出实验顺序及记录表 3-1-6。

表 3-1-6 实验顺序及记录表

变异刺激 (白色盘 所占度数)	标准刺激在内		标准刺激在外				标准刺激在内	
	(1)	(2)	(3)	(4)	(5)	(6)	(7)	(8)
	↑	↓	↓	↑	↑	↓	↓	↑
210								
205								
⋮								
155								
150								

(1) 将黑白色盘各露出 180°时混合成的灰色的亮度作为标准刺激,为了消除空间误差,要用大、小色盘交替地作标准刺激。

(2) 从白色盘露出 150°、黑色盘露出 210°到白色盘露出 210°、黑色盘露出 150°之间各种灰色的亮度作为变异刺激。为了消除习惯和期望误差,变异刺激按渐增和渐减顺序安排,↑↓的次数各半。每次增或减 5°(白色露出的度数)。

(3) 为了消除系列顺序的影响。可先用小色盘作标准刺激(在内),按 ↑↓ 的顺序测定两次;然后用大色盘做标准刺激(在外),按 ↓↑↑↓ 的顺序测定四次;再用小色盘作标准刺激(在内),按 ↓↑ 的顺序测定两次。前后共测定 8 次。

3. 先将色盘按小圆白 180°、大圆白 150°放好,调节色轮转速,使混合出的灰色没有闪光,然后给被试以下指示语:"这个实验要求你比较两个灰色的明度。请你看内圆灰色和外圈灰色的深浅是否相同。现在内圆灰色是标准,请你用外圈灰色和内圆灰色作比较,如果你觉得外圈灰色比较浅,就说'亮';当我改变外圈的亮度后,你再用同样的方法比较,如果感到外圈明度和内圆明度相同或分不清时,就说'相等';如果觉得是深些,就说'暗'。请记住,内圆的灰色是标准,要你判断外圈的明度比内圆亮、相等还是暗些。"

4. 当改用外圈的亮度作标准刺激时,必须对被试说:"下面再用同样的方法进行比较,但是,现在外圈是标准,请你判断内圆比外圈暗些、相等还是亮些。"

5. 当再改用内圆作标准刺激时,还要对被试强调说明。

6. 每次实验,当被试报告变异刺激比标准刺激"亮"、"相等"或"暗"时,分别用"+"、"="或"-"三种符号在记录表相应的地方记下实验的结果,然后再依次增加或减少变异刺激中白色露出的度数,每次 5°,误差不得超过 1°,让被试比较,直到被试报告变异刺激比标准刺激亮或暗为止。每按 ↑↓ 顺序连续做 4 次后休息 3 分钟。

【实验结果】

1. 分别计算每个系列的上限和下限值,并将结果填入表 3-1-7 中。

表 3-1-7　8 个系列的明度差别阈的上下限(白色盘所占度数)

标准刺激	在内		在外				在内	
顺序	(1)	(2)	(3)	(4)	(5)	(6)	(7)	(8)
变异刺激呈现方式	↑	↓	↓	↑	↑	↓	↓	↑
上限								
下限								

2. 分别计算标准刺激在内、在外,呈现方式递增(↑)、递减(↓),呈现顺序在前、在后各四个系列的绝对差别阈限,并将结果填入表 3-1-8 中。

表 3-1-8　标准刺激的位置、呈现方式、呈现顺序
对差别阈限的影响（白色盘所占度数）

	标准刺激		呈现方式		呈现顺序	
	在内	在外	递增(↑)	递减(↓)	在前	在后
上限						
下限						
差别阈限						

3. 计算这个被试的明度差别阈限的上限和下限、上差别阈和下差别阈、绝对差别阈限和相对差别阈限。前五个数值的单位为白色盘所占的度数。

【讨论】

1. 如果测两个被试的明度差别阈限所用的白色盘反射的光量不同时，结果能否进行比较？

2. 根据实验结果说明实验中控制某些因素的必要性。

3. 如果标准刺激改为白色盘露出 270°，根据韦伯定律，本实验被试的明度差别阈限应为多少？

方法二

【实验仪器与材料】

PsyKey 心理教学系统。

【实验程序】

1. 请被试仔细阅读指示语。主试强调要对照标准刺激调整变异刺激，并且注意左、中、右三键所对应的反应。

2. 实验的顺序安排力求克服期望误差、习惯误差和空间误差，因此采用如下安排，见表 3-1-9，前后共测定 8 次。

表 3-1-9　实验的顺序安排

标准刺激在左		标准刺激在右				标准刺激在左	
1	2	3	4	5	6	7	8
↑	↓	↓	↑	↑	↓	↓	↑

3. 每当被试的反应有一次转折时，即开始下一次测定。

【实验结果及讨论】

1. 结果分为五列,第一列表明标准刺激的位置以及标准刺激相对于变异刺激的明暗;第二列是变异刺激的起始亮度,第三列是被试判断为两者相等的亮度,第四列是被试判断为变异刺激与标准刺激发生逆转的亮度,第五列是上(下)限。

2. 请根据以下公式计算上、下差别阈限及绝对与相对差别阈限。同时,也请计算并比较习惯误差、期望误差和空间误差的克服情况及练习的效果。

公式:
(1) 不肯定间距 $= X_{上限} - X_{下限}$
(2) DL(绝对差别阈限)=不肯定间距/2
(3) K(相对差别阈限)=DL/标准刺激
(4) PSE(主观相等点)=(上限+下限)/2

六、最小变化法——闪光融合临界频率的测定实验

【实验目的】
学习使用光点闪烁仪测定闪光融合临界频率(CFF)。

【实验仪器与材料】
JGW-B型实验台光点闪烁仪单元,记录用纸。

【实验程序】

1. 准备工作

接通电源,打开光点闪烁仪电源开关;背景亮度选 16∶1,颜色选红,亮度选1,占空比选 1∶1;让被试熟悉用控制旋钮调节光点频率并熟悉"闪"与"不闪"现象。

2. 正式实验

(1) 渐增系列实验:主试将亮点调至明显闪烁,给被试指导语:"你现在看到的是一个闪烁的亮点,请调节旋钮直到刚刚看不到亮点闪烁为止;在闪与不闪附近可以反复调整,直至您确定不再闪烁为止,然后向主试报告"。主试记录此次频率值。

(2) 渐减系列实验:主试将亮点调至明显不闪烁,给被试指导语:"你现在看到的是一个不闪烁的亮点,请调节旋钮直到刚刚看到亮点闪烁为止;在闪与不闪附近可以反复调整,直至您确定闪烁为止,然后向主试报告"。主试记录此次频率值。

(3) 每个被试先进行右眼实验,然后进行左眼实验。每只眼睛渐增系列、渐减系列各做 16 次,两个系列按 ABBABAAB 顺序进行。

(4) 注意相邻顺序的相同系列的起始点应有明显变化。

(5) 更换被试重复上面的实验。

【实验结果】

1. 分别求出左、右眼渐增、渐减系列的闪光融合临界频率。

2. 计算左、右眼的闪光融合临界频率的平均值。

【讨论】

分析本实验中可能的误差。

七、对偶比较法——颜色爱好的测定实验

【实验目的】

通过测定颜色爱好的程度,学习用对偶比较法和等级排列法作顺序量表。

方法一

【实验仪器与材料】

不同颜色的笔一套(12 支)。

【实验程序】

1. 对偶比较法

(1) 实验前主试按对偶比较法原则排列呈现顺序,并制成相应的表格,见表 3-1-10。每对色笔比较两次,两次比较时应颠倒两支笔的空间位置。

表 3-1-10 对偶比较法中刺激呈现的顺序

	黑色	桃色	白色	翠绿	灰色	深红	湖蓝	橘黄	紫色	墨绿	浅黄	深蓝
黑色												
桃色	1											
白色	2	3										
翠绿	22	4	5									
灰色	23	24	6	7								
深红	39	25	26	8	9							

续表

	黑色	桃色	白色	翠绿	灰色	深红	湖蓝	橘黄	紫色	墨绿	浅黄	深蓝
湖蓝	40	41	27	28	10	11						
橘黄	52	42	43	29	30	12	13					
紫色	53	54	44	45	31	32	14	15				
墨绿	61	55	56	46	47	33	34	16	17			
浅黄	62	63	57	58	48	49	35	36	18	19		
深蓝	66	64	65	59	60	50	51	37	38	20	21	

（2）主试按顺序成对地呈现不同颜色的笔，要求被试加以比较并报告两者中喜欢哪一个，被试必须选择其中的一个，而不能有折中答案。主试记下被试的选择结果，喜欢的记"1"分，不喜欢的记"0"分。并将得分填到相应的格内。

2. 等级排列法

（1）主试要求被试依"最喜欢—最不喜欢"的顺序将10种颜色笔从左到右排好。主试记下结果，排在最左侧者计10分，然后依次减少1分，最右侧者计1分。

（2）主试将10种颜色的笔的顺序排乱，再要求被试依"最不喜欢—最喜欢"的顺序将其从左到右排好。主试记下结果，排在最左侧者计1分，然后依次递增1分，最右侧者计10分。

【实验结果】

1. 计算对偶比较法的等级顺序，并将其转换为等距量表。
2. 用等级排列法所得结果列出等级顺序。

【讨论】

比较两种程序所得结果的异同。

方法二

【实验仪器与材料】

PsyKey心理教学系统。

【实验程序】

1. 本实验用对偶比较法制作颜色爱好顺序量表。计算机能产生不同色调的颜色，而且纯度高，适合于颜色爱好顺序量表的制作。

2. 实验共有七种颜色，它们是：红、橙、黄、绿、蓝、青和白。

3. 实验顺序见表 3-1-11。为抵消顺序误差,在做完 21 次后,应当再测 21 次,顺序与前 21 次顺序相反;为抵消空间误差,在后做的 21 次中左右位置应颠倒。

表 3-1-11 刺激呈现顺序

刺激	红	橙	黄	绿	蓝	青	白
红	—						
橙	1	—					
黄	2	3	—				
绿	12	4	5	—			
蓝	13	14	6	7	—		
青	19	15	16	8	9	—	
白	20	21	17	18	10	11	—

4. 实验前,主试应指导被试认真阅读指示语,并说明反应方法(按红、绿键认可,按黄键不认可),然后开始实验。本实验可多人同时进行。

5. 实验时在屏幕上同时出现一左一右两个不同颜色的几何图形或图片,要求被试挑选出比较喜欢的颜色(二选一),并按红色或绿色反应键确认。

【实验结果与讨论】

1. 结果以图表形式给出:横坐标是颜色,纵坐标是选择分数(C),列出每种颜色相应的选择次数。

2. 如果要制作等距量表,还需按如下公式计算选中比例 P。

$$P = C/[2(n-1)] = C/12$$

3. 把 P 转换成 Z 分数,按 Z 分数制图即可制作成颜色爱好的等距量表。

八、信号检测论——有无法实验

【实验目的】

通过重量辨别,学习信号检测论实验的有无法。

【实验仪器与材料】

JGW-B 型心理实验台操作箱单元,100、104、108 和 112 克重的砝码各一个。

【实验程序】

1. 准备工作

(1) 把 104、108 和 112 克的重量分别和 100 克的重量比较 10 次,选出一个在 10 次比较中 7 次或 8 次觉得比 100 克重的砝码作为信号刺激。100 克的砝码作为噪音。

(2) 主试按下面三种不同的 SN 和 N 出现的先验概率安排实验顺序。

| P(SN) | 20% | 50% | 80% |
| P(N) | 80% | 50% | 20% |

每种先定概率做 100 次其中先后各 50 次。

50 次中信号和噪音出现的顺序按随机原则排列,并作出表 3-1-12,以记录实验结果。

表 3-1-12 实验结果记录表

	50%		20%		80%		80%		20%		50%	
---	SN	N	SN	N	SN	N	SN	N	SN	N	SN	N
1												
2												
3												
…												
50												

2. 正式实验

(1) 在每 50 次实验开始前,先让被试熟悉一下信号和噪音的区别,并告诉被试在这 50 次中信号出现的概率。

(2) 主试按排好的顺序呈现刺激,哪一次呈现信号,哪一次呈现噪音,务必搞清楚。两次呈现刺激的时间间隔至少 3 秒。

(3) 给被试指导语:"请将右手伸入操作箱的套袖测试口,用拇指和食指拿住圆柱体慢慢上举,使它离开测试面约 2 厘米,2 秒后就放下。每次提举重量时,提的高低,快慢要前后一致,提举后,若判断为信号就回答'信号',若判断为噪音就回答为'噪音'。"

(4) 主试在实验用表中记录测试结果:被试回答为"信号"的记"+";被试回答为"噪音"的记"-"。

(5) 每做完 50 次休息 5 分钟,直到测完 300 次为止。

3. 换被试重做上述实验。

【实验结果】

1. 根据 300 次实验结果,按先验概率不同,列出 3 个 2×2 方阵,见表 3-1-13,并计算出相应的"击中"的条件概率 $P(Y/SN)$ 和虚报的条件概率

$P(Y/N)$。计算方法为:$P(Y/SN)$=击中的次数/(击中的次数+漏报的次数);$P(Y/N)$=虚报的次数/(虚报的次数+正确否定的次数)。

表3-1-13　先验概率为20%(或50%、80%)的实验结果

刺激	Y	N	总计
SN			
N			
总计			

2. 根据所估计的3对$P(Y/SN)$和$P(Y/N)$,以$P(Y/N)$为横坐标,以$P(Y/SN)$为纵坐标,画出ROC曲线,见图3-1-3。

3. 通过查表,把同各对$P(Y/SN)$和$P(Y/N)$相应的Z值和O值查出来,并计算d'和β,列出表3-1-14。计算公式为:$d'=Z_{SN}-Z_N$;$\beta=O_{SN}/O_N$

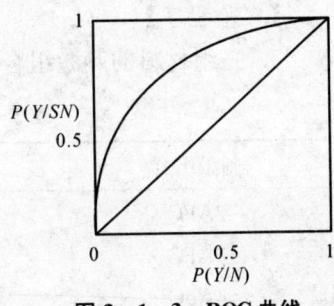

图3-1-3　ROC曲线

表3-1-14　在不同$P(SN)$下的d'和β值

$P(SN)$	20%			50%			80%		
	P	Z	O	P	Z	O	P	Z	O
Y/SN									
Y/N									
d'									
β									

【讨论】
1. 说明被试重量辨别的感受性,以及SN的先验概率对被试判断标准的影响。
2. ROC曲线与机率线的关系能否反映被试的感受性。

九、信号检测论——迫选法实验

【实验目的】
1. 通过测定和比较不同被试的重量辨别能力和判定标准,学习信号检测论的方法之一——迫选法。

2. 考察不同数目的噪音对被试再认辨别力的影响。

【实验仪器与材料】

JGW-B型心理实验台操作箱(或眼罩一个),BD-Ⅱ-602型重量鉴别与圆片分选器:高5厘米、直径4厘米的圆柱体砝码一套共6个,重量分别为88、92、96、100、104、108克。如果不做预备实验,可以直接选择100克为信号(SN),其他均为噪音(N)。实验材料分以下几种组合:2AFC(AFC是指alternative forced choice)、4AFC和6AFC,即每个刺激系列有2、4、6个刺激,其中每个系列中只有一个是信号,其他均为噪音。

【实验程序】

1. 三组材料的刺激组合见下表3-1-15。

表3-1-15 三组刺激材料组合

刺激组合	刺激的重量(克)
2AFC	96、100
4AFC	92、96、100、104
6AFC	88、92、96、100、104、108

2. 被试若干,4人一组。

3. 以100克的刺激为信号(SN),其他重量的砝码为噪音(N),排好随机呈现顺序表,信号在刺激系列中的呈现位置是完全随机的。每一刺激系列的刺激呈现次数为100次。刺激呈现顺序见表3-1-16。

表3-1-16 刺激呈现顺序表(以4个刺激的系列为例)

呈现顺序	信号的位置	反应是否正确(Y/N)
1	2	
2	3	
3	3	
⋮		
N	2	

4. 按照同样的方式,绘制出2AFC和6AFC的刺激呈现顺序表。

5. 每个被试要做完全部实验材料,对三组实验材料和小组被试采用拉丁方设计,具体设计见表3-1-17:

表 3-1-17　三组实验材料与被试的拉丁方设计

被试	刺激的组合
1	2AFC、4AFC、6AFC
2	4AFC、6AFC、2AFC
3	6AFC、2AFC、4AFC

6. 让被试熟悉信号和噪音：被试端坐在实验台被试的一侧，将优势手伸入操作箱的套袖测试口，刺激放在距离被试 30 厘米的海绵垫上。主试先呈现信号，被试用拇指和食指提起刺激，提起的高度为 2 厘米，持续的时间为 2 秒。注意：被试只能触摸刺激的顶部，不能将刺激整体握在掌中。然后主试告诉被试这是信号，接着呈现噪音，并告诉被试是噪音，这样熟悉所有的刺激 5 遍，要求被试注意辨别信号和噪音的重量差别。

7. 给被试指导语：

"这是一个重量差别辨别能力的实验，每次呈现一组刺激，要求你逐个提起之后，与预备实验的刺激比较，判断这个刺激是信号还是噪音，如果是信号，就报告'信号'，如果是噪音，就报告'噪音'，注意：一定要根据刚才熟悉刺激是信号和噪音的感觉来报告，如果你发现说错了，可以立即更正并确认。这样要做很多次，明白上述指导语后准备开始实验。"

8. 按不同刺激组合刺激的随机呈现顺序表和拉丁方设计的顺序，逐个被试、逐组刺激进行实验。

9. 一个被试做完实验后，换其他被试继续实验。

10. 每个刺激呈现时间为 2 秒，两组刺激间的时间间隔为 5 秒，每做完 50 次休息 2 分钟。

【实验结果】

1. 主试将被试的反应记录在随机顺序表上，记录被试反应是正确(Y)还是错误(N)。

2. 分别统计被试在三种条件下(2AFC、4AFC、6AFC)正确判断次数，填入表 3-1-18 中。

表 3-1-18　刺激数目对信号刺激再认能力的影响

	2AFC	4AFC	6AFC
正确次数			
$P(C)$			

3. 分别计算三种实验条件下被试对信号的辨别能力,并将结果填入表 3-1-18 中,计算方法为:$P(C)$=正确判断的次数/判断的总次数。

4. 说明被试对重量差别的辨别能力(准确性)是如何随刺激数目变化而变化的。

【讨论】

1. 在用迫选法设计实验时,选择信号和噪音刺激系列时应该注意哪些问题?

2. 不同被试的 $P(C)$ 值能否进行比较。

十、信号检测论——评价法实验

【实验目的】

通过图片再认实验,学习信号检测论的方法之一——评价法。

【实验仪器与材料】

PsyKey 心理教学系统

【实验程序】

1. 刺激有两套:一套是识记过的图片,共 60 张(每个图片内容不同)作为信号 SN;另一套是没有识记过的图片,共 60 张(每个图片也不同,但与相应的第一套相似),作为噪音 N。

2. 先让被试识记第一套图片,计算机屏幕随机呈现每张图片 2 秒,间隔 1 秒,60 张图片连续呈现。

3. 把这 60 张识记过的图片与第二套 60 张图片混在一起,仍按上述的方法呈现给被试,让被试判断是否是刚才识记过的,并按照规定的等级按键作出评价。

4. 主试指导被试认真阅读指示语,解释五等级评价的方法,并说明反应键的位置(数字键盘上的 1、2、3、4、5 键);被试明白后开始做实验。

【实验结果与讨论】

1. 结果文件中分别统计了信号和噪音的反应情况,见表 3-1-19。

表 3-1-19 被试对信号和噪音的评价

反应 刺激	1	2	3	4	5	合计
信号(SN)						60
噪音(N)						60

2. 对结果进行整理,填入表 3-1-20。

表 3-1-20　被试对信号和噪音评价结果的统计

刺激＼反应	1+2+3+4+5	2+3+4+5	3+4+5	4+5	5
信号(SN)					
噪音(N)					

3. 对此表进一步处理,据此画出 ROC 曲线。

练习与思考

1. 思考平均差误法、恒定刺激法、最小变化法的主要特点。
2. 思考信号检测论与传统心理物理法的区别。
3. 思考同一被试的两点阈是否存在部位差异;不同被试的两点阈是否存在个别差异和性别差异。
4. 思考在用迫选法设计实验时,选择信号和噪音刺激应该注意哪些问题?
5. 练习对 BD-Ⅱ-103 型长度和面积估计器、两点阈量规、混色轮的操作。
6. 练习对 JGW-B 型心理实验台操作箱单元、光点闪烁仪单元的操作。
7. 练习运用平均差误法测定音高的绝对阈限。

第二部分　反应时实验

教学目标

1. 了解 JGW-B 型心理实验台反应时单元、计时计数器单元、速示器单元的结构和性能;
2. 了解斯滕伯格的加法反应时实验;
3. 掌握 PsyKey 心理教学系统中反应时实验部分的操作程序;
4. 掌握 JGW-B 型心理实验台反应时单元、计时计数器单元、速示器单元的操作方法;
5. 掌握简单反应时、选择反应时、辨别反应时、加法反应时、减法反应时的测定和计算方法。

一、简单反应时实验

（一）声简单反应时实验

【实验目的】
学习测定声简单反应时的程序。

【实验仪器与材料】
JGW-B型心理实验台反应时单元,计时计数器单元,手键一个。

【实验程序】
1. 接上电源,将刺激呈现器的连接线插头插到"反应时输出"插口,反应时手键插入实验台被试侧面板左下方"手键"插口。

2. 开启计时计数器单元电源,指示灯亮表示电源接通,计时屏幕显示为0.000秒,正确次数和错误次数均为0。

3. "工作方式选择"为"反应时",按下"声、光"选择键,即选择声刺激,同时调节左侧音量调节旋钮,使音量适宜。（若室内实验人数较多可选择耳机,当耳机插头插入扬声器左下角插孔时,扬声器自动断开。）

4. 要求被试将左手的食指放在红键上方做按键状。

5. 指导语:"这是一次反应时间测量实验,当你听到'预备'口令后,若再听到刺激声,就迅速按手键,要求又准又快。不许提前按键。如果提前按键,则会有一个声音提示,那么这一组反应时测量作废,重新开一组。若刺激声呈现4秒仍未反应,此组测量也作废,并重开一组。"

6. 主试把"测试、学习"键拨到"学习"一侧,同时按下"简单反应时"键。先练习一个单元,每个单元为20次,其中有2次侦察实验。

7. 练习结束后,"简单反应时"指示灯灭。主试先按"复位"键,使计时计数器清零,再按"简单反应时"键,指示灯亮,正式实验单元启动。每个单元结束后,按"打印"键,打印本单元结果。若重新开始另一单元,则需按"简单反应时"键,指示灯亮,新一单元启动。每个被试连续完成3个单元。

8. 更换被试重复上面的实验。

【实验结果】
1. 分别计算每个被试声简单反应时的平均数。
2. 分别算出全组所有被试的声简单反应时的平均数和标准差。

【讨论】
根据测定结果讨论声简单反应时的个体差异。

（二）光简单反应时实验

【实验目的】
学习测定光简单反应时的程序。

【实验仪器与材料】
JGW-B型心理实验台反应时单元，手键一个。

【实验程序】
1. 接上电源，将刺激呈现器的连接线插头插到"反应时输出"插口，反应时手键插入实验台被试侧面板左下方"手键"插口。
2. 开启计时计数器单元电源，指示灯亮表示电源接通，计时屏幕显示为"0.000"秒，正确次数和错误次数均为0。
3. "工作方式选择"为"反应时"，按起"声、光"选择键，即选择光刺激。
4. 要求被试将左手的食指放在红键上方做按键状。
5. 指导语："这是一次反应时间测量实验，你听到'预备'口令后，请你注视刺激呈现窗，当你看到光刺激后，就迅速按反应键，要求又准又快。不许提前按键。如果提前按键，则会有一个声音提示，那么这一组反应时测量作废，重新开一组。若刺激光呈现4秒你仍未反应，此组测量也作废，并重开一组。"
6. 主试把"测试、学习"键拨到"学习"一侧，同时按下"简单反应时"键。先练习一个单元。每个单元为20次，其中有2次侦察实验。
7. 练习结束后，"简单反应时"指示灯灭。主试先按"复位"键，使计时计数器清零，再按"简单反应时"键，指示灯亮，正式实验单元启动。每个单元结束后，按"打印"键，打印本单元结果。若重新开始另一单元，则需按"简单反应时"键，指示灯亮，新一单元启动。每个被试连续完成3个单元。
8. 更换被试重复上面的实验。

【实验结果】
1. 计算每个被试光简单反应时的平均数。
2. 计算全组所有被试的光简单反应时的平均数和标准差。

【讨论】
根据测定结果讨论光简单反应时的个体差异。

二、选择反应时实验

(一) 声选择反应时实验

【实验目的】

学习测定声选择反应时的程序,了解声选择反应时不同于声简单反应时的特点。

【实验仪器与材料】

JGW-B型心理实验台反应时单元,计时计数器单元,手键一个。

【实验程序】

1. 接上电源,将刺激呈现器的连接线插头插到"反应时输出"插口,反应时手键插入实验台被试侧面板左下方"手键"插口。

2. 开启计时计数器单元电源,指示灯亮表示电源接通,计时屏幕显示为"0.000"秒,正确次数和错误次数均为0。

3. "工作方式选择"为"反应时",按下"声、光"选择键,即选择声刺激,同时调节左侧音量调节旋钮,使音量适宜。(若室内实验人数较多可选择耳机,当耳机插头插入扬声器左下角插孔时,扬声器自动断开。)

4. 要求被试将右手的食指、中指、无名指分别放在反应时手键的红键、绿键、黄键上方做按键状。

5. 指导语:"这是一次反应时间测量实验,当你听到'预备'口令后,将听到刺激声,如果你认为是高音,就迅速用食指按红键;如果你认为是中音,就迅速用中指按绿键;如果你认为是低音,就迅速用无名指按黄键。要求又准又快,不许提前按键,如果提前按键或错误反应,则会有一个声音提示,那么这一组反应时测量作废,重新开一组。若刺激声呈现4秒后仍未反应,此组测量也作废,并重开一组。"

6. 主试把"测试、学习"键拨到"学习"一侧,同时按下"选择反应时"键。先练习一个单元。

7. 练习结束后,"选择反应时"指示灯灭。主试先按"复位"键,使计时计数器清零,再按"选择反应时"键,指示灯亮,正式实验单元启动。每个单元结束后,按"打印"键,打印本单元结果。若重新开始另一单元,则需先按"复位"键,再按"选择反应时"键,指示灯亮,新一单元启动。每个被试连续完成3个单元。

8. 更换被试重复上面的实验。

【实验结果】

1. 计算每一被试声选择反应时的平均数、标准差。
2. 计算每个组所有被试声选择反应时的平均数、标准差。

【讨论】

1. 比较声选择反应时与声简单反应时的差异,并分析原因。
2. 在每一被试54次的选择反应时的结果中是否存在明显的练习效应?

(二) 光选择反应时实验

【实验目的】

学习测定光选择反应时的程序,了解光选择反应时不同于光简单反应时的特点。

【实验仪器与材料】

JGW-B型心理实验台中反应时单元,计时计数器单元,手键一个。

【实验程序】

1. 接上电源,将刺激呈现器的连接线插头插到"反应时输出"插口,反应时手键插入实验台被试侧面板左下方"手键"插口。

2. 开启计时计数器单元电源,指示灯亮表示电源接通,计时屏幕显示为"0.000"秒,正确次数和错误次数均为0。

3. "工作方式选择"为"反应时",按起"声光"选择键,即选择光刺激。

4. 要求被试将右手食指、中指、无名指分别放在反应时手键的红键、绿键、黄键上做按键状。

5. 指导语:"这是一次反应时间测量实验,当你听到'预备'口令后,请你注视刺激呈现窗,如果看到红光,就迅速用食指按红键;如果看到绿光,就迅速用中指按绿键;如果看到黄光,就迅速用无名指按黄键。要求又准又快,不许提前按键。如果提前按键或错误反应,则会有一个声音提示,那么这一组反应时测量作废,重新开一组。若刺激呈现4秒后仍未反应,此组测量也作废,并重开一组。"

6. 主试把"测试、学习"键拨到"学习"一侧,同时按"选择反应时"键。每种色光练习3次。主试按打印键,打印实验结果。若重新开始另一单元,则需按"复位"键后再按"选择反应时"键,指示灯亮,新一单元启动。每个被试连续完成3个单元。

7. 练习结束后,主试把"测试、学习"选择开关拨到"测试"一侧,按"复位"键后再按"选择反应时",正式实验开始。

8. 更换被试重复上面的实验。

【实验结果】

计算每一被试和全组被试光选择反应时的平均数、标准差。

【讨论】

1. 比较光选择反应时与光简单反应时的差异,并分析原因。
2. 在每一被试54次的选择反应时结果中是否存在明显的练习效果?

三、辨别反应时实验

【实验目的】

通过测定不同特征视觉刺激的辨别反应时,学习测定辨别反应时的方法。

【实验仪器与材料】

PsyKey心理教学系统。

【实验程序】

1. 呈现指导语:"当屏幕出现'注意'时,请将右手拇指放在绿键上,双眼注视屏幕,当屏幕出现红圆时,请不要按键,当出现绿圆时立即按键。如果按错键,计算机将记下该失误,不必改正,下次注意。反应后休息,等待第二次反应。这样要做多次,反应要又快又准。明白这段话的意思后,点击'确定'按钮开始。"

2. 实验开始后,屏幕首先提醒被试注意,间隔2秒呈现刺激,刺激材料为红圆或绿圆,各20次。

3. 当红圆出现时,被试应当不按绿键反应,2秒后系统会自动进入下一次;如果被试按键反应,系统立即进入下一次,并在结果中记录错误反应一次。

4. 当绿圆出现时,被试应当按绿键反应,系统立即进入下一次;如果被试不按绿键反应,则绿圆会持续呈现,直到被试作出反应。

【实验结果与讨论】

1. 分别计算每个被试的平均辨别反应时。
2. 分析各个被试辨别反应时是否存在个体差异,如有差异,其原因是什么?
3. 分析不同实验材料的辨别反应时是否存在差异?刺激特征对辨别反应时的影响是否显著?

四、减法反应时实验

方法一

【实验目的】

通过反应时 ABC 实验学习使用减法反应时方法。

【实验仪器与材料】

JGW-B 型心理实验台中的计时计数器单元,反应时单元,手键一个。

【实验程序】

1. 接上电源,将刺激呈现器的连接线插头插到"反应时输出"插口,反应时手键插入实验台被试侧面板左下方"手键"插口。

2. 开启计时计数器单元电源,指示灯亮表示电源接通,计时屏幕显示为 0.000 秒,正确次数和错误次数均为 0。"工作方式选择"为"反应时",按起"声、光"选择键,即选择光刺激。

3. 准备实验。被试坐在反应时测试单元前,双眼平视反应时观察窗口。在各类反应的正式实验前,主试将"学习、测试"键拨到"学习"一侧,按照该类反应的要求练习 5 次,以熟悉实验情境。练习后主试将"学习、测试"键拨到"测试"一侧。按"复位"键准备下一组实验。

4. A 反应。被试距刺激呈现器 1 米处,将左手的食指放在红键上方。指导语:"你听到'预备'口令后,请注视刺激呈现窗。当你看到红光刺激后,就迅速按反应键,要求又准又快。不许提前按键。如果提前按键,则会有一个声音提示,那么这一组反应时测量作废,重新开一组。若刺激呈现 4 秒你仍未反应,此组测量也作废,并重开一组。"主试宣布"开始"后,按"简单反应时"键,实验开始。每个被试连续做 20 次,其中有两次侦察实验。主试按"打印"键,打印实验结果。若重开一组则按"复位"键,准备下一组实验。

5. B 反应。被试距刺激呈现器 1 米处,将左手食指放在红键上方,右手食指放在绿键上方,右手中指放在黄键上方。指导语:"你听到'预备'口令后,请你注视刺激呈现窗。如果看到红光,就迅速用左手食指按红键;如果看到绿光,就迅速用右手食指按绿键;如果看到黄光,就迅速用右手中指按黄键。要求又准又快,不允许提前按键,也不要按错键。如果提前按键或按键错误,则会有一个声音提示,那么这一组反应时测量作废,重新开一组。若刺激呈现 4 秒后仍未反应,此组测量也作废,并重开一组。"主试按下"选择反应时"键,实验开始。每个单元结束后,主试按'打印'键,打印本单元实验结果。若重新开始另一单元,则需先按"复位"键,使计时计数器清零,再按"选择反应时"键指示灯亮,新一单元启动。每个被试进行3个单元的实验。

6. C反应。被试距刺激呈现器1米处,将左手的食指放在红键上方。指导语:"你听到'预备'口令后,请你注视刺激呈现窗。如果看到红光,就迅速用左手食指按红键;如果看到绿光或黄光,请不要按键。要求又准又快,不许提前按键,也不要按错键。如果提前按键或按键错误,则会有一个声音提示,那么这一组反应时测量作废,重新开一组。若刺激呈现4秒后仍未反应,此组测量也作废,并重开一组。"主试按下"辨别反应时"键,实验开始。每个单元结束后,主试按"打印"键,打印本单元实验结果。若重新开始另一单元,则需先按"复位"键,使计时计数器清零,再按"辨别反应时"键,新一单元启动。每个被试进行3个单元的实验。

【实验结果】

1. 分别计算每个被试的A反应时、B反应时和C反应时,并根据减法求出其辨别时间和反应选择时间。

2. 求出全组所有被试的辨别时间、选择时间的平均数和标准差。

【讨论】

比较辨别反应时与选择反应时的差异并分析原因。

方法二

【实验目的】

用减法反应时方法证明短时记忆存在视觉编码。

【实验仪器与材料】

PsyKey心理教学系统。

【实验程序】

1. 实验所用字母对是AA(6次)、BB(6次)、Aa(6次)、Bb(6次)、AB(3次)、BA(3次)、Ab(3次)、Ba(3次),共出现36次,有三种呈现间隔:0秒(即同时呈现)、0.5秒和2秒。

2. 实验采用拉丁方设计:第一次36张随机呈现,前12张间隔0秒,中间12张间隔0.5秒,最后12张间隔2秒;休息30秒后再做36张,间隔时间按0.5秒→2秒→0秒的顺序;第三次的36张则采用2秒→0秒→0.5秒的顺序。

3. 呈现指导语:

"屏幕上将出现两个字母,要求你比较两个英文字母是否相同,同时记录你的反应时。两个英文字母可能同时呈现,也可能相继呈现。如果你觉得这两个字母的写法和发音都相同,或者写法不同而发音相同,都要按'红'键;如果你觉得两个字母的写法和发音都不同,就请按'绿'键。例如,'DD'和'Dd'都应按'红'键,而'DE'和'De'都应按'绿'键。这样要做许多次,一定次数后,屏幕会提示休息。请注意要分辨得又快又准。明白这段话的意思后,点击'确定'按钮开始。"

4. 实验开始后,屏幕上并排呈现两个字母,或同时呈现,或有一定间隔,让被试判断这两个字母是否相同并按键反应,记录反应时。

【实验结果与讨论】

1. 详细结果记录分为6列,分别是:字母、间隔时间、种类、被试的判断、被试判断的正确率和反应时(单位为毫秒)。

2. 整理结果,计算每种时间间隔下的平均正确反应时,填入表3-2-1。

表 3-2-1 不同实验条件下被试的平均反应时(毫秒)

间隔 字母类型	AA,BB	Aa,Bb	AB,BA,Ab,Ba
0			
500			
2 000			

3. 系统根据上表以间隔时间为横坐标、反应时为纵坐标作图。

4. 对结果做出解释。

五、加法反应时实验

【实验目的】

验证斯滕伯格的加法反应时实验。

【实验仪器与材料】

1. JGW-B型实验台速示器单元,计时计数器单元,手键一个。

2. 卡片42张,其中32张为识记卡片,上面写有黑色数码1~6个不等;另有检测卡片10张,各写着一个红色数码;数码大小均为长2厘米,宽1.5厘米。材料清单如表3-2-2。

表 3-2-2 加法反应时实验材料

识记卡片		检测卡片(红色反字)	
数码个数	张数	与识记数码相同	与识记数码不同
1	4	2	2
2	8	与第1、第2个数码相同的各2个	4
4	8	与第1、2、3、4个数码相同的各1个	4
6	12	与第1、2、3、4、5、6个数码相同的各1个	6

3. 练习用识记卡片 2 张,每张上有 4 个数码。

【实验程序】

1. 接上电源,将导连线的一端接速示器的"反应时检出",另一端接计时计数器的"反应时输入";反应时手键接在计时计数器被试侧"手键"插口上。

2. 速示器电源选择"ON",灯亮表示接通。用明度测试卡调节 A、B 视场的明度达到基本一致;在"工作方式选择"栏,将 A 选为"定时",B 选为"定时",选"A—B"顺序方式;在"时间选择"栏,将 A 定为"2000",B 定为"0500"。

3. 打开计时计数器电源,电源指示灯亮,计时屏幕显示"0.000","正确次数"和"错误次数"均显示"0",表示电源接通"工作方式选择"为"反应时"。

4. 被试坐在实验台前,面部贴紧速示器观察窗,两眼注视屏幕中心,左手食指放在红色反应键上,右手食指放在黄色反应键上。

5. 32 张识记卡片随机排好顺序并列表,见表 3-2-3,将顺序号写在卡片上,并将检测卡片数码和应作出的正确反应列在记录表相应位置中。

表 3-2-3 加法反应时实验记录表

实验顺序(卡片号)	1	2	3	……	32
检测卡片数码					
应作出的正确反应					
被试的反应					
反应时					

6. 给被试指导语:

"我发出'预备'指令后,你就注视正前方屏幕的中心,当你看到黑色数字时(不论是几个数码),请努力记住它们;当看到红色数码时,请判断它是否是你刚才看到的数字中的一个数码。若认为是,则迅速用左手食指按红色反应键并报告'是';若认为不是,则迅速用右手食指按黄色反应键并报告'不是'。下面练习2次。"

7. 将练习用的识记卡片输入A视场;将检测用卡片输入B视场。主试每输入一张卡片,发出"预备"口令1~2秒后按速示器单元"触发"键,被试按指导语操作。注意检测卡片上的数码是识记卡片上的数码与不是识记卡片上的数码各练习一次。当被试熟悉操作情景后开始正式实验,否则继续练习。

8. 练习完毕后,主试按计时计数器单元右下方的"系统复位"键,再按"反应时"键。然后按记录表中的顺序输入识记卡片和检测卡片,依照步骤7操作。注意:识记卡片必须放入A视场,检测卡片必须放入B视场。直至32对卡片全部呈现。

9. 按下计时计数器单元的"打印"键,打印每次的反应时间和反应结果。

10. 更换被试重复以上实验。

【实验结果】
1. 计算不同条件下正确反应的平均反应时。
2. 比较不同数码长度的反应时差异。
3. 比较不同位序的检测数码的反应时差异。

【讨论】
本实验中,信息加工过程分为哪几个阶段?

六、句子-图形匹配实验

【实验目的】
检测句子与图形不同匹配条件下的辨别反应时。

【实验仪器与材料】
1. JGW-B型心理实验台速示器单元,计时计数器单元,手键一个。

2. 白色卡片上有上下两个相距2厘米的黑色图形:星形和十字,并有描述两图相对位置的一个句子。星形和十字的上下、左右长度均为2厘米。描述分八种:星在十字下面;星在十字上面;星不在十字下面;星不在十字上面;十字在星下面;十字在星上面;十字不在星下面;十字不在星上面。两种图形的描述各有8种匹配方式,所以共有16张卡片。注视点卡片一张。

【实验程序】
1. 将16张卡片按随机原则排成顺序并列表3-2-4,表中列出每次应作的正确反应。

表3-2-4　句子—图形匹配实验记录表

实验顺序	1　2　3　……	16
应作出的正确反应		
被试的反应		
反应时		

2. 接上电源,将导连线的一端接速示器的"反应时检出",另一端接计时计数器的"反应时输入";反应时手键接在计时计数器被试侧的"手键"插口上。

3. 速示器电源选择"ON",灯亮表示接通。用明度测试卡调节 A、B 视场的明度达到基本一致;在"工作方式选择"栏,将 A 选"定时",B 选"背景",选"A—B"顺序方式;在"时间选择"栏,将 A 定为"2000"。

4. 打开计时计数器电源,电源灯亮,计时屏幕显示"0.000","正确次数"和"错误次数"均显示"0",表示电源接通。"工作方式选择"为"反应时"。

5. 将注视点卡片输入 B 视场。被试坐在实验台前,面部贴紧速示器观察窗,两眼注视屏幕中心的注视点,左、右两手食指分别放在手键的红、黄按钮上。

6. 给被试指导语:

"实验时你将看到由一个星和一个十字组成的图形,还有一个描述它们相对位置的句子,你要判断这个句子是不是符合图形。例如图形是'星在上,十字在下',如果句子是'星在十字上面',则句子与图形符合,你就用左手按键,同时报告'合';如果句子是'星在十字下面',则句子与图形不符合,你就用右手按键,同时报告'不合'。判断和反应要又准又快。"

7. 将卡片按表中的顺序依次输入 A 视场。主试每输入一张卡片,发出"预备"口令 1~2 秒后按速示器的"触发"键,计时计数器自动记录被试每次的反应时间和反应结果。

8. 按计时计数器的"打印"键,打印实验结果。

【实验结果】

1. 计算句子和图形不同匹配情况下被试的平均反应时。
2. 计算不同匹配情况下反应正确的百分数。

【讨论】

1. 分析被试判断过程经过几个加工阶段?
2. 肯定陈述和否定陈述对反应时有何影响并分析原因?

七、反应对与判断关系的实验

【实验目的】

通过计算机模拟心理学实验研究反应时间与判断次数的累积以及判断的信心之间的关系。

【实验仪器与材料】

PsyKey 心理教学系统。

【实验程序】

1. 屏幕中央呈现一条粗的黑色水平线段，从中间将它分隔为两段。其中一段是 50 毫米，作为标准刺激；另一段是比较刺激，长度范围从 40~60 毫米，变化间隔为 2 毫米，所以共有 11 个比较刺激。

2. 系统随机呈现 11 个比较刺激，每个比较刺激共呈现 10 次，其中 5 次在左边，5 次在右边。

3. 每次当水平线出现时，要求被试判断是左边线段长还是右边线段长，这样的判断一共要做 110 次。反应时间以毫秒为单位记录。

4. 每次反应完毕，屏幕下方会出现一个滑动条，被试可以用鼠标拖动滑动指针在滑动条上移动。不同的位置表示被试对自己正确反应的不同程度的信心。中间位置表示完全没有信心，最左端表示完全肯定左边线段长些，最右端表示完全肯定右边线段长些，中间各点表示肯定的各种程度。

【实验结果】

1. 实验结果的第一部分是整理后的数据，填入记录表 3-2-5 中。

表 3-2-5 "反应时与判断次数的累积以及判断信心之间关系的实验"实验记录表

比较刺激(毫米)	反应时间(毫秒)	自信度	判断比较刺激长的百分数
40			
42			
44			
46			
48			
50			
52			
54			
56			
58			
60			

整理后的数据是把每个比较刺激的10次判断加以平均或累积所得的结果。根据以上数据,以比较刺激为横坐标,会得到三条曲线:反应时间曲线(TM)、自信度曲线(CM)以及把比较刺激判断为长于标准刺激的百分数曲线(%L)。把三条曲线放于同一图中,可以对所得的结果做分析比较。

2. 实验结果的第二部分是原始数据。格式如下:第一列是110次判断的比较刺激(按实验时的先后顺序给出),给出长度值(40~60毫米)。第二列是比较刺激的呈现位置(左或右)。第三列是被试的判断,判断比较刺激长,记作"长",判断标准刺激长,记作"短"。第四列是对每个比较刺激所做反应的反应时。第五列是对每个比较刺激所做判断的信心估计值,范围从-100到+100。其中+100表示完全肯定比较刺激长,-100表示完全肯定比较刺激短。

【讨论】
1. 反应时间作为因变量的优越性体现在哪些方面?
2. 反应时间是否可以作为制作心理物理量表的一种度量?为什么?

八、心理差异量的测定实验

【实验目的】
通过测定辨别反应时间,探究刺激的不同特征与心理差异量的关系。

【实验仪器与材料】
1. JGW-B型心理实验台速示器单元,计时计数器单元,手键一个。
2. 测试卡片三套,共30张。

第一套卡片每张上面有两个黑色圆形,圆的直径分别为1、2、4、8厘米,两两或自身匹配成对,共10张卡片。

第二套卡片每张上有面积相同形状不同的黑色多边形两个,多边形的边数分别为4、6、8、12,两两或自身匹配成对,共10张卡片。

第三套卡片每张上有两个面积相同的圆,圆的颜色有红、绿、蓝、黄四种,两两或自身匹配成对。共10张卡片。

注视点卡片一张。

【实验程序】
1. 每套卡片随机排好顺序并列表,将顺序号写在卡片上,将应作出的正确反应填入表3-2-6中相应位置。

表3-2-6 "心理差异量的测量"实验记录表

实验顺序(卡片号)	1	2	3	……	30
应作出的正确反应					
被试的反应					
反应时					

2. 接上电源；将导连线的一端接速示器的"反应时检出"，另一端接计时计数器的"反应时输入"；反应时手键插头插在计时计数器被试侧"手键"插口上。

3. 速示器电源选择"ON"，灯亮表示接通。用明度测试卡调节 A、B 视场的明度达到基本一致；在"工作方式选择"栏，将 A 选"定时"，B 选"背景"，选"A—B"顺序方式；在"时间选择"栏，将 A 定为"0200"。

4. 打开计时计数器电源，电源灯亮，计时屏幕显示"0.000"，"正确次数"和"错误次数"均显示"0"，表示电源接通。"工作方式选择"为"反应时"。

5. 将注视点卡片输入 B 视场。被试坐在实验台前，面部贴紧速示器观察窗，两眼注视屏幕中心的注视点，左、右两手食指分别放在手键的红、黄按钮上。

6. 指导语："我发出'预备'口令后实验开始，这个实验共分三部分。第一部分要求判断两个圆的大小是否相同，第二部分要求判断两个多边形边数是否相同，第三部分要求判断两个圆的颜色是否相同。如果你认为'相同'就用左手食指按键，同时报告'相同'；认为'不同'就用右手食指按键，同时报告'不同'。判断和按键要又准又快。"

7. 将实验卡片按顺序依次输入 A 视场，主试每输入一张卡片，发出"预备"口令 1~2 秒后按速示器的"触发"键，计时器自动记录被试每次的反应时间和反应结果。每套卡片呈现完毕后休息 5 分钟。

8. 按计时计数器的"打印"键，打印实验结果。

【实验结果】

1. 根据面积绝对差异量、相对差异量($\Delta S/S_大$)与反应时间的关系，分别画出曲线图。

2. 根据形状绝对差异量、相对差异量($\Delta B/B_多$)与反应时间的关系，分别画出曲线图。

3. 根据颜色差异与反应时间的关系画图。

【讨论】
1. 不同刺激特征与心理差异量的关系有哪些特点？
2. 刺激特征的绝对差异量、相对差异量与心理差异量的关系各有什么特点？

练习与思考

1. 思考加法反应时与减法反应时的区别。
2. 思考减数法的原理及其在心理学研究中的应用。
3. 思考不同被试及不同感觉器官的反应时是否存在区别，并说明其原因。
4. 思考简单反应时与选择反应时的区别。
5. 练习对JGW-B型心理实验台反应时单元、计时计数器单元、速示器单元的操作。

第三部分　感觉实验

教学目标

1. 了解BD-Ⅱ-106A可测变速色轮、BD-Ⅱ-116型听觉实验仪、BD-Ⅱ-108型彩色分辨视野计、EP404型暗适应仪、EP-601C型痛阈测定仪、BD-Ⅱ-603型数字皮温计、BD-Ⅱ-301型动觉方位辨别仪、BD-Ⅱ-309型手腕动觉方位辨别仪的结构与性能；
2. 理解视觉后像、暗适应；
3. 掌握BD-Ⅱ-106A可测变速色轮、BD-Ⅱ-116型听觉实验仪、BD-Ⅱ-108型彩色分辨视野计、EP404型暗适应仪、EP-601C型痛阈测定仪、BD-Ⅱ-603型数字皮温计、BD-Ⅱ-301型动觉方位辨别仪、BD-Ⅱ-309型手腕动觉方位辨别仪的操作方法；
4. 掌握视觉后像、视觉螺旋后效、听觉能力、色觉视野范围、暗适应、痛觉阈限、皮肤温度、运动觉的测定方法；
5. 掌握颜色混合的原理和法则。

一、视觉后像形成实验

【实验目的】

验证彩色负后像现象。

【实验仪器与材料】

1. JGW-B型心理实验台速示器单元、计时计数器单元,手表1只,手键一个。

2. 10厘米×15厘米的卡片一套,其中测试卡片3张,每张卡片中心分别有半径为2.5厘米的红、绿、蓝色的圆形,圆形的圆心又有一个小"+";白色背景卡片1张。

【实验程序】

1. 准备工作

（1）接上电源,将导连线的一端接速示器的"反应时检出";另一端接计时计数器的"反应时输入";将反应时手键接在计时计数器被试侧的"手键"插口上。

（2）速示器电源选择"ON",灯亮表示电源接通。调节速示器A、B视场的明度使其达到一致;在"工作方式选择"栏,将A、B均选"定时",并选"A—B"顺序方式;在"时间选择"栏,将A定为"0001",B定为"9000"。

（3）打开计时计数器电源,电源灯亮,计时屏幕显示"0.000","正确次数"和"错误次数"均显示"0",表示电源接通。"工作方式选择"选为"反应时"。

2. 正式实验

（1）被试坐在实验台被试侧,面部贴紧速示器观察窗口,被试会看到一个彩色图形,左手食指放在反应键上。

（2）给被试指导语:"请你通过窗的注视屏幕,集中注视彩色图形中间的黑色十字。过了一段时间后,彩色图形和中间十字会同时消失。此时,你将看到彩色图形留下的后像。请你注意观察这个后像,并在其消失时迅速按下反应键。"

（3）主试将白色背景卡片输入B视场,将测试卡片(红色)输入A视场。

（4）主试宣布"实验开始"后,将"工作方式"栏A键拨向"常亮",用手表计时1分钟。1分钟后,主试将"A"拨向"定时",同时按"触发"键,计时计数器开始工作。此时将"速示器"的"B"键拨向"背景",要求被试看到彩色"后像"消失时立即按下反应键,主试记下计时器的时间,即彩色负后像的延迟时间。

（5）按上述顺序进行绿色、蓝色负后像实验。

【实验结果】

统计不同刺激条件下,每个被试负后像的延迟时间。

【讨论】

在用不同颜色作刺激时,看到的后像的颜色有何变化,后像与刺激色的颜色有何关系,为什么?

二、视觉螺旋后效实验

【实验目的】

检验刺激呈现的时间与形成螺旋后效的关系,学习测量运动后效的方法。

【实验仪器与材料】

1. BD-Ⅱ-106A 可测变速色轮。
2. 阿基米德螺旋(直径为 21 厘米,由 4 个 180°的抛物线组成,如图 3-3-1 所示),或用其他螺旋。

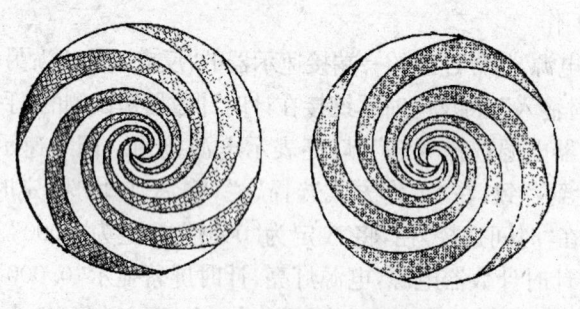

图 3-3-1 阿基米德螺旋

3. 秒表。
4. 同心圆卡片,最大圆直径与螺旋直径相同,其余圆直径依次递减 2 厘米,并分别在圆周上注明号数,最小圆为 1 号。

【实验程序】

1. 确定两组被试,每组人数在 5 人以上。
2. 排好刺激呈现顺序和记录表 3-3-1。

表 3-3-1 "视觉螺旋后效"实验记录表

螺旋后效	转动的螺旋刺激持续的时间(秒)						
	15	30	60	120	120	60	30	15
向外扩散范围(厘米)								
持续时间(秒)								
向内收缩持续时间(秒)								

3. 把转起来向内收缩的螺旋 A 放在色轮上,转速调到 40 转/秒,并将同心圆卡片放在色轮旁的支架上。

4. 让被试坐在色轮前 2 米远的地方,给被试指导语:

"这是一个观察螺旋旋转效果的实验。实验时我先让螺旋转动起来,你听到我说'预备……看'时,就注视螺旋的中心。这时你会看到螺旋好像是向内收缩的。当螺旋停止转动时,你就马上注视那张卡片上同心圆的圆心。这时你会觉得有一个向外扩散的螺旋。告诉我这个向外扩散的螺旋扩散的最大范围和第几号圆一样大。再过一会,你又会发现这一扩散现象消失了,在你发现它消失的时候就立即告诉我。现在我们可先试做两次。你要注意掌握扩散范围的标准,以及扩散现象停止的标准,这种标准在整个实验中要前后一致。"

5. 试做实验 2 次,主试不要记录。

6. 正式实验:将螺旋 A 转动起来,主试说"预备……看",同时按动秒表,让被试注视螺旋。刺激按规定时间停止时,让被试立刻注视同心圆圆心。记下被试报告扩散的最大范围。当被试报告扩散停止时,主试按停秒表。将这时秒表上的时间减去刺激的时间就是后效持续的时间。

7. 用每种刺激时间测一次后,休息 3 分钟再继续测试。测完 1 名被试后,中间可以不休息,继续让下 1 位被试实验,直到一组被试实验结束。

8. 换另一组被试实验。把转起来向外扩散的螺旋 B 放在色轮上,让被试观察,方法同上。请注意指导语和被试看到的扩散现象与前面实验的区别:"向内收缩"变成了"向外扩散";"向外扩散"变成了"向内收缩"。

【实验结果】

1. 分别计算两组被试在各种刺激时间下螺旋后效持续时间的平均数(秒),以及后效的范围平均数(厘米)。

2. 以刺激时间为横坐标,后效持续时间为纵坐标,画两条曲线。

3. 以刺激时间为横坐标,后效范围为纵坐标,画两条曲线。

4. 分别说明当所观察的螺旋向内和向外运动时,刺激时间与螺旋后效持续时间的关系。

【讨论】

螺旋后效的范围和持续时间是否一致?为什么?

三、听觉能力测定实验

【实验目的】
通过测定不同频率下的听觉绝对阈限,学习使用听觉实验仪。

【实验仪器与材料】
BD-Ⅱ-116型听觉实验仪。

【实验程序】
1. 熟悉主试面板各键功能,见图3-3-2,接通AC 220伏电源,预热15分钟以上。

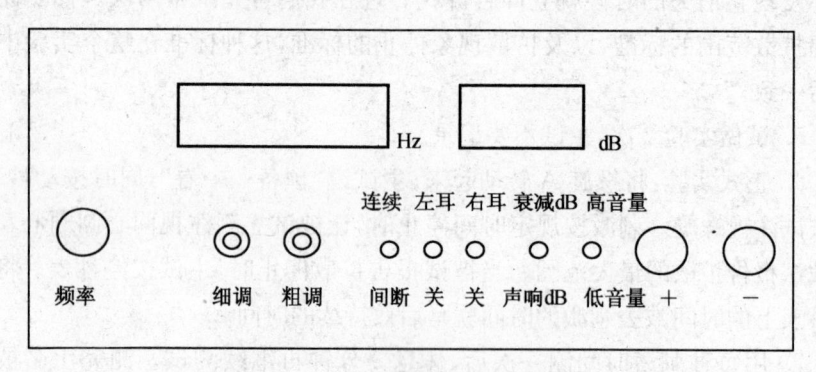

图3-3-2 听觉实验仪主试面板

2. 在被试面板将耳机插入对应的耳机插孔。
3. 被试戴上耳机,背向主试和仪器。
4. 测定响度绝对阈限的步骤:

(1) 频率选择:如选择仪器设定的固定频率可用波段开关拨至相应位置。如自行确定频率,可把波段开关拨至"连续"位置,调节"粗调"与"细调"频率的两个旋钮,依显示的频率值,选择测定声响的频率。

(2) 选择测试的右、左耳,可打开"右耳"或"左耳"开关,或两个都打开。

(3) 选择"连续"或"间断"声响,开关拨向相应一方。选择"间断"声响,可有效判别听觉阈限左右的声响。

(4) 按"声响调节"的"+"(红键)或"-"(绿键),增加或减少音量,每按一下,增加或减少2分贝,连续按着,将自动连续变化。

(5) 音量初值有二档可选择,"高音量"为0~66分贝衰减,"低音量"为34~100分贝衰减。对于正常听力的被试,测试响度绝对阈限通常在"低音量"段。

(6) 用增减法测定：将声响强度衰减到被试听不到处开始，逐渐减小衰减量(增强声响)，当被试听到声音后，示意或回答，主试停止减小衰减量，此时的响度为被试在此频率的听觉阈限值。

(7) 用渐减法测定：步骤同(6)。只是将衰减器调到被试能听到的强度后，再开始逐渐增大衰减量，直到被试听不到声音为止。

【实验结果】

1. 分别计算出各频率下的听觉绝对阈限(校正值)。
2. 作响度绝对阈限曲线。

仪器所附的耳机，经过了改装较正，确保在"0 分贝衰减"时各频率相应的声响分贝数。

表 3-3-2　仪器所附的耳机 0 分贝衰减时各频率相应的声响分贝数

频率(赫)	64	128	256	512	1 000	2 000	4 000	8 000	16 000
声响(分贝)	68	72	79	83	85	82	74	70	48

某频率下衰减 0 分贝的声响分贝数减去实际的衰减分贝数就得到此频率下的声响分贝。此值仪器能自动计算，dB 显示选择"声响 dB"即可，而"衰减 dB"显示为负值。这样可以方便地测量出被试在该频率下的响度绝对阈限值。测定各个频率点的响度绝对阈限，可以作出响度绝对阈限曲线。

【讨论】

1. 听觉绝对阈与声音频率有什么关系？
2. 测听觉绝对阈限时应注意控制哪些额外变量？

四、色觉视野范围测定实验

【实验目的】

使用彩色分辨视野计测定各种颜色的彩色视野范围，学习彩色分辨视野计的使用方法。

【实验仪器与材料】

BD-Ⅱ-108 型彩色分辨视野计。

【实验程序】

1. 把视野图纸安放在视野计背面圆盘上，学习在图纸上记录。（记录时与被试反应的左右方位相反，上下方位颠倒）。
2. 主试选择一种某一大小及颜色(如红色)的刺激。

3. 让被试坐在视野计前。被试戴上遮眼罩把左眼遮起来,下巴放在仪器的支架上,用右眼注视正前方的黄色注视点,一定不要转动眼睛。同时用余光注意仪器的半圆弧。如果看到弧上有红色的圆点,或者原来看到了红色后来又消失了,要求立即报告出来。在红色消失前,觉得颜色的色调有何变化,也要即时报告。

4. 主试将视野计的分度销拔出,转动圆盘,将弧放到 0～180° 的位置上。然后,将销插入相应角度位置的孔中,固定圆盘。把弧上滑轮放在被试左边的半个弧靠近中心注视点处,并移动滑轮将红色刺激由内向外慢慢移动。直到被试看不见红色时为止,把这时红色刺激所在的位置用笔记录在视野图纸的相应位置上。然后再把红色刺激从最外向中心注视点移动,到被试报告刚刚看到红色时为止,用同样方法作记录。

5. 再按同样的程序,用红色刺激在被试右边的半个弧上实验。但有一点不同,当红色刺激从内向外或从外向内移动的过程中,会产生红色刺激突然消失和再现的想象。把红色突然消失和再现的位置记下来,这就是盲点的位置。

6. 把视野计的弧依次放到 45°～225°、90°～270°、135°～315° 等位置上,再按上述程序测定红色的视野范围。每做完弧的一个位置休息 2 分钟。

7. 按上述步骤分别测定黄、绿、蓝、白各色的视野范围,用相应颜色的笔把被试反应位置记在同一张视野图上。

8. 将另一张视野图纸安放在视野计的背面,让被试戴上遮眼罩,用左眼注视中心黄色注视点,按上述同样程序进行测定和记录。

9. 询问被试各彩色从视野中逐渐消失时感到色调有何变化。

【结果与讨论】
1. 分别在左、右眼视野图纸上将同色调的各点顺次连接起来。
2. 根据所测各彩色的视野,从大到小排一个顺序。
3. 比较左、右眼彩色视野的异同。
4. 指出盲点在视野及视网膜上的位置,并计算出它的大小。
5. 比较刺激的大小对视野的影响。

五、颜色混合实验

方法一

【实验目的】
了解颜色混合的间色律和补色律。

【实验仪器与材料】

1. JGW-B型实验台速示器单元。

2. 10厘米×15厘米的卡片,左边10厘米×10厘米为彩色(红、黄、绿、蓝、橙、紫),右边10厘米×5厘米为黑色的卡片,每种颜色的卡片各2张,共12张。

【实验程序】

1. 接通速示器的电源,速示器电源开关选择"ON",灯亮则表示电源接通。用明度测试卡调节A、B视场的明度达到基本一致。在"工作方式选择"栏,将A选"常亮",B选"背景"。

2. 被试坐在速示器的观察窗口前,面部贴紧速示器观察窗。给被试指导语:"现在请你判断一些颜色。当我说开始的时候,请你通过窗口观察里面的颜色,并说出左边是什么颜色,中间是什么颜色,右边是什么颜色。"

3. 主试将实验卡片分别输入A、B视场。主试发出"开始"口令,并按"触发"键开始实验。主试记录被试的报告结果。如果被试没有看清楚,可以反复进行观察。

4. 更换卡片重复步骤3的实验。

【实验结果】

统计每个被试哪几对颜色组混合后能够产生白色或灰色;哪几对颜色组混合后能够产生新的混合色。

【讨论】

1. 实验结果能否证明颜色混合的补色律和间色律?

2. 色觉正常的人在色觉混合时是否存在个体差异?

3. 如何判断两个彩色是互补色还是非互补色?

4. 色觉是主观的还是客观的?

方法二

【实验目的】

验证颜色混合的法则。

【实验仪器与材料】

混色轮,色纸,黑白纸,量角器。

【实验程序】

1. 将准备混合的两种颜色的纸盘固定在混色轮上。

2. 通过改变两种颜色纸盘露出的角度来调整两种颜色混合的比例。

3. 通过增添黑纸和白纸来调整两种颜色的饱和度。

4. 插上插头,按下混色轮的电源开关,调整转速,直到看到色轮上为一种颜色为止。

5. 关掉混色轮的电源,用量色器量出并记下两种颜色纸盘和黑白纸盘分别所占的度数,记下实验结果看到的颜色。

【实验结果】

1. 记录颜色混合的结果。
2. 说明间色律和补色律。

【讨论】

1. 实验结果能否证明颜色混合的补色律和间色律?
2. 色觉正常的人在色觉混合时是否存在个体差异?
3. 如何判断两个彩色是互补色还是非互补色?
4. 色觉是主观的还是客观的?

六、视觉暗适应实验

【实验目的】

通过暗适应曲线的测定证明阈值是随外界条件而变化的。

【实验仪器与材料】

EP404型暗适应仪。

【实验程序】

1. 采用恒定刺激法测定暗适应曲线。在实验中采用一组固定的物理刺激值,其数量为5~7个,这些固定的物理刺激值必须围绕在阈值的周围。

2. 在不同的暗适应时间内随机呈现这些刺激,并计算每个物理刺激的检测频次。如果一个刺激确能产生50%为"有"的反应,那么这个刺激便是该情景条件下的阈值。

3. 实验中选择在暗适应之后0.5、4、9、14、19、26、31、39、51、61分为测试点,在这些测试点上用上述经选择的物理刺激值作为刺激,以观察被试能否在50%的情况下作出"有"的反应。

4. 被试在实验中要用边缘视觉来检测刺激,中央凹要注视前方一小红灯,以此确保暗适应过程中主要是视系统中的棒体细胞在起作用。

【实验结果】

1. 将实验结果填入表3-3-3。

表3-3-3 暗适应过程中适应时间与视觉敏感性的关系

适应时间(分)	相对敏感性单位	相对敏感性单位的对数值
0.5		
4		
9		
14		
19		
26		
31		
39		
51		
61		

2. 根据表中数据画出在暗适应过程中视觉敏感性变化的曲线图。

【讨论】

1. 暗适应曲线是否存在个体差异？
2. 暗适应曲线有何实践意义？

七、痛觉阈限测定实验

【实验目的】

通过痛阈与耐痛阈的测定，掌握痛阈测定仪的使用方法，了解痛阈和耐痛阈的不定性和复杂性。

【实验仪器与材料】

EP-601C型痛阈测定仪。

【实验程序】

1. 为了确保实验的安全，仪器在使用220伏交流电时，在被试脚底部铺上一块绝缘橡胶垫。

2. 为了确保实验的可靠性，实验前先在人体测痛部位周围涂以导电膏并加以摩擦，使皮肤电阻阻值降低，增强电流在皮肤的渗透性。

3. 取黑色无关电极(负极)，其插头插入仪器输出端的黑色插孔。按电极的大小裁剪一块迭厚3～4层的纱布，并且让纱布在饱和氯化钾溶液浸湿，将此纱布裹扎在小腿上，注意无关电极上的金属片必须和纱布重合。

4. 取红色有效电极（正极），取少量医用棉花塞满电极上直径为 3 毫米的孔，取氯化钾饱和溶液注入孔内，使棉花浸湿，然后，将其插头插入仪器输出端的红色插孔。

5. 将仪器上的上升速率调节旋钮旋至中间位置（或根据以前使用经验，选择位置），将工作控制板钮扳至关闭位置。

6. 打开电源开关，仪器面板右上角指示灯亮电源表无指示。

7. 主试将有效电极的塞有棉花一端放在被试的测痛部位上（三阴交穴位）。

8. 将工作控制板钮扳至停止位置，此时仪器输出端的红灯点亮，再将工作控制板钮扳至上升位置，此时仪器输出端将有直流电流输出，电流强度由弱到强，逐渐增加，电流表指示也由小变大。

9. 当被试感到微痛时，立即报告，主试记录该时的电流毫安数，作为痛阈。

10. 当被试报告"受不了"时，主试将工作控制板钮扳至停止位置，记录该时的毫安数，作为耐痛阈。

11. 主试将工作控制板钮扳至关闭位置，仪器输出电流强度迅速减小。仪器输出端红灯熄灭，一次实验结束。

【实验结果】

1. 计算被试所测得的阈值，用平均数作为痛阈与耐痛阈，用标准差表示离中趋势。

2. 比较不同被试的痛阈值。

【讨论】

分析痛阈和耐痛阈的个体差异与年龄差异。

八、皮肤温度测定实验

【实验目的】

学习数字皮温计的操作方法。

【实验仪器与材料】

BD-Ⅱ-603 型数字皮温计。

【实验程序】

1. 测温棒插头正确插入表的温度测试插座中。

2. 开启电源,通常置0.1°、℃档,显示室温。

3. 将"HOLD"开关置于"关"状态,确定LCD上无"H"符号显示。

4. 测温棒的顶端,与要测定的皮肤表面紧密接触,但不能用力过大,实时显示皮肤温度。

【结果与讨论】

1. 记录测定结果。

2. 分析不同被试皮肤温度的个别差异。

3. 分析同一被试不同生理状态下皮肤温度的差异。

九、运动觉测定实验

方法一

【实验目的】

学习使用动觉方位辨别仪。

【实验仪器与材料】

BD-Ⅱ-301型动觉方位辨别仪。

【实验程序】

1. 让被试戴上遮眼罩,根据实验要求将制止器在某度数上托起来。

2. 要求被试把他的胳膊放在鞍座上,并从半圆仪的0°处摆动他的胳膊直到碰到制止器为止。

3. 如用右手臂必须按顺时针方向摆动。如用左手臂则摆动方向相反。

4. 主试移去制止器,要求被试复制出他刚才摆动的幅度。其偏差值可以反映被试手臂动觉的感受性。

5. 如果要检验通过练习动觉感受性是否提高,应按上述程序重做几遍并将结果进行比较。

【实验结果】

1. 记录被试在不同刻度位置上动觉的误差。

2. 记录被试练习前后的动觉误差,并分析差异的显著性。

【讨论】

1. 动觉感受性是否存在性别差异。

2. 通过练习动觉感受性是否可以提高。

方法二

【实验目的】

学习使用手腕动觉方位辨别仪。

【实验仪器与材料】

BD-Ⅱ-309型手腕动觉方位辨别仪。

【实验程序】

1. 让被试戴上遮眼罩,主试根据实验要求将制止器在某度数上托起来。

2. 要求被试把手腕放在鞍座上,并从半圆仪的0°处摆动手腕直到碰到制止器为止。

3. 如用右手臂必须按顺时针方向摆动,如用左手臂则摆动方向相反。

4. 主试移去制止器,要求被试复制出刚才摆动的幅度。其偏差值就是被试的手腕动觉方位能力。

5. 如果要检验通过练习动觉感受性是否提高,应按上述程序重做几遍,并将结果进行比较。

【实验结果】

1. 记录被试在不同刻度位置上手腕动觉的误差。

2. 记录被试练习前后的手腕动觉误差,并分析差异的显著性。

【讨论】

1. 手腕动觉感受性是否存在性别差异。

2. 通过练习手腕动觉感受性是否可以提高。

练习与思考

1. 思考暗适应曲线有何实践意义及如何保护对暗适应?

2. 思考颜色混合的原理及其在生活中的应用。

3. 思考皮肤温度是否存在个体差异和不同身体部位差异。

4. 思考动觉感受性是否存在性别差异,是否可以通过练习提高动觉感受性。

5. 练习BD-Ⅱ-106A可测变速色轮、BD-Ⅱ-116型听觉实验仪、EP404型暗适应仪的操作方法。

6. 练习测量运动后效、听觉绝对阈限、彩色视野范围、痛阈与耐痛阈的方法。

第四部分　知觉实验

> **教学目标**
> 1. 了解 BD-Ⅱ-104A 型深度知觉仪、BD-Ⅱ-121 型时间知觉仪的结构与性能；
> 2. 了解影响深度知觉的单眼线索和双眼线索，产生错觉的原因及意义；
> 3. 识记运动知觉的种类、知觉恒常性的种类；
> 4. 理解似动现象、图形后效现象、知觉恒常性、错觉等概念；
> 5. 掌握 PsyKey 心理教学系统中知觉实验部分的操作程序；
> 6. 掌握深度知觉、时间知觉、似动现象、图形后效现象、形状恒常性、视错觉的测定方法。

一、深度知觉实验

【实验目的】

学习使用深度知觉仪。

【实验仪器与材料】

BD-Ⅱ-104A 型深度知觉仪，电源接线板，可移动转椅，单眼罩，记录纸。

【实验程序】

1. 让被试学会使用深度知觉仪的方法

（1）要求被试坐在距离观察窗一定距离的位置（2 米），正好对着能看到标准刺激和比较刺激的观察窗口（窗口的挡片角度以 45°为宜）。

（2）接通电源，打开电源开关，接好反应键。

（3）被试在指定的位置，将托额架固定在桌上，被试下腭放置在托额架上，并调节托额架的高低，直至被试感觉舒适为止。

（4）按照事先制作好的刺激呈现顺序表，主试呈现刺激，被试通过反应键调节比较刺激的前后位置。

（5）被试调节好比较刺激位置之后，主试记录比较刺激位置和标准刺激位置的误差，该误差为深度知觉的误差。

2. 实验设计

采用2(距离1米和2米)×2(单眼和双眼)两因素实验设计,实验可以采用组间设计、组内设计或混合设计,在实验前确定具体采用哪种实验设计。如果采用组内设计,全部被试接受所有水平的实验处理;如果是组间设计或混合设计,实验前要对被试进行合理分组,保证组间各组为等组被试。具体被试分配如下:

(1) 编号为奇数的被试做单眼1米和2米的实验处理;

(2) 编号为偶数的被试做双眼1米和2米的实验处理。

3. 预备实验

优势眼的确定。在正式实验前分别对左右眼深度知觉进行施测,具体做法:分别对左右眼进行4次施测,施测时比较刺激在标准刺激前后各两次(如左右右左)。计算左右眼的深度知觉的误差,选择误差小的一侧为优势眼进行实验。

4. 正式实验

(1) 进行单眼1米距离的实验。让被试坐在距标尺零刻度1米处观察,将下颌放在托额架上,给被试指导语:

"请你注意仪器窗口内的两根直棍,其中一个是固定的标准刺激,一个是可移动的比较刺激,请你按手中的两个按钮(前、后方向),调节比较刺激,使两根直棍在一个平面上,直到你感觉两根直棍在一个平面上,停止调节,并报告已调节完毕。"

(2) 按刺激呈现顺序表呈现刺激,每个被试每种实验处理做16次。

(3) 休息2分钟,继续单眼2米的测试。

(4) 双眼的测试同上。

(5) 做完一个被试后,换下一个被试按上述程序继续实验。

【实验结果】

1. 被试调节好比较刺激后,主试记录比较刺激距标准刺激的位置和距离,在标准刺激前侧(靠近被试一侧)记"-",在标准刺激后侧(远离被试一侧)记"+"。

2. 分别计算每个被试的单眼和双眼的平均误差。

3. 计算全组被试单、双眼误差的平均数,并分析两者的差异。

【讨论】

1. 分析深度知觉的机制。

2. 深度知觉对人们生活和适应环境的意义。

二、时间知觉实验

【实验目的】
学习使用时间知觉仪测定时间知觉。

方法一

【实验仪器与材料】
BD-Ⅱ-121型时间知觉仪。
主试面板说明：
1. 选择键：选择实验内容。
2. 方式键：选择实验刺激方式。
3. 置数键：改变参数显示器的数码管闪动位置。
4. "＋"键：每按此键,闪动的参数数码管加"1"。
5. "－"键：每按此键,闪动的参数数码管减"1"。
6. "＊"键：按动此键,设置的参数输入仪器中。
7. 复位键：开机或换位测试内容时用,一组实验未完不得按此键。
8. 打印键：当测试结果显示后,按下此键打印测试结果。
9. 显示键：实验结束后,可用此键单独查看测试结果。
10. 启动键：按下此键,实验开始。
11. 光指示灯：供主试观看光刺激节拍。

实验前准备：
1. 将被试操作键盘盒插在后面板打印插座上。
2. 若配有打印机,则将打印机插头插在后面板打印插座上,装好打印纸,并使打印机处于联机状态。
3. 打开电源开关,看前面板数码管显示是否为零,否则按一下复位键。

（一）实验Ⅰ

1. 主试操作步骤
（1）按选择键,选择实验Ⅰ,灯Ⅰ亮。
（2）按方式键,选择刺激方式：声灯亮,只有声音刺激呈现；光灯亮,只有光刺激呈现；声、光灯全亮,声、光刺激同时呈现。
（3）输入参数：用前面板输入参数框中的四个键输入相应的测试参数。
① 输入参数次数：$2 \leqslant$ 次数 $\leqslant 20$。在面板序号显示器（以下简称序

号)显示为00时,按"置位"键,参数显示器(以下简称参数)百位数闪动,再按一下"置数"键,十位数闪动,按"+"、"-"键,调次数的十位数;再按"置数"键,参数个位数闪动,按"+"、"-"键,调次数的个位数。检查无误后,按"*"键把实验次数值写入仪器中。同时序号显示自动加1,显示为:01。

② 输入每次实验的节拍数:40次/分≤节拍≤255次/分。序号显示01时输入第一组实验的标准节拍数。按"置位"键,参数百位闪,按"+"、"-"键,调百位数;再按"置位"键,参数十位闪,按"+"、"-"键,调十位数;再按"置位"键,参数个位闪,按"+"、"-"键,调个位数。检查无误后,按"*"键,所选节拍数输入仪器中。同时序号显示自动加1,显示为:02。序号显示为02时,输入第一组实验的比较节拍数,方法同上。依次类推:

序号显示为03时输入第二组标准节拍数;

序号显示为04时输入第二组比较节拍数;

……………………

序号显示为$2n-1$时输入第n组标准节拍数;

序号显示为$2n$时输入第n组比较节拍数。

注意输入节拍组数要等于输入的实验次数。当节拍组数与输入的实验次数相等时,仪器响蜂鸣,表示参数输入完毕,这时面板显示器显示为:序号显示:00,参数显示:×××与实验次数对应。这时可按"*"键检查输入的所有参数是否正确,若有错可用上述方法对已输入的参数进行修改。检查无误后,提示被试实验将开始。

2. 被试操作步骤

当被试做好准备后,主试按下"启动"键,蜂鸣器响后2秒,第一组标准节拍刺激按所设置的刺激方式呈现三次,隔1秒自动呈现比较刺激节拍。被试可按动小键盘的"+"、"-"键,直到被试感到比较节拍与先呈现的标准节拍相同时按"回车"键,节拍呈现停止。这时参数显示数为本次实验被试参数的绝对误差。第一组实验做完3秒后,仪器自动呈现第二组实验的标准节拍3次,1秒后呈现比较节拍,被试操作回答。依次类推,直到被试把实验做完,仪器长蜂鸣,实验结束。

3. 显示、打印测试结果

(1) 实验结束后,显示器自动显示一遍测试结果,显示格式如表3-4-1。

表 3-4-1　时间知觉实验 I 结果显示表

序号显示	参数显示
11	结果平均误差
12	偏低次数
13	偏高次数

仪器自动显示完一遍测试结果后,数码显示器停止滚动,只显示出实验结果平均误差。如这时未记清楚,可按前面板的"显示"键,单步显示测试结果。

(2) 打印测试结果

主试可在仪器自动显示完一遍测试结果后,按下前面板的"打印"键,仪器自动打印出测试结果表 3-4-2。

表 3-4-2　时间知觉实验 I 结果打印表

实验次数	F 标准节拍数	f' 比较节拍数	$(f'-F)$ 绝对误差
1			
2			
……			
N			

$AE=(\sum|f'-F|)/n$;其中 AE 为平均误差;f'为被试测试数据。

LT＝偏低次数

HT＝偏高次数

4. 安排新的被试或换实验内容

如果下一个被试用相同参数做实验,主试在被试准备好后,按下启动键,实验重新开始。如需修改部分参数,主试可按"＊"键后修改或重新输入参数,并启动仪器。如换实验内容,主试按下复位键,面板数码管显示全为零后,主试按实验需要,按动相关键。

(二) 实验 II

1. 主试操作步骤

(1) 按选择键,使灯 II 亮。

(2) 按方式键,使相应刺激灯亮。

(3) 输入参数:需输入一个标准刺激节拍数和 7 个变异刺激节拍数。7 个变异节拍数中应有一个与标准节拍数相同。

输入标准节拍数：共7个变异节拍数。当序号显示器显示00时，输入标准节拍数。输入方法同实验Ⅰ，序号显示变为01。

输入变异节拍数：共7个变异节拍数，其中一个与标准节拍数相同。当序号显示器显示01时，输入第一个变异节拍数。输入方法同实验Ⅰ，序号显示变为02，再输入第二个变异节拍数，方法同上。依次输入完7个变异节拍数后，仪器响蜂鸣，表示参数已输入完毕。同时参数显示器显示标准节拍数，序号显示器显示00。若检查已输入的参数，可按"*"键。

2. 被试操作步骤

被试做好准备后，主试按下"启动"键，蜂鸣器响后2秒，仪器按随机方式呈现一对标准刺激和变异刺激，在前呈现的刺激持续3次，间隔1秒后呈现后一个刺激。被试判定回答，若后者比前者快，按小键盘"+"键；若后者比前者慢，按小键盘"—"键；若后者和前者相等，按回车键。判定正确，分别显示999、111、000；判定错误，显示灭。每回答一次，序号显示自动加1，仪器自动提取下一对刺激。被试做完70次判定后，仪器响蜂鸣，实验结束。

3. 显示、打印测试结果

实验结束后显示器自动显示一遍测试结果，显示顺序如表3-4-3。

表3-4-3　时间知觉实验Ⅱ结果显示表

序号显示	参数显示	
11	××× 相等次数的百分数	
12	××× 偏低次数的百分数	第一组
13	××× 偏高次数的百分数	
21	××× 相等次数的百分数	
22	××× 偏低次数的百分数	第二组
23	××× 偏高次数的百分数	
……	……	
71	××× 相等次数的百分数	
72	××× 偏低次数的百分数	第七组
73	××× 偏高次数的百分数	

仪器按顺序自动显示完一遍测试结果后停止滚动，只显示出第七组偏高次数的百分数。如主试需再查看测试结果，可按"显示"键单步按顺序查看。也可以根据需要按"打印"键打印出实验结果表3-4-4。

表 3-4-4　时间知觉实验Ⅱ结果打印表

组数	变异刺激节拍	结果%
1	×××	<：××× 偏低次数百分比 =：××× 相等次数百分比 >：××× 偏高次数百分比
2	×××	<：××× 偏低次数百分比 =：××× 相等次数百分比 >：××× 偏高次数百分比
…	…	……
7	×××	<：××× 偏低次数百分比 =：××× 相等次数百分比 >：××× 偏高次数百分比

4. 安排新的被试或换实验内容

实验结束后，如安排下一个被试测试，主试只需要按一下"启动"键，实验重新开始。如需修改参数，主试可按"＊"键后修改或重新输入参数，并启动仪器。如换实验内容，主试按下复位键，面板数码管显示全为零后，主试根据实验需要，按动相关按键。

（三）实验Ⅲ

要求被试按一定节奏动作进行时间知觉训练，同时输出相应的节拍脉冲信号。其操作过程：

1. 选择实验Ⅲ：按选择键使"灯Ⅲ"亮。
2. 选择刺激方式：按"方式"键，可选声、光、声＋光。
3. 选输入动作持续时间：（定时）

(1) 定时范围：1~255 分钟。如不输入定时时间则为连续状态。

(2) 输入方法：在序号显示器显示为 00 时，输入定时时间。输入方法同实验Ⅰ。序号显示变为 01。

4. 输入动作的节拍数（次/分），范围 1~255 次/分。在序号显示为 01 时，输入动作节拍数，方法同上。

5. 启动：按下"启动"键，有一蜂鸣声，2 秒后仪器自动按所要求的节拍频率呈现选定的刺激方式。如果没有定时，参数数码管将倒计时显示时间。在倒计时大于 1 分钟前，时间显示按分钟递减；倒计时小于 1 分钟时，时间显示按秒递减。时间减到零，仪器长蜂鸣，数码管显示全零，实验Ⅲ结束。

6. 做实验Ⅲ时,后面板信号输出插孔将输出和节拍数相同的负脉冲信号,脉冲信号电频为 TTL 标准。

方法二

【实验目的】
学习使用心理教学系统进行时间知觉实验。

【实验仪器与材料】
PsyKey 心理教学系统。

【实验程序】
1. 实验使用四种标准刺激:0.5、1、2、4 秒;两种感觉道可供选择:视觉与听觉。每种任务测 4 次,各类测定随机呈现。

2. 呈现指导语:
"屏幕上将出现一个由暗变亮的灯泡,你注意看它亮了多久。等灯泡灭了后,鼠标将出现在秒表按钮上,你就按住鼠标左键,这时灯泡就又亮了,但你不要松开键,直到你觉得它亮的时间和你刚才看到的一样长时再立刻松开键。请注意,当你看灯泡亮多久的时候,不要估计它是几秒钟,也不要用数数、打拍子、数心跳等办法计算灯亮的时间,而要凭自己看的印象,觉得两次灯泡亮的时间一样长就可以了。明白这段话的意思后,点击'确定'按钮开始。"

3. 实验开始后,屏幕上呈现一个灯泡,2 秒后灯泡亮起,持续几秒后熄灭。这时灯泡下方出现一个时钟复制按钮,要求被试点击住这一按钮,直到认为持续的时间与刚才灯亮时间相等时再松开。

【结果与讨论】
结果中列出了每次测试的原始数据及经过处理的各感觉道对不同标准刺激的时间估计误差。其值为相对值,即:(估计时间－实际时间)/实际时间,正、负值表示估计倾向,数值越小表示估计越准确。

三、速度知觉实验

【实验目的】
学习以亮点实际运动到某处所用时间与被试估计时间之差来评定速度知觉准确性。

【实验仪器与材料】
PsyKey 心理教学系统。

【实验程序】

1. 两种运动速度(40点/秒和100点/秒),三种运动类型(水平、垂直和平面运动)。为克服方向带来的误差,每种运动类型又有两种相反方向(左右、上下和里外),这样就组合成12种任务。每种任务测2次,共24次。各类测定随机呈现。

2. 主试要求被试阅读指导语,说明反应方法(认为时间到了即按反应键),然后开始测定。每次测定之后都有反馈,被试可以对照调整自己以后的估计。时间估计精确到毫秒。

【实验结果与讨论】

1. 结果中列出了平均估计误差(相对误差),由所有24次估计的误差的绝对值平均而来,代表被试的平均估计准确性,越小表示估计越准确。并列出了各种运动方向和速度下的平均估计误差。

2. 详细结果分六列:第一列为运动速度;第二列为运动方向;第三列为实际运动时间;第四列为估计运动时间;第五列为估计绝对误差(误差为正表示估计太迟,误差为负表示估计太早),三四五列均以毫秒为单位;第六列为估计相对误差,即:(估计时间-实际时间)/实际时间。

3. 统计分析运动速度、运动类型以及练习对速度知觉准确性的影响。

四、似动现象实验

【实验目的】

认识似动现象。

方法一

【实验仪器与材料】

JGW-B型实验台速示器单元;10厘米×15厘米的卡片4张。

【实验程序】

1. 接通速示器电源,电源开关选择"ON",指示灯亮表示电源接通,在"工作方式选择"栏,将A选"常亮",B选"背景"。

2. 从A、B输片器分别输入两个明度测试卡片;将明度调节旋钮B按逆时针方向调至最大,再调整旋钮A,使两视场明度相同。

3. 在"定时选择"处调节A、B数码盘,设定A、B视场呈现时间均为200毫秒。

4. 主试在"工作方式选择"栏选择 AB 循环(A↔B);A、B 选择为"定时",主试退出两张明度测试卡片,装入似动卡片两张。

5. 被试坐在观察窗前,面部贴紧速示器的观察窗,要求被试观察马是否在奔跑,主试按下"触发"键,呈现实验卡片。

6. 主试按下"复位"键,退出奔马图卡片,更换为横竖棒图卡片。重复上面的程序,要求被试观察棒的运动现象。

【讨论】
似动现象产生的条件。

方法二

【实验仪器与材料】
PsyKey 心理教学系统。

【实验程序】
1. 在黑色背景上相继呈现两个红色小圆点(直径 0.5 厘米)。两个小圆点可在不同的时距和空距条件下呈现。

2. 在每种空距条件下,5、10、20、60、100、150、200、250、300、350、400、500 毫秒这 12 个时距的升序和降序做 24 次判断。

3. 在每种时、空距条件下,演示 5 次从左到右的相继呈现,即每组实验按如下顺序重复 5 遍:

刺激1 →　　　时距　　　→ 刺激2
60 毫秒　　　5～500 毫秒　　60 毫秒

4. 空间距离的实验顺序按拉丁方的方法进行排列,将被试随机分成甲、乙、丙三组。分别按三种不同的顺序进行实验,见表 3-4-5。

表 3-4-5　空间距离实验顺序的拉丁方设计

	顺　序		
	1	2	3
甲	2 厘米	5 厘米	8 厘米
乙	5 厘米	8 厘米	2 厘米
丙	8 厘米	2 厘米	5 厘米

5. 在每个空距条件下,时距从 5 毫秒开始,依次增加到 500 毫秒,每个时距做一次判断,让被试判断两个刺激是同时出现、先后出现、还是一个刺激从

一点向另一点移动;然后再从500毫秒开始,逐渐减少时距到5毫秒,同样每个时距做一次判断。每个被试对每个空距判断24次,3个空距共判断72次。

【实验结果与讨论】

1. 将结果记录在表3-4-6中。

表3-4-6 似动现象实验记录表

	5毫秒	10毫秒	20毫秒	60毫秒	100毫秒	150毫秒	200毫秒	250毫秒	300毫秒	350毫秒	400毫秒	500毫秒
2厘米升序												
2厘米降序												
5厘米升序												
5厘米降序												
8厘米升序												
8厘米降序												

2. 分别计算各种时空条件下3组被试感到两亮点是同时、似动和先后的平均次数百分数,然后以时距为横坐标,似动次数的百分数为纵坐标,3种空距为参数,画出3条曲线图。

3. 求出不同空距条件下的似动阈限值的范围(从"同时"到"动"为下限;从"动"到"先后"为上限)。

4. 根据实验结果说明观察两个亮点产生似动的最优时空条件。

五、图形后效实验

【实验目的】

认识图形后效现象,比较图形后效的个体差异。

【实验仪器与材料】

1. JGW-B型实验台速示器单元,计时计数器单元,手键一个,手表一只。

2. 卡片两张。一张卡片左右各有一个黑色圆圈(半径2.2厘米,圆周的宽度为1毫米左右)。两圆心相距5厘米,中间有一个"+"。另一张左边有一个黑色小圆圈(半径1.4厘米);右边有一个黑色大圆圈(半径3.0厘米)。圆心距、圆周黑线的宽度及"+"的位置与第一张相同。

【实验程序】

1. 准备工作

(1) 接上电源,将导连线的一端接速示器单元的"反应时输出",另一端接计时计数器单元的"反应时输入";反应时手键接在计时计数器被试侧的"手键"插口上。

（2）速示器电源选择"ON",灯亮表示接通。用明度测试卡调节好A、B视窗的明度达到基本一致。

（3）打开计时计数器电源,电源灯亮,计时屏幕显示"0.000","正确次数"和"错误次数"均显示"0",表示电源接通。按下"反应时"键。

（4）将非等圆和等圆两卡片分别输入A、B两视场。在"工作方式选择"栏设定A视场为"定时",B视场为"背景",工作顺序选择A—B;在"定时选择"栏A定时为0.001毫秒,B定时为9 000毫秒(9秒)。

2. 正式实验

（1）被试坐在速示器观察窗口前,面部贴紧速示器的观察窗。给被试指导语:"请你用双眼注视这两个圆中间的'＋',眼球不要转动,看看两个圆是不是一样大? 当觉得一样大时请告诉我。"

（2）当被试报告觉得一样大时,主试将"工作方式选择"栏中的B拨向"定时",即关掉B视场,将A拨向"常亮",即打开A视场,同时用手表开始计时。给被试指导语:"现在请你注视卡片上的'＋'1分钟,眼球不要转动,要用眼的余光观察这两个圆的大小,心中要默念左大右小。请集中注意这样做。双眼注视'＋',眼球不要转动,默念左大右小……"。主试不断提醒被试要集中注意,直到1分钟时,关掉A视场,切换到B视场,即在"工作方式选择"栏将A拨向"定时",将B拨向"背景",并按速示器"触发"键。给被试指导语:"请继续注视卡片上的'＋'。眼球还是不要转动,观察这两个圆的大小,哪边的圆大些? 哪边的圆小些? 请继续观察,直到觉得两个圆一样大时,请按下手键。"主试记下计时器的时间,这个时间则是被试后像的延迟时间。

【实验结果】

统计每一被试的后效延迟时间并进行比较。

【讨论】

1. 图形后效产生的实验条件有哪些?
2. 图形后效实验中是否发现个体差异?
3. 在该实验中如果用单眼观察,结果将会怎样?

六、知觉恒常性测定实验

【实验目的】

比较不同条件下形状恒常性的程度，学习用描绘法测量形状恒常性。

【实验仪器与材料】

JGW-B型心理实验台，玻璃杯，米尺，粉笔，记录纸。

【实验程序】

1. 准备工作

(1) 选取裸视力或矫正视力达到1.0且无散光的被试。

(2) 让被试坐在桌边，将杯放在桌上，杯口到被试眼睛的垂直距离为20厘米。

(3) 从桌边向前量下列5个距离：11.5、20.0、34.6、54.9、113.4厘米，用粉笔划上记号。若杯在这5个距离上，则杯口平面与视轴平面的交角分别为60°、45°、30°、20°、10°。要求被试分别在这5个距离上观察杯口的形状。注意观察在杯口平面上杯口的纵向直径（沿视轴方向）与横向直径（与视轴垂直方向）比例关系的变化。被试练习观察5次（每个距离1次），以便被试掌握判断形状的标准。

2. 正式实验

(1) 在每一距离上要求被试观察杯口的形状，并在5厘米×5厘米的方格中画出当时知觉到的形状。画法如下：横向直径保持不变（5厘米），横向直径线已在记录纸上事先画出；被试根据知觉到的纵向直径缩短比例在图上作出标记，然后再绘成杯口形状。若觉得与知觉到的形状不一致可以修改，直到满意为止。

(2) 观察顺序由近及远，再由远及近，每个距离观察2次。

【实验结果】

1. 分别量出各被试在不同距离上画出的杯口纵向直径（2次结果），计算平均数。然后算出纵向直径（短轴）与横向直径（长轴）的比例R。

2. 分别计算各距离上杯口在被试网膜上投影形状的短轴与长轴的比例S。计算公式如下：

$$S = 短轴/长轴 = sin\alpha（\alpha 为视轴与杯口平面的交角）$$

3. 按以下公式求出各条件下的形状常性系数：

常性系数 $K=\dfrac{R-S}{A-S}$

R 为知觉的比例（估计短轴与长轴之比），S 为网膜投影比例（网膜上短轴与长轴之比），A 为实物的纵向直径与横向直径之比，本实验 $A=1$。

【讨论】

影响知觉形状恒常性的因素。

七、错觉实验

【实验目的】

学习测量视错觉的方法。

【实验仪器与材料】

BD-Ⅱ-113 型错觉实验仪，实验材料为缪勒—莱伊尔错觉图片。

【实验程序】

1. 仪器有 3 种不同箭羽线夹角（30°、45°、60°）的缪勒—莱伊尔线段，实验时选择一种操作，其余的两种用挡板挡住。

2. 仪器直立于桌面，被试位于 1 米远外坐好，平视仪器的测试面。

3. 给被试指导语："你看到在仪器面板上有一条线段，被 3 个箭羽线分成了左右两段，现在这两条线段可能不一样长，马上我要对其进行调整，如果你觉得左右两端的线段一样长了，就说'一样长了'"。

4. 主试移动仪器上方的拨杆，即调整线段中间箭羽线的活动板，直到被试报告"一样长了"停止。

5. 在仪器背面可以读出错觉量值，并记录。

6. 这样的实验做 20 次。

7. 选择另一种箭羽夹角的线段，重新测试被试的错觉量值，并记录。

【实验结果】

1. 记录被试每次的测试结果。

2. 计算被试的平均错觉量。

3. 比较不同条件即不同箭羽线夹角对错觉量的影响。

【讨论】

1. 视错觉测量是否存在个体差异？

2. 用同一方法可否测定其他类似的视错觉？

3. 视错觉有何现实意义？

八、图形识别实验

【实验目的】

了解呈现时间如何影响图形识别。

【实验仪器与材料】

1. JGW-B型实验台速示器单元。

2. 图片4套。每套两组,每组10张,共80张。每套中第一组为旧材料,背面注明"旧";第二组为新材料,背面注明"新"。注视点卡片一张。

【实验程序】

1. 准备工作

(1) 将速示器电源开关选择"ON",灯亮则表示电源接通。用明度测试卡调节好A、B视窗的明度达到基本一致。

(2) 在速示器面板上的"工作方式选择"栏A选"定时",B选"定时",选"A—B"顺序方式;在"时间选择"栏,A定为"2000",B定为"×000"。

2. 被试坐到速示器的观察窗口前,面部贴紧速示器观察窗。将注视点卡片输入B视场,给被试指导语:"请你注视眼前的红点,当听到'预备'口令1~2秒后,你将看到一张一张的图片,一共10张,每张呈现的时间很短,要集中注意地看,并努力记住。"

3. 将第一套图片的第一组逐张输入速示器A视场。主试发出"预备"口令1~2秒后按下"触发"键,开始呈现图片。

4. 当10张图片全部呈现完毕后,将A设定为"1000",B设定为"0"。然后将第二组图片按随机原则与第一组混合,记下图片混合后的顺序,并逐个输入速示器,给被试指导语:"下面给你一张一张地呈现图片,其中有50%是刚才看过的,另外50%则是刚才没看过的。当每张图片呈现时,请你立即判断它是否是你刚才看过的。如果你觉得是刚才看过的,就告诉我'是';如果你觉得不是刚才看过的,就告诉我'否';如果你没把握,就猜猜哪种可能性大,然后按可能性大的报告。"按上述程序,连续呈现20张图片。主试按事先安排好的表格记录被试的报告结果。

5. 改变呈现时间(呈现时间0.5、1、4秒),按步骤1中(2)重复上面的实验。

【实验结果】

1. 用图、表表示增加呈现时间对正确反应概率的影响。

2. 比较各个被试在四种不同呈现时间条件下的再认保持量。
【讨论】
影响图形识别的因素。

练习与思考

1. 根据深度知觉的原理思考立体电影是如何拍摄与放映的？
2. 思考深度知觉对人们生活和适应环境的意义。
3. 思考影响时间知觉的因素。
4. 思考似动现象产生的条件。
5. 思考研究错觉的意义。
6. 练习 BD-Ⅱ-104A 型深度知觉仪、BD-Ⅱ-121 型时间知觉仪的操作方法。
7. 练习深度知觉、时间知觉、似动现象、图形后效现象、形状恒常性、视错觉的测定方法。

第五部分 注意实验

教学目标

1. 了解 BD-Ⅱ-314 型注意分配实验仪、JGW-B 型心理实验台划消实验单元的结构与性能；
2. 了解影响注意分配、注意广度、注意起伏的因素；
3. 理解注意分配、注意广度、注意起伏等概念；
4. 掌握 PsyKey 心理教学系统中注意实验部分的操作程序；
5. 掌握 BD-Ⅱ-314 型注意分配实验仪的操作方法；
6. 掌握 JGW-B 型心理实验台划消实验单元的操作方法；
7. 掌握注意分配能力、注意广度、注意集中能力的测定方法。

一、视觉搜索中的非对称性实验

【实验目的】
通过对封闭圆和开口圆分别做靶子进行视觉搜索，了解视觉搜索中的非对称性现象以及封闭性这一拓扑特征在前注意加工中的作用。

【实验仪器与材料】

1. PsyKey 心理教学系统。
2. 靶子：开口圆或封闭圆。
3. 开口大小：3 种，1/2、1/4、1/8（指开口占圆周长的比例）。
4. 画面大小：干扰项的数目，1、6、12 个。

【实验程序】

1. 按实验要求在屏幕上搜索一段圆弧（开口圆）或一个圆圈（封闭圆）。搜索到了，请按下红键；如果没有找到，请按下绿键。如果按错键，要求立即改正。
2. 共 36 次实验，每 6 次实验后休息 10 秒。

【实验结果】

1. 封闭圆和开口圆的非对称性搜索实验结果（建议取全组整体实验结果的平均数），见表 3-5-1。
2. 以画面大小（干扰项的数目）为横坐标，以搜索时间为纵坐标画折线图。
3. 比较开口圆和封闭圆分别作靶子是否存在显著的搜索非对称性，以及是否受到画面大小的影响。
4. 尝试解释导致实验结果的原因。

表 3-5-1 视觉搜索中的非对称性实验结果记录表

搜索项目		开口圆		封闭圆	
画面大小	开口大小	有靶子	无靶子	有靶子	无靶子
1	1/2				
	1/4				
	1/8				
6	1/2				
	1/4				
	1/8				
12	1/2				
	1/4				
	1/8				

【讨论】

1. 除了拓扑特征与非拓扑特征的非对称性搜索之外,还有哪些非对称性现象?

2. 非对称性搜索实验的研究有何意义?

二、注意分配实验

【实验目的】

学习测定注意分配能力。

方法一

【实验仪器与材料】

BD-Ⅱ-314型注意分配实验仪。

【实验程序】

1. 插好220伏电源插头,开"电源"开关,电源指示灯亮。

2. 按"定时"键设定工作时间。

3. 按"方式"键设定工作方式。

4. 检测(试音,试光):主试设定方式"0",按"启动"键,开始"自检",被试分别按压3个声音按键,细心辨别3种不同音调;分别按压8个光按键,对应发光二极管亮。每按下一键,数码管相应显示一组数值。检测仪器是否正常。

5. 注意分配实验:主试设定方式"1~7"。

(1) 被试按启动键,工作指示灯亮,测试开始;

(2) 二声反应(方式1):出声后,被试依声调用左手食指和中指分别对高、中二音尽快正确反应;

(3) 三声反应(方式2):出声后,被试依声调用左手食指和中指、无名指分别对高、中、低三音尽快正确反应;

(4) 光反应(方式3):出光后,被试用右手食指尽快按下与所发光管相对应的按键;

(5) 二/三声与光同时反应(方式4/5):左右手依上述方法同时反应;

(6) 测定Q值(方式6/7):二/三声反应、光反应、二/三声与光同时反应三项实验连续进行,最后自动计算出注意分配量Q值;每项实验完成后,中间有10秒休息;

(7) 当工作指示灯灭,表示规定测试时间到;

(8) 测试过程中,将实时显示正确或错误次数,显示正确次数,相应"正确"指示灯亮;显示错误次数,相应"错误"指示灯亮。"方式 4 或 5"声光组合实验,显示正确或错误次数时,声为显示方式"4 或 5",光为显示方式"4. 或 5.",即光有小数点以示区别。

6. 查看测试成绩:每组实验完成后,按"次数"及"方式"键,可查看测试成绩。

(1) 声或光单独实验(方式 1、2、3):按"次数"键,查看正确或错误的次数;

(2) 声或光组合实验(方式 4、5):按"方式"键,查看声或光的数据,声方式显示"4 或 5",光方式显示"4. 或 5."。按"次数"键,查看对应的正确或错误次数;

(3) 测定 Q 值(方式 6、7):按"方式"键,可以查看每项的实验数据,对应方式显示为 1/2(声)→3.(光)→4/5(声光组合中声)→4./5.(声光组合中光)→6/7(Q 值),依次循环。按"次数"键,查看对应的正确或错误次数。显示 Q 值时,按"次数"键无效,相应指示灯全灭;当 Q 值>1.0,注意分配值无效,显示"—"。

7. 每组实验完成后,重新开始,必须按"复位"键。

【实验结果与讨论】
1. 记录实验数据并计算实验结果。
2. 分析不同被试注意分配能力的个别差异。
3. 影响注意分配的因素有哪些?

方法二

【实验仪器与材料】
PsyKey 心理教学系统。

【实验程序】
1. 用看颜色按键和听声音按键两种作业来测定注意分配能力。

2. 看颜色按键:屏幕上随机呈现红、黄、绿三种不同颜色的图形,要求被试按一号反应键盒上相应颜色的键。在规定的时间内反应得越多越好。

3. 听声音按键:计算机随机发出低(200 赫)、中(400 赫)、高(1 200 赫)三种声音,要求被试分别按二号反应键盒上对应的"红键"、"黄键"和"绿键"三个键。要求被试听到一种声音,就按相应的键。如果按得正确,就会换一种声音,再按另一个相应键,要求越快越好。

4. 在正式实验之前,有两个练习。先练习看颜色按键,然后练习听声音按键,分别练习 10 秒。

5. 为克服顺序误差,实验分 6 项任务,其顺序是:仅看颜色(A)、仅听声音(B)、看颜色+听声音(A'B')、看颜色+听声音(A'B')、仅听声音(B)、仅看颜色(A)。每项任务给 30 秒时间,要求被试在此时间内完成尽可能多的作业。

6. 主试要向被试说明实验方法:左手 3 个手指按一号反应键盒上的键,右手 3 个手指按二号反应键盒上的键。明白后再开始正式实验,顺次完成 6 项任务,每项任务都有指导语,每次任务结束之后休息 30 秒,再开始下一次。

【结果与讨论】

1. 计算注意分配能力,公式如下:

$$注意分配值=\sqrt{\frac{视听作业的视觉成绩}{单独的视觉成绩}}\times\sqrt{\frac{视听作业的听觉成绩}{单独的听觉成绩}}$$

$$=\sqrt{\frac{A'}{A}\times\frac{B'}{B}}$$

视觉及听觉作业成绩 $=\Sigma 1/n$。

n:每次反应的成绩,即直到正确为止击键的次数,其值为 1~3。

2. 结果依次列出:单独作业的视觉成绩、单独作业的听觉成绩、视听作业的视觉成绩、视听作业的听觉成绩、注意分配值。根据结果解释注意分配现象。

三、注意广度测定实验

【实验目的】

学习用速示器测量注意广度。

方法一

【实验仪器与材料】

1. JGW-B 型心理实验台速示器单元,记录用纸。

2. 点子图卡片 2 组,每组 13 张,每张卡片上有点子 3~15 个不等;其中第一组卡片上的点子为规则排列,第二组卡片上的点子为不规则排列。

3. 背景卡片一张,练习卡片一张。

【实验程序】

1. 主试将每组卡片随机排列好,在记录纸上标明卡片的排列序号及点子的个数。

2. 接上电源；速示器电源选择"ON"，灯亮表示接通。用明度测试卡调节A、B视场的明度达到基本一致；在"工作方式选择"栏，将A选"定时"，B选"背景"，选"A—B"顺序方式；在"时间选择"栏，将A定为"0100"。

3. 将背景卡片输入B视场。被试坐在桌前，面部贴紧速示器观察窗，两眼注视屏幕中心红点。

4. 指导语："请你注视眼前的注视点（红点），当我发出'预备'口令后，将出现一些黑色圆点，这些黑点呈现时间很短，你要注意看，并迅速报告有几个黑色圆点。下面我们练习两次。"

5. 练习卡片输入A视场。主试发出"预备"口令1~2秒后按速示器"触发"键，启动速示器，呈现时间为100毫秒。

6. 正式实验，将第一组的13张点子图卡片按记录纸上的排列顺序逐张放入A视场。依照上述步骤进行第一组的实验。主试则在记录表上记下反应结果。

7. 休息1分钟，依照上述步骤继续进行第二组材料的实验。

8. 两组实验完毕之后，要求被试写出其判断点子数量策略。

【实验结果】

分别统计每个被试正确判断的百分数。

【讨论】

影响注意广度的因素。

方法二

【实验仪器与材料】

PsyKey心理教学系统。

【实验程序】

1. 选择"基本心理能力的实验测定"中"注意广度"实验。

2. 屏幕呈现指导语：

"屏幕上将快速呈现包含若干红点的图片，请你注意看屏幕，看清将要呈现的小红点的个数。图片呈现后，屏幕下方将出现一个输入框和一个'确定'按钮，你可以用鼠标点击输入框然后从弹出的菜单中选择相应的数值，然后点击'确定'按钮输入，一共要做很多次。明白这段话的意思后，点击'确定'按钮开始。"

3. 被试戴上耳机，点击"确定"按钮开始。

4. 实验中随机呈现的红色圆点，数目从5个到12个，每种10张，共80

张。每张呈现时间为0.25秒,让被试按相应数字键键入答案(或用鼠标点击输入框后通过选择菜单进行输入)。

【实验结果与讨论】

1. 结果分数显示被试对不同圆点数的正确反应的百分数。

2. 结果图片以图示方式显示不同数目圆点的正确判断的百分数。其横坐标为圆点的不同数目;纵坐标为正确判断的百分数。

3. 从5个点开始算起,采用直线内插法求出第一个50%次正确反应的圆点数作为被试的注意广度值。

四、注意集中能力测定实验

方法一

【实验目的】

通过划消实验测量个体的注意集中程度。

【实验仪器与材料】

JGW-B心理实验台划消实验单元、计时计数器单元。

【实验程序】

1. 准备工作

(1) 将划消实验单元从实验台被试侧的桌面下拉出。

(2) 用导连线将计时输入和划消单元输出连接好,将测试探笔的插头插入划消板的"探笔"插口。

(3) 按要求装好测试纸。

(4) 将电源插头插入实验台主试侧右方插座内接通电源,开启计时计数器电源开关,计时屏幕显示为"0.000"秒,正确次数和错误次数均为"0",工作方式选择"计时计数"。

(5) 给被试指导语:"请你用优势手握住测试笔,扎测试纸的数字'0',要求用笔垂直下扎。每个'0'只许扎一次,并要扎到底,划消顺序由左至右,由上到下。当全部扎完时,立即用笔点击测试纸右下侧螺孔内金属孔。"

2. 正式实验

(1) 主试说实验开始,同时按下操作箱左侧"启动"按钮,计时计数器启动,开始计时计数。

(2) 主试记录数据或按打印键,打印测试结果。

(3) 更换被试及测试纸,继续上面的实验。

【实验结果】

1. 计算个人的注意集中指数：

$$\text{注意集中指数} = \frac{\text{查阅总字数}}{\text{查阅时间}} \times \frac{\text{正确划消字数} - \text{错误划消字数}}{\text{应划字数}}$$

注：错误划消字数包括漏划"0"数和划消非"0"数。

2. 比较本组结果。

【讨论】

分析注意集中指数的影响因素。

方法二

【实验目的】

学习使用注意力集中能力测定仪。

【实验仪器与材料】

BD-Ⅱ-310型注意力集中能力测定仪。

【实验程序】

1. 仪器上下两层结构。下层为控制电器部分，上层为光源及测试转盘部分。上层可以打开，拧开测试板中央4个螺丝调换所选择的测试板。

2. 测试棒插头插入后面板的插座中，如用耳机，则耳机插头插入后面板的相应插座中。

3. 接通电源，打开电源开关。日光灯启动时，可能对数码显示有干扰，可按"复位"键，恢复正常。

4. 控制前面板主要由定时时间设定拨码开关、控制转盘速度、方向按键、开始键、打印键、复位以及转速、成功时间、失败次数显示数码管组成。后面板主要有电源开关、声音喇叭选择开关、声音大小调节旋钮以及耳机、测试棒、打印插座。

5. 选择转盘转速：按下"转速"键一次，其转速显示加1，即转速增进10转/分，超过90转/分自动回零。如转速显示为0，则电机停止转动。选择的转速由测定内容而定，如测定注意力集中能力，则可选择慢速，减少动作协调能力的影响。

6. 选择转盘转动方向：按下"转向"键一次，其键右侧"正"、"反"指示灯亮灭变化一次，"正"亮表示转盘顺时针转动，"反"亮表示转盘逆时针转动。如转盘正在转动中，每按一次"转向"键，转盘变化一次转动方向，经一定时间后，转盘达到指定的转速。

7. 选择定时时间,按"定时时间"的各拨码"+""-"键确定实验时间,其时间值实时显示于"成功时间"显示窗上。

8. 拨后面板的开关,选择噪声由喇叭或耳机发出。喇叭声的音量可以由后面板的旋钮调节,耳机的音量可以由耳机上左、右耳两个旋钮分别调节。

9. 被试用测试棒追踪光斑目标,当被试准备好后,主试按"测试"键,这时此键左上角指示灯亮,同时喇叭或耳机发出噪声,表示实验开始。被试追踪时要尽量将测试棒停留在运动的光斑目标上,以测试棒停留时间作为注意力集中能力的指标。实时显示其时间,即成功时间。同时实时记录下追踪过程中测试棒离开光斑目标的次数,即失败次数。

10. 到了响度的测试定时时间,"测试"键左上角指示灯熄灭,同时噪声结束,表示追踪实验结束。

11. 打印输出:如用打印机,则先接打印机专用电源,电源电缆两端连接于主机后面板的打印插座和打印机插座中,接通电源,打开电源开关。一次测试结束后,按下"打印"键,打印机可以将实验条件、成功与失败时间及失败次数打印出来。

12. 复位:测试过程中,要中断实验必须按"复位"键;一次测试结束后要重新开始实验,也必须按"复位"键。按下后,成功时间显示定时时间,失败次数清零。回到第4步。

【实验结果与讨论】

1. 记录实验结果。
2. 比较不同被试注意集中能力的个别差异。
3. 分析影响被试个体注意集中能力的因素。

五、注意起伏实验

【实验目的】

通过知觉"双关"图形验证注意的起伏现象。

【实验仪器与材料】

1. JGW-B型心理实验台速示器单元,计时计数器单元,记录用纸。
2. "双关图形"卡片一张。

【实验程序】

1. 将电源插头插入主试侧右方插座内,拨动电源开关,接通电源,计时计数显示为零。按定时键,工作方式选择为定时。在计时计数器面板的右上方数字方阵中按下 180.000 秒(即定时 3 分钟)。

2. 接上电源,速示器电源选择"ON",灯亮表示接通,在"工作方式选择"栏选 A 为"常亮"。给被试指导语:"请你聚精会神地看这个截去顶端的棱锥体。你可以看到中间的小方形时而凸出,时而凹进。当我说'开始'时,你要把注视到图形的每次变化在纸上记一小横短线。当我说'界限'时,你在横短线旁划一竖短线。在没有听到我说'停止'之前,要一直注视着图的变化并画线。"

3. 主试发出"开始"的口令,同时按动计时计数器数字方阵"R/P"键。主试每 1 分钟发出"界限"口令一次,3 分钟后发出"停止"口令,计时停止。

4. 接着要求被试尽量保持某种图形,记录在有意志努力的情况下凸凹出现的次数。给被试指导语:"你现在要加强意志努力,一边注视图,一边将它想象成为一个空房间,三面是墙,上面是天花板,下面是地板,小四方形是凹进去的。就这样看下去,每当你看到图形发生变化时,就用铅笔在纸上记一小短横线,当我说'界限'时你在短横线旁划一短竖线。"并重复步骤 2、3。

【实验结果】

1. 计算每名被试每分钟注意起伏的次数。
2. 比较每个被试在第 1 和第 3 分钟注意起伏的次数及其在有意志努力情况下注意起伏的次数。

【讨论】

影响注意起伏的因素有哪些?

练习与思考

1. 思考产生注意分配的条件。
2. 思考影响注意广度的因素。
3. 思考影响注意集中能力的因素。
4. 思考注意起伏与注意稳定的关系。
5. 练习 BD-Ⅱ-314 型注意分配实验仪的操作方法。
6. 练习 JGW-B 型心理实验台划消实验单元的操作方法。
7. 练习注意分配能力、注意广度、注意集中能力的测量方法。

第六部分　记忆实验

> **教学目标**
>
> 1. 了解JGW-B型心理实验台记忆仪单元的结构与性能；
> 2. 识记全部报告法、部分报告法、瞬时记忆、短时记忆、长时记忆、工作记忆、外显记忆、内隐记忆、前摄抑制、倒摄抑制、意义识记、机械识记等概念；
> 3. 辨别工作记忆与短时记忆、外显记忆与内隐记忆、前摄抑制与倒摄抑制、意义识记与机械识记、全部报告法与部分报告法；
> 4. 掌握PsyKey心理教学系统中记忆实验部分的操作程序；
> 5. 掌握JGW-B型心理实验台记忆仪单元的操作方法；
> 6. 掌握瞬时记忆容量、短时记忆容量、工作记忆广度、前摄抑制与倒摄抑制、记忆保持量、再认能力的测定方法。

一、瞬时记忆容量测定实验

【实验目的】

学习运用部分报告法测定瞬时记忆的容量。

【实验仪器与材料】

PsyKey心理教学系统。

【实验程序】

实验1：全部报告法

1. 选择"经典心理实验"中"部分报告法——瞬时记忆"实验。
2. 开始实验后，选择"1 全部报告"并确定。
3. 屏幕上呈现指导语：

"在屏幕中央会出现一个红色的十字注视点，然后出现三行英文字母，你要尽可能记住它们。呈现的时间很短，你一定要集中注意力。在英文字母消失之后，请你把刚才看到的内容输入到屏幕上的空格中。要求尽可能多，但不必按顺序。每次输入答案后，点击'确定'按钮继续。在输入时用小写字母即可，程序会自动转换为大写字母。明白这段话的意思后，点击'确定'按钮开始。"

4. 屏幕上出现三行英文字母，每行4个（12个字母之间没有重复），呈现时间为 75 毫秒。每次呈现时,耳机中都会传出"嘟"的声音,以提醒被试注意。

5. 字母呈现完后,屏幕提示进行回忆。请被试把所记得的内容尽可能多地回忆出来,输入到屏幕上输入框中,然后按"确定"键开始下一次。

6. 一共做 30 次,在第 15 次后有 30 秒的休息时间。

实验Ⅱ:部分报告法

1. 实验程序与全部报告法基本相同,但开始实验后选择"2 部分报告法"。

2. 屏幕上呈现的指导语为:

"在屏幕中央会出现一个红色的十字注视点,然后出现三行英文字母,你要尽可能记住它们。在英文字母消失之后,屏幕上会出现一个有颜色的箭头,它指向三行中的某一行(从上到下依次为红、黄、绿色),要求你立即把这一行上的内容输入到屏幕上的空格中。尽量多,但不必按顺序。每次输入答案后,点击'确定'按钮继续。在输入时用小写字母即可,程序会自动转换为大写字母。明白这段话的意思后,点击'确定'按钮开始。"

3. 字母呈现完之后,在屏幕左边会出现一个箭头,指向第一行、第二行或第三行的位置,即表示要被试回忆第一行、第二行或第三行(箭头的颜色分别是红、黄、绿)。让被试立即将回忆的结果输入到输入框中,然后按"确定"键开始下一次。

实验Ⅲ:延迟部分报告法

选择"3 延迟部分报告法",实验程序与部分报告法相同。但字母呈现完之后,屏幕会提示延迟,2 秒之后出现箭头。让被试回忆箭头所指的那一行的项目,将回忆的结果输入到输入框中,然后按"确定"键开始下一次。

【实验结果与讨论】

1. 记录被试的反应,计算被试的总保存量。在部分报告法和延迟部分报告法中,将被试每一行的平均保存量相加,就得到总的保存量。

2. 讨论全部报告法和部分报告法的区别。

二、短时记忆信息提取实验

【实验目的】

模仿 Sternberg 的短时记忆信息提取实验,了解短时记忆的信息提取过程。

【实验仪器与材料】

PsyKey 心理教学系统。

【实验程序】

1. 实验给被试呈现一列数字(记忆集),相继呈现。每个呈现 1.2 秒,全部数字(1~6个)呈现完后,过 2 秒,伴随一声长音,又出现一个数字,并开始计时,要求被试判断它是否是刚才识记过的,并按键反应。

2. 实验中记忆集大小共六种(1~6),其中 1、2、3 和 6 各做 12 次;4 做 8 次;5 做 10 次。"是、否"反应和位置完全平衡,共做 66 次。随机呈现,每次先提醒注意,再呈现记忆集,然后测试。

3. 主试要求被试认真阅读指导语,强调反应方法:"是"按红键,"否"按绿键。被试明白后开始正式实验。

4. 本实验可以多人同时进行。

【实验结果与讨论】

1. 结果第一行为记忆集,从 1~6;第二、三行分别为"是"与"否"反应的反应时。第四行是同一记忆集的正确率。

2. 详细结果中,一共 7 列,依次为:长度、位置(靶子所处位置,0 表示没有靶子)、目标(要搜寻的数字)、数字串、判断(被试的判断)、结果(被试判断的正确性)、反应时。

3. 以记忆集为横坐标,以反应时为纵坐标画图,并计算公式 $RT = cN + (e+d)$ 中的参数值。

三、短时记忆容量测定实验

【实验目的】

学习使用记忆广度法测定短时记忆的广度。

方法一

【实验仪器与材料】

1. JWG-B 型心理实验台速示器单元,背景卡片一张,记录用纸两套。

2. 写有 3~13 位数字的卡片 3 组,每组 11 张,共 33 张。

3. 写有 3~13 个英文字母的卡片 3 组,每组 11 张,共 33 张。

【实验程序】

1. 主试接通速示器电源,将开关选择"ON",调节 A、B 视场,使两个视场明度基本一致。"工作方式选择"A 选"定时"、B 选"定时"、选 A—B 顺序方式。"定时选择"A 为 1 秒,B 为 5 秒。然后 B 视场输入背景卡片 1 张。

2. 被试坐在速示器观察窗前,面部贴紧观察窗。给被试指导语:"我将呈现一组组数字,要求你努力记住,当刺激消失后,立即将它默写下来。"主试在 A 视场逐张呈现 3 位数字卡片,每张卡片呈现 1 秒钟。要求被试在每张卡片呈现后用 5 秒钟将刚看到的 3 个数字全部默写出来。

3. 用上法将 4、5、6 位……数字组依次进行实验,直至数字序列连续 3 次不能通过为止。

4. 用上述程序测定英文字母的短时记忆广度。

【实验结果】

分别统计每个被试的数字、字母的记忆广度。

【讨论】

1. 根据被试的记忆广度,说明短时记忆的特点。
2. 分析记忆广度的个别差异。
3. 分析记忆材料的差异对记忆广度的影响。

方法二

【实验仪器与材料】

PsyKey 心理教学系统。

【实验程序】

1. 主试要求被试认真阅读指导语,搞清楚识记的方法和输入答案的方法。

2. 在输入答案时,数与数之间不能有空格。如有错误可按倒退键(Back Space)删除,重新输入,输完后按回车键表示确认。

3. 数字与数字之间的间隔是 250 毫秒,每个数字呈现 750 毫秒。从 3 位数字开始,然后 4、5、6…,直到同一位数字系列的 3 遍都错了为止或达到 12 位数字。

【实验结果与讨论】

1. 计算记忆广度的方法有多种:

(1) 8 位的数字能够通过,9 位的数字不能通过,则记忆广度为 8.5;

(2) 如将每一系列连续呈现 3 次,则以 3 次都能通过的最长系列作为基数,再将其他能通过的刺激系列的长度按 1/3 或 2/3 加在基数上,两者之和算作记忆广度。

2. 根据上述(2)中介绍的方法,文件中列出了此次测定的数字记忆广度。

3.详细结果中对每一水平(数字个数)列出做对的遍数,如果全对,则为3,如果全不对,则为0(此时实验结束)。

四、工作记忆广度测定实验

【实验目的】
学习测定工作记忆能力。

【实验仪器与材料】
PsyKey 心理教学系统。

【实验程序】
1. 被试坐在计算机前,呈现指示语。要求被试认真阅读指示语,明白实验要求。

2. 屏幕上依次呈现句子,一次一句。被试要大声朗读句子,句子呈现4秒。句子呈现完毕后,出现一红色惊叹号,被试要迅速判断刚才阅读的句子是否通顺并作出反应。如果通顺,按"红"键;不通顺,按"绿"键。同时还要在心里记忆句子的最后一个词。如,呈现句子:
"我没有任何理由反对这参加他次比赛。"
判断为不通顺,按绿键作出反应,并记住"比赛"。

3. 按键反应后红色叹号消失接着再呈现下一个句子。如果被试不按键反应,4秒后红色叹号自动消失,呈现下一句。

4. 在工作记忆广度测试中,在每个广度水平上,总共要做5套相似的测试,每套中包含的句子数就是广度。如,在广度为3的水平上,每套中包含类似上述的句子3个,依次呈现。

5. 实验水平从2到7,被试从水平2开始做。在水平2中,每一套测试包含两个句子,对每个句子分别判断是否通顺,并记忆每个句子中最后呈现的词。每套的两个句子呈现完后要在纸上写下记忆的两个词。这样总共要做5套,全部5套做完后,将写在纸上的词语按顺序输入计算机。

6. 如果5套中做对了2套,就可以接着做水平3的实验,即每一套包含3个句子,被试要判断3次,记忆3个词语;依此,可以一直做到水平7的实验。句子的呈现是半随机的,这是为了保证在每一水平上,每一套的句子中有一半的句子通顺,一半不通顺。

【实验结果】
1. 最后的记忆广度值是:当最高水平的正确的个数为3时,其工作记忆广度为句子的个数(水平数);为2时,则为水平数减0.5;为1时,则退到前一水平看其正确个数。例如在 3 个句子水平上,5 套中做对了 3 套,阅读广度计为 3;做对了 2 套,阅读广度计为 2.5;做对了 1 套,阅读广度计为 2。

2. 在这里的"做对"指的是每一套的每一个句子被试要判断正确,并且记忆正确才计为这一套"正确",若这套中有任何一处错误,则这一套为"错误"。

【讨论】

1. 工作记忆和短时记忆的区别是什么?
2. 为什么该实验测量的是个体的工作记忆能力?

五、记忆错觉实验

【实验目的】

学习采用 DRM 范式研究关联性记忆错觉的实验方法。

【实验仪器与材料】

1. 实验仪器

PsyKey 心理教学系统。

2. 实验材料

关联性记忆词表 18 个。每个词表包含一个关键诱饵和 12 个与之相关联的词。排列方式按照与关键诱饵的联系程度由大到小排列。学习词表 10 个,其中第 1 个和第 10 个作为缓冲材料,不测验。再认测验由 8 个学习过的和 8 个未学习词表中的 1、4、7、10 项,以及相对应的 16 个关键诱饵组成。

【实验程序】

1. 学习阶段:实验材料被随机分成两组,其中一组用于被试学习。每个词表的关键诱饵不呈现,按词表顺序依次呈现学习项目,每个项目呈现 500 毫秒。
2. 干扰 1 分钟,做加法运算任务。
3. 再认阶段:实验材料随机呈现。
4. 计算机记录并反馈结果。

【实验结果】

1. 详细结果中,分为 6 列:第一列为呈现的词;第二列为该词所在的词表号;第三列为该词在其所处词表中位置;第四列为该词是否在学习时呈现;第五列为被试在再认中的判断;第六列为被试判断的准确性。
2. 系统统计出被试的三种再认正确率,整理成表 3-6-1。

表 3-6-1　被试再认的正确率

单词类别	再认率(%)
学习单词	正确再认率：
关键诱饵	虚假再认率：
未学单词	错误再认率：

3. 然后以单词类别为横坐标,以再认率为纵坐标画图,便于清楚比较三种类别的再认成绩。

(1) 考验学习单词、关键诱饵和未学单词的差别是否到达显著水平。

(2) 尝试解释导致虚假再认的原因。

【讨论】

1. 如果实验中的测验改为自由回忆,实验结果会怎样？
2. 在实验前告诉被试实验的目的对结果有什么影响？
3. 影响关联性记忆错觉的因素有哪些？

六、记忆的加工水平实验

【实验目的】

通过再认测验和知觉辨认测验考察不同的加工水平对外显记忆和内隐记忆的影响,从而验证加工水平与记忆持久性的关系以及加工提取的一致性。

【实验仪器与材料】

PsyKey 心理教学系统。

【实验程序】

1. 一共 100 对单字反义词词对,学习其中的 50 对。要求记忆的是 50 对中的一个字。

2. 实验分为三组,即三种方式呈现：① 先呈现注视点,再直接呈现要记忆的字；② 先呈现要记忆的单字的反义词,然后呈现要记忆的单字；③ 先呈现要记忆的单字的反义词,然后呈现问号,让被试想出要记忆的单字。

3. 测验分为两种：再认和辨认,各测一半,即 25 个。但每种测验会加入 25 个新字。即再认任务一共 50 个单字,辨认也一共是 50 个单字。

4. 根据被试的编号的奇偶性,分成两种测验顺序：再认—辨认,辨认—再认。

5. 进入实验后,首先进行学习,即逐次呈现刺激材料,要求被试大声朗读出来。

6. 学习结束后,要求被试心算 21 道加法运算题。

7. 对被试进行"再认—辨认"或"辨认—再认"测试。

8. 在再认测试中,屏幕上会逐次出现 50 个字,其中有 25 个记忆过的旧字,还有 25 个未记忆过的新字,要求被试作出判断。若认为"出现过",按红色键反应;若认为"没出现过",按绿色键反应。

9. 在辨认测试中,先进行练习:将 50 个单字逐次在 photoshop 中运用高斯模糊,并以很快的速度呈现。然后要求被试将看到的汉字输入下方的框中,并确定(汉字的输入方法可以由被试通过下拉菜单选择"五笔"或"全拼"等输入法)。正式测验的材料为 50 个单字,其中 25 个为记忆过的旧字,25 个为未记忆过的新字,程序与练习过程相同。

【实验结果与讨论】

在结果中列出辨认任务中的新词和旧词各自的辨认正确率,再认任务中击中和正确否定的次数和正确率。结果还记录了被试每一次的具体反应。

七、空间位置记忆广度测定实验

【实验目的】

学习测定空间位置记忆广度的测定方法。

【实验仪器与材料】

PsyKey 心理教学系统。

【实验程序】

1. 呈现指导语:

"屏幕上会出现一个由若干绿色方块组成的表格,在这些方格的某几个格内将先后呈现粉色圆点并消失。请你仔细观察,尽量记住圆点出现的位置和顺序。在圆点呈现完毕后,请按照圆点出现的顺序用鼠标依次点击方格;点中的方格内会再次出现圆点,若再点击一次圆点又会消失,你可利用该方法进行修改,但每次只能使最后点击的圆点消失。当点击出的圆点与刚才呈现的圆点数目相等时,请你用鼠标点击'确定'按钮进入下一次。这样要做很多次。明白这段话的意思后,点击'确定'按钮开始。"

2. 测试开始后,在计算机屏幕上呈现一个 5×3 的绿色表格,然后在这 15 个格中的某几个格中随机呈现粉色亮点(从一次连续呈现 3 个格开始),要求被试尽量记住圆点出现的位置及顺序。在圆点出现完之后,根据指导语中的要求作出反应。在某个广度做了 3 次之后,如果不是全错,则广度加 1 后继续,直到某个广度连续 3 次都错或完成数目为 15 的任务。

【实验结果与讨论】

1. 结果分数中列出了此次测试的空间位置记忆广度值和每个水平的正确率。
2. 说明这种计算广度方法的优越性。
3. 与他人的空间位置记忆广度的大小作比较，并做出解释。

八、内隐记忆实验

【实验目的】

采用知觉辨认和再认的方法，验证内隐记忆现象的客观存在，比较外显和内隐记忆测试的结果有何不同。

【实验仪器与材料】

1. 实验仪器：PsyKey 心理教学系统。
2. 实验材料：

共有 160 个词语，分成两组，每组各 80 个词语。一组为学习用词，一组为混淆用词。

缓冲词 20 个，对每个被试都相同，不包括在学习用词中，随机呈现。

(1) 学习用词

步兵	柴火	除夕	笛子	法规	火光	两极	罗盘
保健	邮政	省城	水牛	文稿	结局	大豆	饭碗
斧头	宫殿	极地	界限	暖流	铺盖	闪亮	身躯
手稿	天线	头目	退化	橡皮	雪茄	炎夏	遗体
叶片	云彩	脂肪	钟点	姊妹	冰雪	稻谷	电器
烦躁	甘蔗	骨肉	禁区	蝌蚪	前程	秋季	肉眼
饲料	体质	调和	形体	学期	英语	志气	尊严
把戏	病号	残渣	大局	电能	地狱	叮咛	短发
飞蛾	概况	鸽子	寒风	火箭	绘画	救星	盔甲
门帘	牡丹	喷泉	食指	体操	蜗牛	戏台	烟尘

(2) 混淆用词

标点	参数	垂体	对手	毫升	胶片	理念	场所
铃虫	桑叶	石墨	涂料	夜幕	云雾	顶端	反射
公务	海参	甲板	马车	前肢	砂砾	神奇	石板
手背	天堂	头部	宪兵	规格	羊羔	选集	音响
油脂	园地	朝阳	反常	笔杆	厕所	典礼	地址

符号	耕作	急流	精些	硫酸	曲线	热血	诗句
顺序	糖果	痛恨	演讲	严寒	造型	组合	祖母
被告	炒面	锄头	涤纶	当铺	胆量	动乱	废物
法则	顾问	海滨	海龟	黄金	街坊	公道	粮站
牦牛	叛军	山沟	铁轨	围墙	纬线	秧歌	写生

(3) 缓冲词

公会	河心	市长	文风	米行	器件	人情	亲兵	银子	石级
北面	矿长	刨子	青天	棉条	处长	光驱	毛巾	日历	玻璃

【实验程序】

1. 学习

(1) 每个被试按 5 个缓冲词—40 个学习词—5 个缓冲词的顺序学习（这个分类过程被试不知道），每个词语呈现 1 秒。40 个学习词及 10 个缓冲词是分别从 80 个学习词及 20 个缓冲词中随机挑选出来的，随机呈现给被试。

(2) 休息 5 分钟。

(3) 重复上述程序，只是换了剩余的 10 个缓冲词和剩余的 40 个学习词。

(4) 休息 15 分钟。

2. 测试

每个被试做 4 个测试，流程为：再认 1—知觉辨认 1—知觉辨认 2—再认 2。

(1) 再认 1

呈现 40 个词语，其中 20 个学习过的（随机从 80 个学习用词中挑选），20 个没有学习过的（随机从 80 个混淆用词中挑选），依次逐个呈现，当被试按键反应后呈现下一个词。

(2) 知觉辨认 1

呈现 40 个词语，其中 20 个是学习过的（随机从剩余的 60 个学习用词中挑选）；20 个没有学习过的（随机从剩余的 60 个混淆用词中挑选）。每个词逐个随机呈现，呈现时间为 50 毫秒。被试直接在计算机上输入辨认的结果，然后按键呈现下一个词语。

(3) 知觉辨认 2

程序同知觉辨认 1。呈现 40 个词语，其中 20 个学习过的是随机从剩余的 40 个学习用词中挑选出来的；20 个没有学习过的是随机从剩余的 40 个混淆用词中挑选出来的。随机呈现给放试。

(4) 再认 2

程序同再认 1。呈现 40 个词语,其中 20 个学习过的是随机挑选后剩余的 20 个学习用词;20 个没有学习过的是随机挑选后剩余的 20 个混淆用词。随机呈现给被试。

【实验结果】

实验结束后,屏幕上呈现结果如下:

1. 再认结果:给出击中和虚报各自的次数和百分比率。
2. 知觉辨认部分:给出新词、旧词各自的知觉辨认正确率。
3. 旧词的知觉辨认正确率减去新词的辨认正确率即为启动效应(内隐记忆)。如果两者有显著差异,则证明有内隐记忆现象。
4. 结果中还列出了被试每一次的具体反应。

【讨论】

1. 分析在每一部分实验前和后使用缓冲词的原因。
2. 根据实验程序说明内隐记忆和外显记忆的区别。

九、前摄抑制与倒摄抑制实验

【实验目的】

学习测定前摄抑制与倒摄抑制的实验方法。此实验也可用于研究学习迁移现象。

【实验仪器与材料】

PsyKey 心理教学系统。

【实验程序】

1. 本实验用几何图形与数字对照翻译的学习任务来研究前摄抑制作用和倒摄抑制作用。共有两种对照关系(甲和乙),甲和乙的图形是一样的,但与数字(1,2,3,4,5,6,7)的对照关系不同。

2. 本实验分为控制组和实验组,实验组又分为前摄抑制组和倒摄抑制组,具体安排如下:

(1) 单独学甲,表示控制组;
(2) 先学乙,后学甲,是前摄作用的实验组,即前摄抑制组;
(3) 先学甲,后学乙,是倒摄作用的实验组,即倒摄抑制组。

3. 注意:三组最后都是测量甲的保存量。

4. 主试要指导被试认真阅读指示语,向被试讲清楚实验过程。学习时,屏幕上首先逐次呈现 7 个图形,每呈现一个图形时,在其下方都有 1 个数字与其匹配,要求被试记住这种匹配关系。然后连续呈现刚学过的 7 个图形,每呈现 1 个图形时,在其下方有标有"1"、"2"、…、"7"数字的 7 个按钮,要求被试选择与该图形匹配的数字进行"翻译"。只要有一个翻译错误就要全部重新翻译,并计为学习了一遍。而且在翻译错误时,屏幕上会呈现正确答案。

5. 检查时连续测试 3 遍,检查的错误次数指测试中的错误个数,而非错误遍数。

【结果与讨论】

1. 结果分三列呈现,分别表示学甲所用的遍数、学乙所用的遍数及最后测验甲时,被试错误的个数。注意:学习遍数不包括最后翻译正确的那一遍。

2. 整理多人结果,填入表 3-6-2 中。

表 3-6-2 前摄抑制与倒摄抑制实验结果记录表

组别	学甲遍数	学乙遍数	检查甲错误个数
控制组			
前摄抑制组			
倒摄抑制组			

3. 根据下面公式计算前(倒)摄作用:

前(倒)摄作用=(控制组错误次数-实验组错误次数)/控制组错误次数×100

十、意义识记与机械识记实验

【实验目的】

了解识记材料对识记效果的影响。

【实验仪器与材料】

JGW-B 型心理实验台记忆仪单元,计时计数器单元,词单两套(记忆仪显示窗口左侧为词单一,右侧为词单二)。

【实验程序】

1. 将记忆仪单元与实验台被试侧"直流电源"插孔连接好。将电源插头插入主试侧右方插座内。打开计时计数器电源开关,接通电源,计时计数器单元工作方式选择为"定时",并在计时计数单元面板右上方数字方阵中按下"300000",时间显示为 300.000 秒(5 分钟)。

2. 实验前被试不可看材料,主试将运行方式开关选择为"正向",记忆仪显示窗口遮板不要打开。

3. 主试打开记忆仪直流电源开关,记忆仪自动循检 1 周后,按"时间"键选择呈现时间为 1 秒。

4. 被试坐在实验台被试侧(被试座椅的高度应可调),眼睛平视记忆仪上的显示窗口。主试宣读指导语:

"请你注意看前面的显示窗口,当出现红色横线提示符后,窗口将呈现词单,请你注意看,认真记,但不准出声。当显示黑色横线提示符时,词单呈现结束,请你立即向主试报告已看完一遍,共识记三遍后进行考核。"当红色横线提示符再次出现后第二遍识记开始。

5. 正式实验时先进行意义识记(使用词单一)。主试把显示窗口左侧的遮板打开。主试按记忆仪单元的"动/停"键,记忆仪运行,词单开始逐个呈现。被试报告看完一遍时,主试再按"动/停"键。按上述步骤共识记 3 遍。

6. 识记三遍后开始考核。主试按计时计数系统数字方阵"R/P"键启动定时,要求被试进行自由回忆,默写刚识记过的词,时间为 300.000 秒(5 分钟)。

7. 按上述程序进行机械识记(使用词单二)。主试把显示窗口左侧关闭,右侧打开,主试按动/停键,词单逐个呈现开始,被试看 3 遍词单后进行自由回忆,默写刚识记过的词单,时间为 300.000 秒(5 分钟)。

8. 更换被试,继续上面的实验,但刺激呈现顺序改为先机械识记后意义识记,即进行轮组法程序的实验。

【实验结果】

分别统计出意义材料和机械材料的正确再现数(只回忆出每对字中的一个字不计在内)并计算自由回忆的保持量。

【讨论】

1. 根据自己的体会,谈谈如何增强识记效果。
2. 意义识记和机械识记有何区别?

十一、有凭借再现与无凭借再现实验

【实验目的】

学习用再现法检查记忆保持量,探讨再现过程中线索的作用。

【实验仪器与材料】

JGW-B 型心理实验台记忆仪单元、计时计数器单元,词单两套(记忆仪显示窗右侧为词单一,左侧为词单二)。

【实验程序】

1. 将记忆仪单元与被试侧"直流电源"插孔连接好。将电源插头插入主试侧右方插座内。打开计时计数器电源开关,接通电源,工作方式选择为定时,并在计时计数器面板的右上方数字方阵中按下 300.000 秒(即定时 5 分钟)。

2. 实验前被试不可看材料,主试将运行方式开关选择为正向,记忆仪显示窗口遮板不要打开。

3. 主试打开记忆仪直流电源开关,记忆仪自动循检一周后,按"时间"键选择呈现时间为 1 秒,主试打开右遮板。

4. 被试坐在实验台被试侧(被试座椅高度应可调),眼睛平视记忆仪上已打开的显示窗右遮板。指导语为:

"请你注意看前面的显示窗口,当出现红色横线提示符后,窗口将呈现词单,词单中的每对词分为线索词和目标词两种,即左侧为线索词,右侧为目标词,线索词可以为要求再现的目标词提供帮助。请你注意看,认真记,不准出声。词单呈现一遍后出现黑色横线提示符即表示呈现结束,请你立即向主试报告已看完一遍。当再次出现红色横线提示符后,第二遍识记开始。词单共识记三遍后进行考核。"

5. 有凭借再现。被试表示明白指导语所述内容后,主试按记忆仪单元"动/停"键,仪器运行,呈现词单一。识记 3 遍后,主试将线索词呈现给被试,同时按下数字方阵中"R/P"键。要求其在 5 分钟内将与线索词对应的目标词默写出来。

6. 无凭借再现。主试关闭右遮板打开左遮板,在数字方阵中按下 300.000。依照步骤 4 呈现词单二共 3 遍,然后按下计时计数器数字方阵"R/P"键,被试用 5 分钟默写刚看过的词对。计时器回零后主试宣布默写停止。

【实验结果】

分别统计有凭借再现和无凭借再现的正确再现数,并计算两种再现的保持量。

【讨论】

线索在再现过程中的作用。

十二、再认能力测定实验

【实验目的】

通过实验探索图形再认的特征。

方法一

【实验仪器与材料】

1. JGW-B型心理实验台速示器单元,计时计数器单元,手键一个。

2. 图形卡片2套,每套15张,共30张。第一套供识记和再认用,背面注明"旧",第二套供再认用,背面注明"新"。

3. 注视点卡片一张。

【实验程序】

1. 接上电源,将导连线的一端接速示器的"反应时检出",另一端接计时计数器的"反应时输入";反应时手键接在计时计数器被试侧"手键"插口上。速示器电源选择"ON",灯亮表示接通。用明度测试卡调节A、B视场的明度达到基本一致;在"工作方式选择"栏,将A选"定时",B选"定时",选"A—B"顺序工作方式;在"时间选择"栏,将A定为"2000",表示呈现时间2S,将B定为"×000"。

2. 打开计时计数器电源,电源灯亮,计时屏幕显示"0.000","正确次数"和"错误次数"均显示"0",表示电源接通。"工作方式选择"为"反应时"。

3. 主试将注视点卡片输入B视场,第一套图形卡片按顺序依次输入A视场。被试坐在桌前,面部贴紧速示器观察窗,两眼注视屏幕中心的"注视点"。对被试宣布指导语:"现在要求你一张一张地看一些图片,每张呈现的时间很短,你要集中注意地看,努力记住。"主试每输入一张卡片,发出"预备"口令1~2秒后按速示器的"触发"键,连续呈现15张图形卡片。

4. 被试休息1分钟后,将第二套图形卡片随机混进第一套图形卡片中,记下呈现顺序,然后逐张输入速示器A视场。被试左、右两手食指分别放在手键的红、黄按钮上。宣布指导语:"下面给你看的图片中,有刚才看过的,也有刚才没看过的。要求你辨认哪些是刚才看过的?哪些是刚才没看过的?如果你认为是刚才看过的,就用左手食指按红键,同时报告'是';如果你认为不是刚才看过的,就用右手食指按黄键,同时报告'不是';如果不能确定,你认为哪种可能性大就按哪种方式反应。"主试记录被试反应的正误。

5. 按计时计数器的"打印"键,打印实验结果。

6. 更换被试,重复上面的实验。

【实验结果】

计算每个被试再认正确率:

$$再认正确率=\frac{认对的项目-认错的项目}{原识记项目+新项目}\times100\%$$

此公式中原识记项目＝旧项目。

【讨论】

影响图形再认的因素有哪些？

方法二

【实验仪器与材料】

PsyKey心理教学系统。

【实验程序】

1. 首先在屏幕上按随机顺序依次呈现30幅图片，要求被试识记。

2. 然后加入另外30幅未呈现过的与刚才的图片类似的新图片，混在一起，将60幅图片再随机依次呈现，要求被试从中辨认。若是刚才见过的，按红键反应；若是没见过的，按绿键反应。

【结果与讨论】

统计被试再认的正确百分数：

$$正确百分数=\frac{正确再认数-错误再认数}{总数(30张)}\times100\%$$

其中：正确再认数指将第一次呈现的图形正确辨认出来的数目；错误再认数指误认为是第一次呈现的图形的数目。

练习与思考

1. 思考全部报告法和部分报告法的区别。
2. 思考材料差异对记忆广度的影响。
3. 思考工作记忆与短时记忆的区别；内隐记忆与外显记忆的区别。
4. 练习JGW－B型心理实验台记忆仪单元的操作方法。
5. 练习瞬时记忆容量、短时记忆容量、工作记忆广度的测量方法。
6. 练习前摄抑制与倒摄抑制、记忆保持量、再认能力的测量方法。

第七部分　思维实验

> **教学目标**
> 1. 了解 BD-Ⅱ-402A 型叶克斯选择器的结构与性能；
> 2. 了解思维策略的种类；
> 3. 识记概念形成、问题解决、思维策略等概念；
> 4. 理解概念形成与概念同化的区别；
> 5. 掌握 BD-Ⅱ-402A 型叶克斯选择器的操作方法；
> 6. 掌握 PsyKey 心理教学系统中思维实验部分的操作程序。

一、概念形成实验

【实验目的】
学习使用叶克斯选择器研究空间位置关系概念的形成。

方法一

【实验仪器与材料】
BD-Ⅱ-402A 型叶克斯选择器。

【实验程序】

1. 实验原理：每次都给被试显示几个亮灯的按键，这些按键的数目和位置都不一样，但其中都有一个按键，把它按下会发出声响。这个可发出声响按键的位置都遵守同一规律，概念形成的实验就是让被试发现这个规律。

2. 接上电源（交流 220 伏），支好屏风，主试与被试各坐在屏风两边，打开电源开关。在电源开关一侧，有一微拨开关，其开关拨向一侧为"手动"方式，拨向另一侧为"自动"方式。

3. "手动"方式

（1）主试确定好要被试形成的空间概念，即声音与哪一个符合一定空间位置关系的键相连，并按一定原则设计几种具体方案（可参考附录的例子）。

（2）主试按下若干个后排键，相应这列的后排键、被试方的键上指示灯将亮。主试再按下灯亮后排键上方前排键的某一键，其灯将亮，为设定的概念位置，令被试选出与声音相连键的位置。

(3) 被试将从亮灯的键中，选出一个与声音相连的键，并记住键的位置。

(4) 重复(2)~(3)步的实验，直至被试经过多次尝试之后，连续三遍第一次就按对，并将选择的原则说对为止，被试还应说明是怎样掌握这个原则的。注意主试与被试的左右关系正好是相反的。

4."自动"方式

(1) 自动方式有24种实验方案。主试按主试面一侧24个键中的其中一个作为选定的方案。

(2) 简单空间位置关系概念形成实验：按主试面后排键选定，依键从右到左概念位置分别表示为：

1:中；　　　　2:左1；　　　　3:右2；　　　　4:左3；
5:右4；　　　6:左4　　　　　7:右5；　　　　8:空格右3；
9:空格左2；　10:空格左5；　11:空格左3；　12:空格右4。

(3) 复杂空间位置关系概念形成实验：按主试面前排键选定，依键从右到左概念位置分别表示为：

1:左1—左2　　　　　　　　　2:右2—左1；
3:左1—左2—左3；　　　　　　4:右1—右2—右3—右4；
5:右1—左2—右2—左2；　　　6:左1—右1—左1—右2；
7:空格左1—空格右1；　　　　8:空格右2—空格左2；
9:左1—中—右1；　　　　　　10:左1—中—右1—中；
11:左1—中—左2—中—左3—中；12:中—右1—中—右2—中—右3。

(4) 按键选定，实验开始，仪器将在主试及被试面键上方呈现一组亮灯，被试按键选出一个与声音相连的亮灯键，并确定其概念位置。选对后出现声响，自动出现下一组亮灯及声响位置。

(5) 重复实验，直至被试经过多次尝试之后，连续三遍第一次就按对，并将选择的原则说对为止，被试还应说明是怎样掌握这个原则的。注意主试与被试的左右关系正好是相反的。

5."手动"与"自动"方式的相互转换，都将产生复位。如在"自动"方式下，从一个概念为止实验转换到另一个，需先拨开关至"手动"方式，再拨回"自动"方式。

【实验结果与讨论】

计算实验结果，讨论空间位置概念形成的过程。

方法二

【实验仪器与材料】
PsyKey 心理教学系统。

【实验程序】
1. 被试坐在计算机前，戴上耳机。
2. 进入实验后，屏幕上出现 12 个圆键，有空心和实心两种。其中只有 1 个实心圆与声音相联系，此键出现的相对位置是有规律的，被试要去发现其中的规律（概念），找到这个键。
3. 被试用鼠标点击相应的实心圆，如果没有发生任何变化，表明选择错误；如果有声音呈现，同时该圆变为红色，则表明选择正确。只有选择正确，才能继续下一试次。
4. 当连续三次第一遍点击就找对了位置时，就认为被试已形成了该人工概念，实验进行到下一个概念。
5. 实验共有 4 个人工概念，并且难度顺次增加。
6. 如果被试在 60 个试次内不能形成正确概念，实验自动终止。

【实验结果与讨论】
1. 结果分数列出的是被试达到正确前所用的遍数（不包括连续第一次就对的三遍）。详细反应里面有概念内容的介绍，另外分四列呈现其他结果：第一列是概念编号；第二列是遍数；第三列为每遍中反应错的次数，如为 0 则表示这一遍第一次就做对了；第四列表示这一遍所用的时间，以毫秒为单位。
2. 根据结果讨论被试概念形成的过程。

二、汉语词汇加工过程抑制机制的实验

【实验目的】
通过移动窗口阅读与探测再认相结合的实验范式测定汉语词汇加工过程的抑制机制。

【实验仪器与材料】
1. 实验仪器：PsyKey 心理教学系统。
2. 实验材料：

实验材料为包括汉语词汇 60 组：按照语义关系性，可分为语义相关（RW）和语义无关（IW），各 30 组；按照探测刺激类型，可分为干扰探测刺激

(DP)、控制探测刺激(CP)、"Y"反应探测各 20 组。另外包括填充材料(Filler)30 组。目标材料中含有异范畴的词,且平衡"Y"、"N"反应。实验材料具体分为 8 类:

(1) UA,表示黄色目标词是同类的,靶子词在目标词中,属于 IW-Y 反应探测;

(2) UB,表示黄色目标词是同类的,靶子词在干扰词中,属于 IW-DP;

(3) UC,表示黄色目标词是同类的,靶子词不在呈现的词中,属于 IW-CP;

(4) RA,表示所有呈现词是同类的,靶子词在目标词中,属于 RW-Y 反应探测;

(5) RB,表示所有呈现词是同类的,靶子词在干扰词中,属于 RW-DP;

(6) RC,表示所有呈现词是同类的,靶子词不在呈现的词中,属于 RW-CP;

(7) FU,表示黄色目标词不是同类的,用来作为填充材料;

(8) FR,与 FU 类似。

【实验程序】

1. 实验伴随声音信号(100 毫秒)在屏幕左上角呈现一个"+"号(550 毫秒),间隔 200 毫秒在该位置呈现第一个双字词,500 毫秒后该词消失的同时,在其后面相邻位置处呈现第二个双字词,依次继续(移动窗口)。目标项目为浅黄色,干扰项目为浅蓝色,要求被试理解记忆目标材料并忽视干扰材料。

2. 阅读完一组刺激后延迟 50 毫秒,伴随声音信号(100 毫秒)在屏幕中心呈现一个"+"号(400 毫秒),间隔 50 毫秒在该位置呈现一个白色探测刺激,让被试判断它是否属于呈现的目标材料并按键做出反应。探测刺激最多呈现 3 000 毫秒,超过这个时间没做反应便认为是错误反应。

3. 每次反应后,延迟 200 毫秒给出一个"正确"或"错误"的反馈信息(750 毫秒),该信息消失后 100 毫秒,开始下一组。

4. 实验共分为 6 组,每组采用不同的语词实验材料,目的是为了平衡不同的词汇对结果的影响。

【实验结果与讨论】

1. 实验结束后,屏幕上会呈现 8 种实验材料对应的反应时和正确率。

2. 将每个被试的实验结果填入表 3-7-1 中。

表 3-7-1　被试反应时间与正确率

被试	反应时间（毫秒）				正确率（%）			
	RW-DP	RW-CP	ZW-DP	ZW-CP	RW-DP	RW-CP	ZW-DP	ZW-CP
1								
2								
…								
n								

3. 对反应时和正确率基于材料语义关系变量（相关、无关）和探测刺激类型变量（干扰、控制）分别进行 ANOVA 方差处理。

三、句子理解速度实验

【实验目的】

采用匹配图画的办法测定不同类型句子的理解速度。

【实验仪器与材料】

1. 实验仪器：PsyKey 心理教学系统。

2. 实验材料：实验共有三幅图，分别是鸭子（Duck）、教师（Teacher）和卡车（Truck）。

【实验程序】

1. 从实验材料中选择一幅图，呈现 15 秒，要求被试认真观察。

2. 随机呈现关于此图的 24 个句子（正确肯定、正确否定、错误肯定、错误否定各 6 句），要求被试判断是否符合图画的内容，并按红键（符合）或绿键（不符合）作出反应。句子之间间隔 1.5 秒，连续做完 24 个句子。

3. 可以从实验材料中选择另一幅图，进行以上实验。

【实验结果与讨论】

1. 结果数据为被试四种句子类型的反应时和正确率。

2. 详细结果分四列呈现：第一列是序号；第二列是句子类型；第三列是被试的判断以及是否正确；第四列为反应时间，以毫秒为单位。

3. 整理结果，计算每种句子类型的反应时间（可求出数个被试的平均反应时间），并据此画图。可以尝试作出解释，也可以进一步求出本次实验中不符合实际含义的参数 f、否定语句参数 n 和对句子的基本编码时间分别是多少。

四、思维策略实验

【实验目的】

通过解决一个问题——帮助小猫回家,展示儿童的思维过程。

【实验仪器与材料】

PsyKey 心理教学系统。

【实验程序】

1. 屏幕上呈现红、橙、黄、绿、蓝、紫色的六只小猫,及一个有四个小房间的房子。

2. 被试根据小猫对应的号码按下相应的数字键或直接点击相应的小猫,依次选择四个房间所住的小猫。

3. 做完一次选择后,屏幕会给出反馈,说明有几只小猫选对了颜色和位置,即回到了家(以"蓝色五角星"图案表示);有几只小猫只选对了颜色(以"白色五角星"图案表示)。

4. 被试可以根据反馈进行下一次选择,然后再得到反馈,直至选对所有的小猫。

5. 这样的选择最多能进行 12 次。

【实验结果与讨论】

1. 结果列出了被试每次的详细反应。

2. 根据儿童每次反应的步骤,分析儿童采用的解题策略。

3. 讨论儿童思维策略的发展过程。

五、天平实验

【实验目的】

考察儿童思维发展的水平。

【实验仪器与材料】

PsyKey 心理教学系统。

【实验程序】

1. 演示加上砝码后天平两臂的变化情形,让被试了解反应方法;按红键或绿键选天平将倾斜的方向(左或右),黄键表示平衡。

2. 呈现 36 道题目,分为 6 种题型。

(1) 相等型:两边的力臂与重量均相等;

(2) 突出变量型:力臂相等,但重量不相等;

(3) 次要变量型:重量相等,但力臂不相等;

(4) 冲突—突出变量型:重量大的一边力臂小,重量小的一边力臂大,但正确选择应为重量大、力臂小的一边;

(5) 冲突—次要变量型:重量大的一边力臂小,重量小的一边力臂大,但正确选择应为重量小、力臂大的一边;

(6) 冲突—相等型:重量大的一边力臂小,重量小的一边力臂大,但正确选择应为平衡。

3. 每种问题6个,分两步随机呈现,即题型随机和每种题型下的题目随机。

【实验结果与讨论】

1. 儿童使用的规则分为四种:

(1) 只考虑重量,不考虑力臂。

(2) 先考虑重量,当重量相等时,能考虑力臂的作用,当重量不等时,只考虑重量的作用。

(3) 先考虑重量,再考虑力臂的作用。但当重量和力臂均不相等时,不能解决这样的问题,只是靠猜测来回答。

(4) 先考虑重量,再考虑力臂,如果重量和力臂均不相等,求出力矩来决定答案。

2. 列出六种题型分别正确回答的题目数及其使用的推理规则。

六、问题解决中思维策略实验

【实验目的】

了解在解决河内塔问题时所用的思维策略。

【实验仪器与材料】

PsyKey 心理教学系统。

【实验程序】

1. 实验时屏幕上呈现河内塔。

2. 练习:使用3个圆盘的河内塔进行练习,可以用红、黄、绿键移动对应的柱子上的圆盘,或用鼠标直接移动盘片。练习阶段可以重复,并有自动演示。

3. 正式任务:被试依次完成3~8个圆盘的河内塔问题。记录其移动次数、重复次数和时间。

4. 每一水平最多可以重复30次;每一水平最多可以移动800次。

【实验结果】

1. 统计被试的结果，填入表 3-7-2 中。

表 3-7-2　河内塔问题解决的次数和时间

河内塔盘数	3	4	5	6	7	8
重复次数						
移动次数						
移动时间						

注：移动次数和移动时间记录的是通过该水平实验的当次。

2. 依据上表，系统作出相应直观的图示。

3. 请被试报告他是如何解决河内塔问题的，结合"结果文件"中记录的被试移动的步骤，分析判断被试采用的是何种策略。

4. 让被试分析自己都犯了哪些错误，为什么犯这些错误。

【讨论】

分析河内塔问题解决的四种策略在学习时间、对记忆的要求、事后回忆、迁移各方面的差别。

练习与思考

1. 思考概念形成与概念同化的区别。
2. 思考河内塔问题解决的四种策略之间的差异。
3. 练习 BD-Ⅱ-402A 型叶克斯选择器的操作方法。

第八部分　情绪实验

教学目标

1. 了解数字皮阻计、九洞仪、BD-Ⅱ-304A 动作稳定器的结构与性能；
2. 了解面部表情认知的基本特征；
3. 掌握数字皮阻计、九洞仪、BD-Ⅱ-304A 动作稳定器的操作方法；
4. 掌握皮肤电阻值、手动作稳定性的测定方法。

一、情绪的皮肤电反应实验

【实验目的】
学习使用数字皮阻计测定皮肤电阻,研究情绪刺激对皮肤电反应的影响。

【实验仪器与材料】
1. 实验仪器:数字皮阻计。
2. 情绪刺激词词表,包含30个情绪刺激词。

【实验程序】
1. 测试皮肤电阻:将旋转开关旋至皮阻(2 M)档,将专用测试电阻线插头插入电表 V/Ω 与 COM(地)的插孔内,并将两个电极分别固定在被测试人手指上。电极金属体应与皮肤接触紧密,可以在皮肤接触处涂上导电液(非随机件),确保最佳测试效果。若个别人皮阻偏大,可将旋转开关旋至(20 M)档。
2. 主试依次读情绪刺激词,要求被试联想。
3. 记录被试的皮肤电阻值。
4. 要求被试按自己情绪反应的强度给每个情绪刺激词打分:5表示情绪很强烈;1表示很少或没有情绪;4、3、2依次代表中等情绪。

【实验结果】
1. 根据情绪反应强度的内省评定,把30个情绪刺激词排成5个等级的顺序。
2. 记录并计算不同情绪词刺激时的皮肤电阻的平均值、标准差。

【讨论】
1. 分析情绪刺激对皮肤电反应的影响。
2. 分析情绪的皮肤电反应的个别差异。

二、情绪对动作稳定性影响实验

【实验目的】
学习测定手动作的稳定性,检测情绪对手动作的稳定性的影响。

方法一

【实验仪器与材料】
JGW-B型心理实验台计时、计数单元,九洞仪。

【实验程序】
1. 用导联线将九洞仪的计时、计数输出与心理实验台的计时、计数输入连接好,将测试笔的插头插入九洞仪的探笔插口。

2. 将电源插头插入实验台主试侧右方插座内,接通电源。开启计时、计数器电源开关,计时屏幕显示为:"0.000"秒,正确次数和错误次数均显示为"0"工作方式选择"计时、计数"。

3. 给被试指导语:

"请你用优势手握住测试笔,悬肘使测试笔与九洞仪面垂直地伸入洞内,直到与洞底接触(这时九洞仪上方源灯亮)再取出。笔进出洞不得碰洞边,先进大洞完成三次不碰洞边算通过,每次完成一个洞三次,你就用测试笔点击九洞仪,结束点一次,然后向我报告完成哪个洞。如果对同一洞连续碰边两次,该洞就算没有通过,当笔碰边时九洞仪上方红灯亮并有报警声。完成大洞再依次进较小的洞。"

4. 主试发出"预备"口令后,按动实验台操作箱内左侧"启动"按钮,被试开始实验,按上述要求作完实验后,另换一被试按同法进行测试,主试分别记录各被试通过的洞的直径和时间,并以三次通过的最小洞的直径的平均数的倒数作为动作稳定性的指标。

5. 主试设置比赛情境,激发各被试情绪状态,按上述步骤分别测试各被试在比赛情境下的动作稳定性的指标。

【实验结果】

1. 分别将每个被试通过九洞仪的最小洞号转换为手动作稳定性的指标,并比较其个体差异。

2. 比较正常情况和比赛情境下,每个被试动作稳定程度的差异。

【讨论】

如果要检验练习是否能增强手动作稳定性,应如何进行实验?

方法二

【实验仪器与材料】

BD-Ⅱ-304A 动作稳定器。

【实验程序】

1. 将直流 6 伏电源插头插入仪器电源插座中,并将电源变换器接入市电 220 伏插座上。

2. 将测试针的插头,插入仪器盒的右侧插座中。将测试针插入前面板之洞或槽中,并与中隔板接触,前面板上部中间的发光管将亮;将测试针与洞或槽的边缘接触,盒内蜂鸣器将发出声响。

3. 九洞测试：令被试手握测试针，悬肘、悬腕，将金属针垂直插入最大直径的同内直至中隔板，灯亮后再将棒拔出。然后按大小顺序重复以上动作。插入和拔出金属针时，均不允许接触洞的边缘，一经接触蜂鸣器即发出声音，表示实验失败，只有在插入和拔出时皆未碰边才算通过。九洞测验以通过最小洞的直径之倒数作为被试手臂稳定性的指标。

4. 曲线或楔形槽测试：将金属针插入楔形槽左侧最大宽度处或曲线槽中央最大宽度处（必须插到与中隔板接触）。然后悬臂、悬腕，垂直地将针沿槽向宽度减小的方向平移，至最小宽度处为止，移动时不与中隔板接触。此过程中均不允许针接触槽的边缘，如有接触发生，则蜂鸣器会发出声音。以不碰边时的最小宽度值之倒数为被试手臂稳定性指标。

5. 定量测试：

（1）将连线插头插入仪器盒左侧插座（右侧是测试针插座）中，另一头二线连接计时计数器，其中黑（或白）线与计时计数器后面板的接线柱"地"相连，绿（或红，或黄）线与接线柱"计数"相连，打开计时计数器。

（2）九洞、曲线或楔形槽测试同上。每次实验开始时，按计时计数器"开始"键，开始计时。如金属针与洞、曲线或楔的边缘接触一次，则计时计数器计数一次。

（3）实验可以记录下被试移动整个曲线或楔的时间及接触边缘次数，也可以记录被试在某一洞或曲线、楔某一位置稳定停留的时间，或某确定时间内接触边缘次数。

（4）稳定性指标可用（碰边次数×时间）之倒数表示，碰边次数越多、时间越长，则稳定性越差。

【结果与讨论】

比较正常情况和比赛情境下，被试动作稳定程度的差异。

三、表情认知实验

【实验目的】

通过实验了解面部表情认知的基本特征。

【实验仪器与材料】

1. JGW-B型心理实验台速示器单元，记录用纸（2种，一种为白纸，另一种为事先印制好编号与描述各种表情的词语的记录纸）。

2. 面部表情卡片 6 张包括：高兴、惊讶、恐惧、愤怒、厌恶、轻蔑 6 种。

3. 注视点卡片 1 张。

【实验程序】

1. 接上电源,速示器电源选择"ON",灯亮表示接通。用明度测试卡调节A、B视场的明度达到基本一致;在"工作方式选择"栏,将A选"定时",B选"背景",选"A—B"顺序方式;在"时间选择"栏,将A定为"5000";被试坐在桌前,面部贴紧速示器观察窗,两眼注视屏幕中心;将注视点卡片输入B视场,表情卡片按顺序依次输入A视场。

2. 将全体被试分为相等两组。A组被试发给印好的记录纸。该记录纸横行为编号,纵列为各种表情词。指导语:"请你一张一张地看一些与记录纸上情绪词一致的表情图片,你判断是哪种表情,就在相应序号列中与之相匹配的情绪词格内打'√'。"B组被试发给一张白纸,指导语为:"请你一张一张地看一些表情图片,要求你用形容词描述是何种表情,并按呈现顺序写在白纸上。"两组被试呈现卡片顺序相同,并且不允许两组之间互通信息。

3. 对每个被试测试完毕,询问他们是用什么辅助方法来辨认面部表情的? 在下列选项中选一种:① 模仿面部表情并体验;② 想象适合面部表情的情绪;③ 联想过去的经验;④ 其他程序或线索。

【实验结果】

分别统计两组对各种面部表情正确判断的百分数,并对两组判断的平均正确率进行显著性检验。

【讨论】

表情认知的线索。

练习与思考

1. 思考情绪对人的哪些生理反应有影响?
2. 思考测谎仪的原理。
3. 思考如何通过实验测定练习对手动作稳定性的影响?
4. 练习数字皮阻计、九洞仪、BD-Ⅱ-304A动作稳定器的操作方法。
5. 练习皮肤电阻值、手动作稳定性的测量方法。

第九部分 动作技能实验

教学目标

1. 了解BD-Ⅱ-406型学习迁移测试仪、BD-Ⅱ-302型双手调节器、BD-Ⅱ-311型脚踏频率测试仪、BD-Ⅱ-601型手指灵活性测试仪的结构与性能;
2. 了解JGW-B型心理实验台迷津实验单元、镜画仪单元的结构与性能;
3. 识记学习迁移、练习曲线等概念;
4. 掌握BD-Ⅱ-406型学习迁移测试仪、BD-Ⅱ-302型双手调节器、BD-Ⅱ-311型脚踏频率测试仪、BD-Ⅱ-601型手指灵活性测试仪的操作方法;
5. 掌握JGW-B型心理实验台迷津实验单元、镜画仪单元的操作方法;
6. 掌握个人练习曲线、Vincent集体练习曲线的绘制方法。

一、迷津学习实验

【实验目的】
学习使用触棒迷津,探讨动作技能形成的进程。

【实验仪器与材料】
JGW-B型心理实验台迷津实验单元,计时计数器单元,打印单元。

【实验程序】
1. 将迷津单元插入实验台中部操作箱下方凹槽。插入时迷津定位标志孔放在左侧。将迷津沿凹槽推进,使标志孔全部进入槽内。将触棒导连线插头插入操作箱左侧下方"探笔"插孔内。接通系统电源,按下计时计数器单元的计时计数键。

2. 事先不让被试看见迷津。被试坐在被试侧,优势手臂伸入套袖式测试口。主试将触棒交给被试,令其握好,并将棒引至槽内起始点。给被试指导语:"当我发出开始口令后,请你操纵触棒沿槽前进,触棒进入盲巷,将发出一个声音,并计一次错误。你要改变路线探索前进,直至终点,计为学习一遍。请你一遍一遍地学习,至连续3遍没有错误地到达结束点为止。注意:① 触棒不准离开迷津槽跳跃前进;② 悬肘操作,你的手及手臂不能触及迷津。"主试除非发现跨越一个象限的迂回,否则不予以提示。

3. 主试发出"开始"指令,同时按下操作箱内左侧下方"启动"键,计时计数器开始工作。

4. 每遍结束后,按下"打印"键,打印输出此次数据。

5. 打印完毕后,主试按计时计数器的"复位"键,复零后开始下一遍的学习。

【实验结果】

1. 列表整理每遍的练习结果。

2. 根据结果画出错误曲线和时间曲线。

【讨论】

1. 本实验所得练习曲线属于哪种形式?

2. 根据本实验的练习曲线,分析在排除视觉的条件下动作技能形成的进程及趋势。

二、镜画实验

【实验目的】

通过镜画练习使学生了解动作技巧形成的过程。

【实验仪器与材料】

JGW－B型心理实验台镜画仪单元,计时计数器单元。

【实验程序】

1. 将六角星形板插入操作箱下方凹槽,插入时定位标志应在左侧。

2. 将操作箱内的上悬玻璃镜放下,将探笔线插头插入箱内左下侧"探笔"插口内。

3. 将电源线插入实验台右侧的插座内,接通电源。开启计时计数器的电源开关,计时屏幕显示为"0.000"秒,正确次数和错误次数均为"0",工作方式选择为"计时计数"。

4. 将操作箱右侧光点闪烁仪单元电源开关和照明开关打开,操作箱内照明日光灯亮。

5. 被试坐在实验台被试侧将优势手臂伸入套袖式测试口内,手握探笔,并将笔放在图形右侧(相对于被试)的起始点上。

6. 给被试指导语:

"我发出'开始'口令后,请你用探笔从起始点沿图形中间槽向前移动,要求不得触及槽两边金属部分,当探笔触到槽边时计数器计错误一次,并发出警告声。你要改正路线继续做下去(注意实验中途不得使探笔离开板面),直至终点,此时视为练习一遍。"

主试发"开始"口令,同时按下操作箱左下侧"启动"按钮,仪器开始计时和计错误次数。被试每画完一遍,主试记下该遍所用的时间和错误次数,然后按计时计数器"复位"键,准备下一遍的练习。

7. 经多遍练习,直到连续 3 遍不出现错误为止,即认为优势手动作技巧已形成。

8. 优势手技巧形成后,用非优势手重复上面的实验。

【实验结果】

1. 计算出个人优势手和非优势手的练习总用时、练习总错误次数及每遍平均用时。

2. 以练习遍数为横坐标,错误数为纵坐标画出个人练习曲线。

【讨论】

1. 分析个人练习曲线。

2. 比较优势手和非优势手的差异并分析原因。

三、集体学习曲线制作实验

【实验目的】

学习使用镜画仪;学习绘制 Vincent 集体练习曲线。

【实验仪器与材料】

JGW-B 型心理实验台镜画仪单元,计时计数器单元,打印单元。

【实验程序】

1. 将电源插头插入主试侧右方插座内,将光点闪烁仪面板上的电源开关打开。拨动计时计数器电源开关,接通电源。计时计数器显示为零。工作方式选择为"计时计数"。

2. 将镜画单元板(六角星形)插入实验台中部操作箱下方凹槽,插入时定位标志孔放在左侧,沿凹槽推进,使标志孔全部进入槽内。

3. 放下操作箱内悬镜,将探笔(触棒)导连线插头插入箱内左侧下方"探笔"插孔内。

4. 将光点闪烁仪面板上的"照明"开关拨至"开",操作箱内照明灯亮。

5. 被试坐在被试位置,将优势手臂伸入套袖式测试口,主试将探笔交给被试,令其握好,并将探笔头放在图形右侧的启动点。

6. 给被试指导语:"我发出'开始'口令后,请你用探笔从起始点依顺时针方向沿图形中间槽向前移动,要求不得触及槽两边金属部分,当探笔触到槽边时计数器计错误一次,并发出警告声。你要改正路线继续做下去(注意实验中途不得使探笔离开板面),直至终点,此时视为练习一遍。"

7. 主试发"开始"口令,同时按下操作箱左下侧"启动"按钮,仪器开始计时和计错误次数。被试每画完一遍,主试记下该遍所用的时间和错误次数,然后按计时计数器"复位"键,准备下一遍的练习。

8. 重复6的操作,经过多次学习,直到连续3遍不出现错误为止,即认为镜画动作技能已经形成。

9. 更换其他被试重复上面的实验。

【实验结果】

1. 计算出每个人的学习总用时、练习总错误次数及每遍平均用时和每遍学习错误次数。

2. 画出 Vincent 集体学习曲线。

【讨论】

1. Vincent 集体学习曲线和梅尔顿集体学习曲线的区别。

2. 分析集体学习曲线与个人学习曲线的意义。

四、学习迁移实验

【实验目的】

学习使用学习迁移测试仪,研究学习迁移现象。

【实验仪器与材料】

BD-Ⅱ-406型学习迁移测试仪。

【实验程序】

1. 主试操作

(1) 将键盘插头与被试面板上的插座连接好,接通220伏电源,电源指示灯亮。

(2) 功能选择:主试面板上有六个功能指示灯:图形、汉字、码Ⅰ、码Ⅱ、计时、计分。加电后,仪器自动把图形灯、码Ⅰ灯、计时灯点亮,表示学习材料用图形,编码选码Ⅰ,四位数码管显示计时。如主试认为不合适,只要按动如下按键,便可方便地修改操作内容。按"学习材料"键,图形或汉字选择;按"编码"键,码Ⅰ或码Ⅱ选择;按"显示"键,计时或计分选择。

2. 被试操作

(1) 按一下键盘盒上的"回车键(＊)",回答灯亮。被试按照液晶显示板上的图形或汉字,对照面板上的编码表(注意选择编码Ⅰ还是Ⅱ),按键盘上相应字母或数字键,从左到右循序回答。如回答正确,回答灯灭,计 1 分,再按下回车键,仪器自动提取下一组图形或汉字,并回答。

(2) 如回答错,响一下蜂鸣,被试面板上的答错灯亮,记错累计一次,并将原来的分数清为零,而时间累计。按一下回车键,仪器又提取下一个测试单元的第一组图形或汉字,并回答。

(3) 当正确回答一个测试单元计满分 10 分,仪器自动长蜂鸣,表示被试学会了此套编码。液晶板上将显示被试的测试结果。

3. 主试其他操作

(1) 按一下蜂鸣键,停止蜂鸣声响。

(2) 实验结果可以按动"计时/计分"开关,分别显示被试测试时间和错误次数。或直接记录液晶板上显示的测试结果。

(3) 可再选择测试内容或更换一下被试,重新开始进行测试。

(4) 继续测试时,不必按复位键。按下回车键,计分、计错、计时又将从零开始。

【实验结果与讨论】

1. 记录学习迁移的测试结果。
2. 讨论学习迁移的个别差异。

五、动作的协调与稳定性实验

【实验目的】

学习测定动作协调与稳定性的方法,并了解这两个因素在技能形成过程中的作用。

【实验仪器与材料】

BD-Ⅱ-302 型双手调节器;九洞仪。

【实验程序】

本实验分两部分,即双手调节器进行的动作协调性实验和九洞仪进行的动作稳定性实验。

1. 双手调节器实验程序

(1) 选择一块图案板,固定于上层面板。

(2) 将描针放在要求描绘图案的一端。

(3) 要求被试从图案的一端描绘到另一端,不得接触图案的边缘。如被试用以描绘的针碰到边缘,指示灯就亮了,或者由计数器记一次错误次数。

(4) 被试的描绘由描针完成。针的左右或前后移动都分别由两个摇把控制,由此正确描绘的速度和操纵两个摇把的双手动作协调性有关。

(5) 如果要记下描绘整个图案所需要的全部时间,可以采用计时器。

(6) 描绘整个图案所需要的时间越短和所犯的错误越少,则说明两个手动作协调得越好。

(7) 如果选用定时计时计数器,如装有电池必须取出。

(8) 整个实验一共进行 10 次练习。

2. 九洞仪实验程序

(1) 九洞仪上九孔的直径分别为 2.5、2.7、3.1、3.5、4.2、5.3、6.7、9.0 和 12.0 毫米。

(2) 要求被试仔细地用笔杆触入不同大小的九个洞孔中,如果不小心碰到了洞的边缘,仪器就会发出响声,算作一次失误。同样要进行 10 次练习。

【实验结果】

1. 统计动作协调性练习中,被试随着练习次数的增加,完成任务所需时间及错误反应数的变化情况,填入表中。

2. 统计动作稳定性练习中,被试随着练习次数的增加,完成任务所需时间及错误反应数的变化情况,填入表 3-9-1 中。

表 3-9-1 被试的完成时间及错误反应次数

练习次数	1	2	3	4	5	6	7	8	9	10
完成时间										
错误反应										

3. 以练习次数为横坐标,完成任务时间或错误反应数为纵坐标,画出练习曲线图。

4. 描述被试在上述二次练习中的主诉、行为表现及情绪反应。

5. 将双手协调与动作稳定性练习两项实验结果进行相关分析,求出相关系数。

【讨论】

1. 根据实验结果分析动作协调性和稳定性的心理结构及影响因素。

2. 动作协调性与动作稳定性之间的关系。

六、脚踏动作测定实验

【实验目的】

学习脚踏频率测试仪的使用方法。

【实验仪器与材料】

BD-Ⅱ-311型脚踏频率测试仪。

【实验程序】

1. 阅读BD-Ⅱ-308A型定时计时计数器的使用说明书,熟悉其使用方法。

2. 连接线的接线片接于一个或两个脚踏板的接线柱上,另一段直接插入定时计时计数器的"计数"、"地"端。

3. 让被试坐在椅子上,脚踏板放在双脚下,测试开始要求被试尽快地双脚起抬下落。

4. 主试设定"定时时间",按"启动"键测试开始,仪器将记录被试脚踏的次数。通常测定脚踏频率时,定时时间设定为10～20秒。

5. 测定坚持性实验时,要求被试连续尽快地脚踏一定时间(如2分钟),记录下每一个时间段(如15秒)的次数,从中可以了解到各段的次数的波动和疲劳现象(速度下降)。

6. 定时计时计数器有一个专为实验设计的特定3分钟定时。

(1) 主试将定时器定时方式调到"99分59秒"。

(2) 主试按"启动"键,令被试开始连续脚踏1分钟;听到声响后暂停,休息片刻后;到了1分58秒,给出预备信号,被试准备;到2分钟发出开始声响,被试继续脚踏;到3分钟蜂鸣器发出声音,计数停止。

(3) 如选配有微型打印机,主试按"打印"键,打印出2分钟总计数及四段实验数据,即前1分钟的前后30秒与后30秒计数。从中可分析出被试脚踏的稳定性及休息后疲劳消失的速度。

测试时被试脚必须抬起一定幅度,否则将不以计数。

【实验结果与讨论】

1. 记录被试的脚踏频率。

2. 讨论不同被试脚踏频率的个别差异。

七、手指灵活性测定实验

【实验目的】

学习手指灵活性测试仪的使用方法。

【实验仪器与材料】

BD-Ⅱ-601型手指灵活性测试仪。

【实验程序】

1. 金属插棒放入左侧槽中；优势手拿起右侧槽中的镊子；

2. 被试用镊子将左侧槽中的金属棒插入实验板的圆孔中。先插开始位，从上至下，再从下至上，……依次逐个插入，最后插终止位，记时会自动开始与结束，记录下插入100个棒所需要的时间；

3. 每次重新开始需要按"复位"键清零。

【实验结果与讨论】

1. 记录被试手指灵活性的测试结果。

2. 讨论不同被试手指灵活性的个别差异。

练习与思考

1. 思考 Vincent 集体学习曲线与梅尔顿集体学习曲线的区别。
2. 思考集体学习曲线与个人学习曲线的意义。
3. 思考动作协调性与动作稳定性的关系。
4. 练习 BD-Ⅱ-406 型学习迁移测试仪、BD-Ⅱ-302 型双手调节器、BD-Ⅱ-311 型脚踏频率测试仪、BD-Ⅱ-601 型手指灵活性测试仪的操作方法。
5. 练习 JGW-B 型心理实验台迷津实验单元、镜画仪单元的操作方法。
6. 练习个人学习曲线、Vincent 集体学习曲线的绘制方法。

第十部分　认知心理学实验

> **教学目标**
> 1. 了解 BD-Ⅱ-503 型棒框仪、BD-Ⅱ-202 型条件反射器的结构与性能；
> 2. 了解库珀和谢帕德的心理旋转实验、Navon 的总体优先效应、Reicher 的字词优势效应；
> 3. 了解认知方式的种类；
> 4. 辨别沉思型与冲动型、场依存性与场独立性；
> 5. 掌握 BD-Ⅱ-503 型棒框仪、BD-Ⅱ-202 型条件反射器的操作方法；
> 6. 掌握条件反射、认知方式的测定方法；
> 7. 掌握 PsyKey 心理教学系统中认知心理学实验部分的操作程序。

一、认知方式测定实验

方法一

【实验目的】
通过计算机模拟心理实验测定儿童的认知方式——沉思型与冲动型。

【实验仪器与材料】
PsyKey 心理教学系统。

【实验程序】

1. 通过计算机呈现一些正方形和三角形图案，图案当中有不同颜色的小圆圈表示不同颜色的珠子，让被试根据图案呈现的状况来对屏幕上的提问按相应键作回答。题目分为非正式与正式两类。非正式有 4 题。若回答正确两道以上才记分；正式题有 6 道。

2. 实验分为预试、启发和再测三个阶段。每阶段 10 个题随机呈现，在预试阶段，对被试的回答不反馈；在启发阶段，珠子颜色变了，屏幕对儿童每一个问题的回答进行反馈，进行反馈时不记分，然后，再将问题随机呈现，此时记分。在测试阶段，仍随机呈现这 10 个题，只是珠子的颜色又发生了变化。此时也记分。

【实验结果与讨论】

1. 结果中第一列是非正式题目在三个阶段分别的得分数;第二列是正式题目在三个阶段分别的得分数。

2. 若再测与启发得分相近,即启发得分－再测得分≤1分,被试的认知方式为沉思型;若再测与启发得分相差较大,即启发得分－再测得分≥2分,被试的认知方式为冲动型;若启发得分－预试得分≤1分,被试的认知方式为混合型。

方法二

【实验目的】

运用棒框仪测定认知方式——场依存性与场独立性,认识周围环境对人认知的影响。

【实验仪器与材料】

BD-Ⅱ-503型棒框仪。

【实验程序】

1. 将平台调到水平位置。

2. 根据实验要求,将棒和框放在一定的倾斜度上。

3. 要求被试通过观察筒进行观察,并根据自己感觉将棒调整得与地面垂直。

4. 记下从刻度上读出的棒的倾斜度。

5. 由被试调整出的棒的倾斜度和棒的垂直位置之差就是倾斜的框对棒的影响。

【实验结果】

记录从刻度上读出的棒的倾斜度。

【讨论】

分析被试的认知方式。

二、串行-并行加工实验

【实验目的】

检验在辨别复杂刺激时信息加工是串行方式还是并行方式。

【实验仪器与材料】

1. JGW-B型心理实验台速示器单元,计时计数器单元,手键一个。

2. 卡片两套,第一套为白背景上有左右两个相同图形的卡片,图形为正三角形、正方形和圆形3种,每种图形分别有红、绿、蓝3种颜色,共有9种不同的色形组合,每种5张,共45张。正方形边长=正三角形的高=圆的直径=2厘米,两图形之间的水平距离2厘米。第二套为白背景上有两个特征不同的图形卡片,其中形不同色同的、色不同形同的和色形均不同的各15张,共45张。图形的大小和两图形间的距离与第一套卡片相同,注视点卡片一张。

【实验程序】

1. 将两套卡片混合,按随机原则排成顺序并列表,其中前45张为第一组,后45张为第二组,表3-10-1中列出每次应做的正确反应。

表3-10-1 串行-并行加工实验记录表

实验顺序(卡片号)	1	2	3	……	90
应作出的正确反应					
被试的反应					
反应时					

2. 接上电源;将导连线的一端接速示器的"反应时检出",另一端接计时计数器的"反应时输入";反应时手键接在计时计数器的被试侧"手键"插口上。

3. 速示器电源选择"ON",灯亮表示接通电源。用明度测试卡调节A、B视场的明度达到基本一致;在"工作方式选择"栏,将A选"定时",B选"背景",选"A—B"顺序方式;在"时间选择"栏,将A定为"500"。

4. 打开计时计数器电源,电源灯亮,计时屏幕显示"0.000","正确次数"和"错误次数"均显示"0",表示电源接通。"工作方式选择"为"反应时"。

5. 将注视点卡片输入B视场。被试坐在桌前,面部贴紧速示器观察窗,两眼注视屏幕中心注视点,左、右两手食指分别放在红、黄反应键上。

6. 给被试指导语:

"我发出'预备'口令后实验开始,你判断屏幕上两个图形是否相同,你认为相同就用左手食指按键,并报告'同',若认为'不同'就用右手食指按键,并报告'不同'。两个图形必须在大小、形状和颜色上完全一样才能算相同。"

7. 主试将第一组卡片按表的顺序依次输入A视场。主试每输入一张卡片,发出"预备"口令1～2秒后按速示器的"触发"键,计时计数器自动记录被试每次的反应时间和反应结果。第一组卡片呈现完毕后,按计时计数器的"打印"键,打印本组实验结果。

8. 休息5分钟后按以上程序重复第二组卡片的实验。

【实验结果】
1. 计算被试正确判断"相同"和"不同"的平均反应时。
2. 比较刺激复杂程度不同时的平均反应时。

【讨论】
1. 被试在复杂刺激时采用的是串行还是并行加工？并说明理由。
2. 复杂刺激的辨别反应时还受哪些因素影响？

三、空间认知发展实验

【实验目的】
通过计算机模拟心理实验研究儿童判别面积大小的能力随年龄发展的规律，以及不同条件下项目数量、形状、位置、排列方式等变量对儿童判别面积的影响作用。

【实验仪器与材料】
PsyKey 心理教学系统。

【实验程序】
1. 屏幕上呈现两个一样的绿色长方形，其中各有一个红色的圆，大小也一样。
2. 同时呈现指导语："小朋友，这里左边有一个长方形的院子，绿色是草地，红色的是花园，开满鲜花。右边院子和左边院子一样大，也长着青草，花园里不能玩，可以在没花的草地上玩。请你看看两边院子里草地是不是一样大。如果是，请按绿色键；不是，请按红色键。然后说说你是怎么知道的。明白这段话的意思后，点击'确定'按钮开始。"对于年龄小的被试，指导语可以由主试朗读给被试听。
3. 开始实验后，屏幕每次呈现两个一样的绿色长方形，其中各有一红色的圆，但左边是整体圆，右边是分割圆。在图的下方呈现指导语："小朋友，请你按一号键盒的键。如果两边的草地是一样大，按绿键；如果不一样大，按红键。然后说说理由。"
4. 被试按键反应，并说明理由。
5. 主试根据被试的判别理由评定被试的判别类型：直觉型、推理型、过渡型，用鼠标点击确认。
6. 接着做下一题，本实验共 25 题。

【实验结果与讨论】
1. 结果表格显示的是被试所采用的各种推理类型在整体圆与分割圆

的判断中所占的比例,最后一行为被试在整体圆与分割圆的判断中的正确率。

2. 分析与讨论被试的判别类型:
(1) 直觉判断:仅回答"看出来的"或"觉得好像是一样大"或"不一样大"。
(2) 过渡状态:部分问题讲出正确理由,部分问题仍使用直觉。
(3) 推理判断:能够正确回答:"不同位置的整圆与标准圆只是位置不同"或"分离圆合起来与标准整圆一样大。"

3. 比较不同年龄被试空间认知发展水平的差异。

四、辨别学习的策略实验

【实验目的】
通过计算机模拟心理实验研究儿童在概念形成过程中的特点。

【实验仪器与材料】
PsyKey 心理教学系统。

【实验程序】
1. 本实验分为三部分:辨别学习、转换学习、测验。实验时让被试按键反应,学会找到被规定为正确的图形的某种规则。连续做对 8 次才算学会。
2. 辨别学习阶段:有两组图形:红三角—绿圆;红圆—绿三角。每组图形左右可互换。这样一共四种方式随机呈现。被试只要选择圆,无论红还是绿都认为是正确的。此阶段屏幕给出反馈。
3. 转换学习阶段:此时图形是红圆—绿三角,左右位置随机,要求被试选择绿三角才是正确的。此阶段屏幕给出反馈。
4. 测验阶段:此时图形是绿圆—红三角,左右位置随机,共呈现 10 次。每次记录被试的选择,根据其结果看被试辨别学习的策略。若选红三角次数≥8 次,为逆转换策略;若选绿圆的次数≥8 次,为额外因素转换;若无上述倾向,为中间类型。

【实验结果与讨论】
1. 如果被试是同一维度内进行转换(如圆形→三角形),这样的策略属于逆转换;如果被试是在不同的维度上进行概念的转换(如圆形→红色),这叫额外因素转换策略。
2. 根据实验结果,分析被试辨别学习的策略。
3. 随年龄增长,儿童辨别学习的策略有何变化?

五、空白试验法实验

【实验目的】
应用空白试验法研究概念形成的过程。

【实验仪器与材料】
PsyKey 心理教学系统。

【实验程序】
1. 实验时屏幕的两侧会同时出现一个数字和一条横线。数字内容可能是 5 或 2，形状可大可小，颜色可能是红色或绿色，横线可在数字上方或在数字下方，共有八种不同组合方式。
2. 这八种条件中，有一种是计算机预先设定的标准，要求被试把它找出来。例如，被试可以猜测标准为红色，则每次当红色数字出现在屏幕左边或右边时，被试应按下相应的左键或右键。
3. 一组实验进行 16 次，其中第 1、6、11、16 次，被试可以根据屏幕给出的反馈确定或修改标准，这样直到某一组 16 次全部做对为止或超过 8 组。

【实验结果】
1. 结果数据为被试达到标准所尝试的组数。
2. 详细反应中包含正确的概念，以及被试在每组中的具体反应，分五列呈现：第一列为序号（即组内的顺序）；第二列为左侧刺激的具体内容；第三列为被试的选择；第四列为被试选择的正误；第五列为本次选择的时间，单位为毫秒。
3. 根据结果说明被试概念形成的过程。

【讨论】
根据实验结果说明你的概念形成过程符合哪种概念形成理论？

六、视知觉的整体加工和局部加工实验

【实验目的】
重复 Navon 在 1977 年的实验，Navon 的视觉字母识别作业的实验设计，了解视知觉的整体加工和局部加工观点，验证 Navon 的总体优先效应。

【实验仪器与材料】
PsyKey 心理教学系统。

【实验程序】
1. 本实验的刺激材料外高 35 毫米，有效内容的高度为 29 毫米，共 8 种，

按照总体和局部特征是否一致,可分为三类:

(1) 一致:2种,由H组成的H,由S组成的S;

(2) 无关:4种,由方框组成的H,由方框组成的S,由H组成的方框,由S组成的方框;

(3) 冲突:2种,由H组成的S,由S组成的H。

2. 实验任务有2种:识别大字母是H还是S(此任务的刺激材料6种,分别是由H、S方框组成的H和S),识别小字母是H还是S(此任务的刺激6种,分别是由H、S组成的H、S和方框)。

3. 任务安排按照ABBAABBA方式。在每个任务单元中,6种刺激每种呈现4次,共24个试次,顺序随机。

4. 在每个试次中,屏幕上先出现红色注视点,持续1秒,同时伴随蜂鸣声,提醒被试准备。1秒后注视点消失,呈现刺激,时间为80毫秒,然后呈现掩蔽刺激。要求被试按相应的键作出反应,记录反应时和准确性。

【实验结果与讨论】

1. 分别统计在识别大字母和识别小字母任务中,总体和局部特征的关系为一致、无关、冲突条件下的正确率和反应时。系统还提供上述情况下反应时的折线图。

2. 根据结果数据,做如下讨论:

(1) 比较识别大字母和小字母的正确率和反应时,判断是否存在Navon实验得出的总体优先效应,即知觉是从整体到部分的;

(2) 在同一识别任务中,一致、无关、冲突条件的反应时是否存在差异,试分析其原因;

(3) 本实验结果支持视知觉的整体加工还是局部加工?试分析总体优先效应的原因。

七、字词优势效应实验

【实验目的】

重复Reicher在1969年的实验,略有简化。通过本实验,学习Reicher的实验设计,验证字词优势效应。

【实验仪器与材料】

PsyKey心理教学系统。

【实验程序】

1. 实验有32组字母材料。每一组包含三类:

（1）字词类：一个由4个字母组成的英文单词。单词内无重复字母，且单词中有一个靶子字母，改变该字母，就会成为另一个单词。如 word，改 d 为 k，成为 work，而 d 就是靶子字母。

（2）非字词类：将字词类的单词，改变除靶子字母以外的其他字母的位置，使其成为无意义的字母串，如 owrd。

（3）字母类：只有靶子字母。

2. 实验中每次随机呈现以上96个刺激材料中的1个。在每个试次中，屏幕上先出现注视点，持续1秒，同时伴随蜂鸣声，提醒被试准备。1秒后注视点消失，呈现刺激，时间为60毫秒，然后呈现掩蔽刺激和选项。选项是2个字母，分别出现在被掩蔽的靶子字母的正上方和正下方。要求被试判断刚才出现在该位置的靶子字母是哪一个，按相应的键作出反应，记录被试的反应时和准确性。

【实验结果与讨论】

1. 统计字词、非字词、字母三类材料中对靶子字母识别的正确率和反应时。系统还提供三类材料的正确率的柱状图。

2. 根据实验数据做如下讨论：

（1）通过靶子字母的识别正确率，判断是否出现字词优势效应，即识别一个字词中的字母的正确率要高于识别一个单独的同一字母的现象。

（2）字词优势效应与反应时的实验结果是否有联系？

（3）单词的熟悉程度、靶子字母的出现频率是否影响字词优势效应的大小？

八、条件反射形成实验

【实验目的】

本实验的目的是学会测量条件反射的方法，通过不同方式的刺激效果，来说明被试是受条件反射作用而产生的反应。

【实验仪器与材料】

BD-Ⅱ-202型条件反射器。

【实验程序】

1. 将直流6伏电源插头插入仪器电源插座中，再将电源变换器接入市电220伏插座上。

2. 主试分别按动仪器背面凹槽内的微动开关，给被试以声、红光、绿光、电四种不同的刺激。

3. 被试同一手的两个手指按着两个电极,电刺激时被试有被电击的反应。

4. 实验时,可根据预先的安排,确定电刺激时同时给出另外一个刺激,如声刺激。让被试手按电极,主试给以电刺激与声刺激,被试将有被电击的反应。当主试仅给声刺激而未给电刺激时,被试如有被电击刺激的反应,说明被试是受条件反射作用而产生了反应。

5. 如果被试手指潮湿,电击现象更为明显。

【实验结果】

记录并讨论被试随着练习次数的增加,完成任务所需时间及错误反应数的变化情况。

九、心理旋转实验

【实验目的】

验证库珀和谢帕德的实验。

方法一

【实验仪器与材料】

1. JGW-B 型实验台速示器单元,计时计数器单元。手键一个。

2. 测试卡片 12 张,每张上面有正向或反向的"R"一个。两种字母的倾斜角度有 6 种:0°、60°、120°、180°、240°、300°。

3. 注视点卡片一张。

【实验程序】

1. 卡片随机排好顺序并列表 3-10-2,将顺序号写在卡片的背面,将应作出的正确反应填入表中相应位置。

表 3-10-2 心理旋转实验记录表

实验顺序(卡片号)	1	2	3	……	12
应作出的正确反应					
被试的反应					
反应时					

2. 接上电源;将导连线的一端接速示器的"反应时检出",另一端接计时计数器的"反应时输入";反应时手键接在计时计数器的被试侧"手键"插口上。

3. 速示器电源选择"ON",灯亮表示接通。明度测试卡调节 A、B 视场的明度达到基本一致;在"工作方式选择"栏,将 A 选"定时",B 选"背景",选"A—B"顺序工作方式;在"时间选择"栏,将 A 定为"0200"。

4. 打开计时计数器电源,电源灯亮,计时屏幕显示"0.000","正确次数"和"错误次数"均显示"0",表示电源接通。"工作方式选择"为"反应时"。

5. 将注视点卡片输入 B 视场。被试坐在桌前,面部贴紧速示器观察窗,两眼注视屏幕中心的注视点,左、右两手食指分别放在手键的红、黄按钮上。

6. 给被试指导语:"我宣布'预备'口令后实验开始,请你判断屏幕上的字母是正向的'R'还是镜像的'R'。如果你认为是正向'R'就用左手食指按红键,同时报告'正';如果你认为是镜像的'R'就用右手食指按黄键,同时报告'反'。要求判断和按键准确而且迅速。"

7. 将实验卡片按顺序依次输入 A 视场。主试每输入一张卡片,发出"预备"口令 1~2 秒后按下速示器单元的"触发"键,计时计数器自动记录被试每次的反应时间和反应结果。

8. 实验结束后,询问被试在判断时是否在进行心理旋转。

9. 按计时计数器的"打印"键,打印实验结果。

【实验结果】

计算不同角度条件的平均反应时间,并以平均反应时间为纵坐标,以对应的角度为横坐标,画曲线图。

【讨论】

1. 被试是否真正在连续地进行心理旋转?
2. 对文字辨认的反应时还受哪些因素的影响?

方法二

【实验仪器与材料】

PsyKey 心理教学系统。

【实验程序】

1. 呈现指导语:

"在屏幕中央会呈现一幅一幅的图片,每一幅图都是一个不同倾斜角度的'R',有正也有反,你的任务是辨别出它是'R',还是'Я'。如果是正的,请按绿键;如果是反的,请按红键。这样一共要做很多次。要求又快又准。明白这段话的意思后,点击'确定'按钮开始。"

2. 用字母 R 来重复 Cooper 的表象旋转实验。有不同方位的正和反的 R 字母共 12 种,随机呈现给被试,每种呈现 6 次,共 72 次实验。

3. 每次呈现字母,要求被试在尽量正确的前提下,尽快按键反应:红键为正,绿键为反。

4. 本实验可以多人同时进行。

【实验结果与讨论】

1. 将被试的结果按在不同的 R 条件下的表现列成表格,表明了被试的反应时和正确反应次数。

2. 结果图中是以旋转角度为横坐标,反应时为纵坐标的折线图来展示不同的 R 字母的反应时情况。

3. 详细结果的第一列是 R 的倾斜角度,共 6 种;第二列是 R 的正反;第三列是被试的判断;第四列是反应时(毫秒)。

练习与思考

1. 思考研究认知方式差异的现实意义。
2. 思考场独立与场依存两种认知风格的区别。
3. 思考可以通过哪些方法研究认知方式差异?
4. 思考字词优势效应与反应时的实验结果是否有联系。
5. 练习 BD-Ⅱ-503 型棒框仪、BD-Ⅱ-202 型条件反射器的操作方法。
6. 练习条件反射、认知方式的测量方法。

第十一部分　心理学演示实验

教学目标

1. 了解影响知觉整体性、选择性、理解性、恒常性的因素;
2. 识记表象、想象、马赫带现象、感觉对比等概念;
3. 理解知觉的基本特征;
4. 掌握 PsyKey 心理教学系统中心理学演示实验部分的操作程序。

一、错觉图形演示实验

【实验目的】

认识错觉现象及其产生的原因。

【实验仪器与材料】

PsyKey 心理教学系统。

【实验程序】

1. 演示实验开始后,屏幕上呈现一页阅读书签:左边为目录,右边为介绍。

2. 通过左边的目录选择需要演示的错觉类型:

(1) 错觉图形(手动调节):提供的错觉图形可以进行动态演示和手动调节。其中,通过对错觉图形的手动调节可以测查错觉量。

(2) 错觉图形(动态演示):提供的错觉图形可以进行动态演示,通过对错觉图形的相关线索的显示和隐藏来展示错觉产生的过程。

(3) 错觉图片:提供一组固定图片,不能进行动态演示和手动调节。

(4) 错觉在实际中的表现:一些错觉现象在生活中应用的图片。

3. 错觉图形(手动调节)共包含 5 种错觉:

(1) 艾宾浩斯错觉

(2) 德勃夫错觉

(3) 贾斯特若错觉

(4) 桑德错觉

(5) 缪勒—莱尔错觉

4. 错觉图形(动态演示)共包含 7 种错觉:

(1) 波根多夫错觉

(2) 松奈错觉

(3) 冯特错觉

(4) 黑林错觉

(5) 奥宾森错觉

(6) 厄任斯坦错觉

(7) 庞佐错觉

5. 错觉图片包含 3 种错觉:

(1) 拧绳错觉

(2) 赫曼栅格错觉

(3) 轮廓增强错觉

6. 错觉在实际生活中的表现共包含 3 种错觉:

(1) 展厅:缪勒—莱尔错觉

(2) 管工:波根多夫错觉

(3) 铁轨：庞佐错觉

【实验结果与讨论】

1. 错觉是一种什么现象？
2. 错觉产生的原因有哪些？
3. 研究错觉有何意义？

二、知觉特性演示实验

【实验目的】

认识知觉的整体性、选择性、理解性和恒常性等基本特征。

【实验仪器与材料】

PsyKey心理教学系统。

【实验程序】

1. 知觉的整体性：以图片形式演示知觉整体性的接近律、相似律、连续律和封闭性等组织原则，并展示一些不可能图形。其中不可能图形包含：

(1) 不可能三角形；(2) 不可能三角形模型；(3) 三叉；(4) 不可能楼梯；(5) 不可能图形邮票；(6) 轮；(7) 瀑布；(8) 上升和下降；(9) 凹和凸。

2. 知觉的选择性：通过多幅两可图形的图片来演示知觉的选择性和知觉定势。

其中两可图形包含：

(1) 尼克立方体；(2) 尼克立方体变式；(3) 蜂窝图；(4) 施罗德梯；(5) 人脸与花瓶；(6) 少女与老妇；(7) 真还是假；(8) 视错觉；(9) 白天和黑夜；(10) 拼图。

知觉定势包含：

(1) 天和水；(2) 头像和美女。

3. 知觉理解性：以静态图片、快速呈现的文字等形式演示知觉的理解性。具体包含：

(1) 斑点图：呈现由一些散乱排布的斑点构成的没有意义的斑点图，由于知觉的理解性，被试可以根据已有的知识经验寻找斑点之间的联系，形成完整的知觉对象，并作出合理解释。

(2) 两可对象的理解：呈现带有模糊性、两可性的知觉对象，被试会根据上下文和背景环境，对知觉对象作出符合情境的解释，使整体知觉合理而有意义。

(3) 文字知觉：快速呈现有所缺省而没有意义的句子，由于知觉的理解性，被试会忽略一些细节，作出不够准确的判断，倾向于把呈现的对象理解为有意义的句子。

4. 知觉的恒常性：以图片形式演示知觉的大小恒常性、形状恒常性、明度恒常性和颜色恒常性。

（1）大小恒常性包括：① 路上的猫；② 狗和灌木；③ 红色后像；④ 大小恒常性与错觉。

（2）形状恒常性包括：① 茶杯；② 形状恒常性与错觉。

（3）明度恒常性包括：① 雪地；② 明度恒常性与错觉。

（4）颜色恒常性包括：① 下午茶；② 颜色恒常性与错觉。

【实验结果与讨论】

1. 什么是知觉的整体性、选择性、理解性和恒常性？
2. 知觉的整体性、选择性、理解性、恒常性的影响因素有哪些？
3. 讨论个体已有的知识经验与知觉的关系。

三、深度知觉演示实验

【实验目的】

认识深度知觉的单眼线索和双眼线索。

【实验仪器与材料】

PsyKey 心理教学系统。

【实验程序】

1. 以图片形式演示单眼线索和双眼线索。
2. 逐一演示单眼线索：(1) 插入；(2) 空气透视；(3) 阴影；(4) 线条透视；(5) 结构级差；(6) 相对大小；(7) 熟悉大小；(8) 运动视差；(9) 调节。
3. 逐一演示双眼线索：(1) 辐合；(2) 双眼视差。
4. 提供一个操作演示项目，让被试体会多种深度线索的共同作用。

（1）呈现指导语：

"实际上，在生活中通常不存在只有一种深度线索的情况，各种深度线索是联合起作用的。而且，不仅是视觉，听觉、触觉、动觉之间也相互协调，形成一定的联系，确保人们获得有效的深度知觉。下面将展示一些照片和绘画，里面包含多种深度知觉线索，请你依次作出判断。明白这段话的意思后，点击'确定'按钮开始。"

（2）逐一呈现 6 幅图片，在图片的下方都给出 7 个单眼线索的选择按钮，要求被试选择图片中所包含的深度知觉线索，可以多选。

（3）被试选择后，系统会呈现参考答案。

【实验结果与讨论】
1. 影响深度知觉的因素有哪些？
2. 深度知觉在生活中有哪些应用？

四、观察力演示实验

【实验目的】
认识儿童是如何观察事物的，测查儿童观察力发展的水平。

【实验仪器与材料】
PsyKey 心理教学系统。

【实验程序】
1. 按难易程度呈现一系列图片，主要包括：
(1) 亮着的灯。(2) 完整三角形。(3) 隐藏：① 隐藏的婴儿；② 隐藏的拿破仑；③ 梦想；④ 乐手。(4) 拼图。(5) 找相同。(6) 兔。(7) 找不同。(8) 不合理之处。(9) 人脸：① 树与人脸；② 花与人脸；③ 森林与人脸。(10) 木条。

2. 在每幅图片下方都有一个问题，要求被试仔细地观察图片并回答问题。

3. 系统呈现正确答案，并进行解释。

【实验结果与讨论】
记录儿童的答案及理由，讨论儿童观察的特点及观察力发展的水平。

五、机械记忆与意义记忆演示实验

【实验目的】
通过对有内在联系材料的意义识记和对无内在联系材料的机械识记，来了解目标任务对识记效果的影响。

【实验仪器与材料】
PsyKey 心理教学系统。

【实验程序】
1. 实验材料有两种：汉字词对和实物图片对。
2. 汉字词对分为机械记忆和意义记忆两组，各有 30 对词对。
(1) 机械记忆组的呈现内容如："木盆"—"鱼"，词间没有意义联系。
(2) 意义记忆组的词对内容与机械记忆组相同，但呈现时伴有线索提示，使词对间有意义联系，如："木盆"养"鱼"，让被试识记的仍是"木盆"和"鱼"，但此时是意义记忆。

（3）演示时可以把被试随机分成两组，分别进行机械记忆组和意义记忆组实验。

（4）每个词对的呈现时间为4秒，被试对其进行识记；然后屏幕随机依次呈现30对词对中某一对的左边一个，要求被试回忆右边一个。

（5）记录并比较两组被试的实验结果。

3. 实物图片也分为机械记忆和意义记忆两组，各有9对词对。

（1）机械记忆组的图片对如：白云和电视，两个实物间没有意义联系。

（2）意义记忆组的图片对如：黑板和粉笔，两个实物间有意义联系。

（3）将被试随机分为两组，分别进行机械记忆组和意义记忆组实验。

（4）每对图片呈现3秒，被试对其进行识记；然后屏幕随机依次呈现某一对图片中的左图，要求被试回忆与它同时呈现的右图。

（5）记录并比较两组被试的实验结果。

【实验结果与讨论】

1. 分别计算两种实验材料下机械记忆组和意义记忆组回忆的正确率。
2. 比较机械记忆组与意义记忆组实验结果的差异。
3. 讨论目标任务对识记效果的影响，识记效果还受到哪些因素的影响？

六、表象和想象演示实验

【实验目的】

通过头脑中表象的形成以及对表象的操作，了解表象的特点和功能。

【实验仪器与材料】

PsyKey 心理教学系统。

【实验程序】

1. 实验包括4个部分：① 表象形成；② 表象操作；③ 有意想象；④ 无意想象。

2. 表象形成部分：首先要求被试在头脑中形成一个生活中常见事物的表象，如：时钟、电话等；然后系统呈现出这一事物的形象，让被试与自己头脑中的表象比较。

3. 表象操作部分：

（1）给被试呈现一个标准图形，和几个比较图形。旋转实验要求被试判断在比较图形中哪个是由标准图形顺时针旋转90°得到的，哪个是由标准图形逆时针旋转90°得到的。翻转实验要求被试判断在比较图形中哪些是由标准图形的水平镜像旋转得到的。在被试反应后,系统都会呈现标准答案。

(2) 给被试呈现 3 个不同形状的木板或七巧板,要求被试拼出右边的目标图案。被试每次反应后系统都会呈现标准答案。

4. 有意想象部分:给被试逐一呈现 4 幅情境图片,要求被试根据每幅图片的画面,编一个故事。

5. 无意想象部分:给被试逐一呈现 5 幅绘制好的墨迹图(材料选自罗夏墨迹测验),要求被试想象图形像什么。

【实验结果与讨论】
1. 表象有哪些基本特征?
2. 表象有何意义?
3. 讨论表象与想象的关系。

七、螺旋后效演示实验

【实验目的】
认识螺旋后效现象及其产生的原因。

【实验仪器与材料】
PsyKey 心理教学系统。

【实验程序】
1. 逐一呈现 4 幅螺旋后效图,呈现方式分别为顺时针 15 秒;顺时针 30 秒;逆时针 15 秒;逆时针 30 秒。

2. 每呈现 1 幅螺旋后效图,要求被试注视螺旋的中心,眼球尽量不要转动,维持一定时间。然后会出现一个同心圆,观察出现的螺旋后效现象。

3. 被试在螺旋后效现象消失后点击"停止"按钮或按键盘上的空格键,系统会记录并呈现螺旋后效持续的时间。

4. 系统最后还给出了螺旋后效现象的解释。

【实验结果与讨论】
1. 比较不同被试螺旋后效的持续时间。
2. 讨论螺旋后效现象产生的原因。

八、明度对比演示实验

【实验目的】
认识包括马赫带在内的明度对比现象以及 Wallach 的比例原则。

【实验仪器与材料】

PsyKey 心理教学系统。

【实验程序】

1. 演示相同明度物体的对比。

(1) 通过图片演示"跳棋阴影"中的明度错觉现象及其原理。

(2) 通过动画逐一演示"交叉错觉"、"卡夫卡环"和"薄雾错觉"中的明度错觉现象及其原理。

2. 通过图片演示不同明度物体的对比,并证明 Wallach 的比例原则:两个亮度不同的圆盘 A 和 B,它们各自的背景的亮度也不相同,如果圆盘 A 与它的背景的亮度比和圆盘 B 与它的背景的亮度比相同,则看上去这两个圆盘的亮度一样,尽管 A 和 B 两个圆盘的绝对亮度不同。

3. 通过图片演示马赫带现象并解释其中包含的侧抑制原理。

【实验结果与讨论】

1. 明度对比现象产生的原因及生活中的表现。

2. 什么是 Wallach 比例原则?

3. 解释马赫带现象。

九、颜色视觉演示实验

【实验目的】

认识颜色立体模型、颜色混合、颜色视觉后像和颜色对比。

【实验仪器与材料】

PsyKey 心理教学系统。

【实验程序】

1. 本实验包括 4 个部分:① 颜色立体;② 颜色混合;③ 颜色视觉后像;④ 颜色对比。

2. 颜色立体部分,通过图片形式演示以颜色视觉的三种特性:明度、色调和饱和度作为三个维度构成的颜色立体模型。

3. 颜色混合部分包括:

(1) 加法颜色混合,以图片形式演示色光的三原色红、绿、蓝根据"加法原则"进行不同混合而产生的混合关系。

(2) 减法颜色混合,以图片形式演示颜料的三原色黄、紫、青根据"减法原则"进行不同混合而产生的混合关系。

4. 颜色视觉后像通过图片演示了颜色视觉负后像现象。

(1) 屏幕上呈现美国星条旗,要求被试盯住旗子右下角的那个小星,眼球尽量不要转动,维持 45 秒,然后呈现一个白背景,被试会在白色背景上看到美国国旗的颜色视觉负后像。

(2) 屏幕上呈现四色方块(紫、黄、蓝、绿),要求被试盯住它们中间的白点,眼球尽量不要转动,维持 20 秒,然后呈现一个白背景,被试会看到四色方块的每组对角的颜色发生了对调,即在每个方块的原来位置上看到了一个与原颜色互为补色的方块。

5. 颜色对比部分,通过图片演示青色背景中的灰色方块比白色背景中的灰色方块偏红的对比现象。

【实验结果与讨论】

1. 色光和颜料的三原色分别是什么,其颜色混合的法则有何区别,为什么?
2. 讨论颜色混合的间色律、补色律和代替律等。
3. 什么是后像,正后像和负后像有何区别?

练习与思考

1. 思考错觉产生的原因。
2. 思考个体已有的知识经验对知觉特性的影响。
3. 思考影响识记效果的因素。
4. 思考表象与想象的关系。
5. 思考马赫带现象产生的原因。
6. 思考颜色混合的原理及其在生活中的应用。

参考文献

[1] 黄希庭,俞文钊.心理学实验指导[M].北京:人民教育出版社,1987.
[2] 杨博民,心理实验纲要[M].北京:北京大学出版社,1989.
[3] 郭秀艳,杨治良.基础实验心理学[M].北京:高等教育出版社,2005.
[4] 郭秀艳.实验心理学[M].北京:人民教育出版社,2004.
[5] 赫葆源,张厚粲,陈舒永等编.实验心理学[M].北京:北京大学出版社,1983.
[6] 周晓虹.现代社会心理学[M].上海:上海人民出版社,1997.
[7] 时蓉华.现代社会心理学[M].上海:华东师范大学出版社,1989.
[8] 金盛华.社会心理学[M].北京:高等教育出版社,2005.
[9] 俞国良.社会心理学[M].北京:北京师范大学出版社,2006.
[10] 黄希庭主编.心理学实验指导[M].北京:人民教育出版社,1988.
[11] 杨治良.实验心理学[M].杭州:浙江教育出版社,1998.
[112] 金志成.心理实验设计[M].长春:古林教育出版社,1991.
[13] 蔡蓓瑛.恋上布母猴——儿童心理学的故事[M].上海:上海科学技术出版社,2005.
[14] 梁宁建.当代心理学理论与重要实验研究[M].上海:华东师范大学出版社,2007.
[15] RogerRH著.白学军等译.改变心理学的40项研究——探索心理学研究的历史[M].北京:中国轻工业出版社,2004.
[16] 周仁来.心理学经典实验案例[M].北京:北京师范大学出版社,2011.
[17] 熊哲宏.西方心理学大师的故事[M].桂林:广西师范大学出版社,2006.
[18] 坎特威茨等著,郭秀艳导读.实验心理学[M].北京:机械工业出版社,2010.
[19] 杨鑫辉.西方心理学名著提要[M].南昌:江西人民出版社,1998.
[20] 姚梅林.学习心理学[M].北京:北京师范大学出版社,2006.
[21] 陈琦,刘儒德.当代教育心理学[M].北京:北京师范大学出版

社,1997.

[22] [美] S. E. Taylor L. A. Peplau D. O. Sears 著. 谢晓非等译. 社会心理学[M]. 北京:北京大学出版社,2004.

[23] [美] Lauren Slater 著. 郑雅方译. 20世纪最伟大的心理学实验[M]. 北京:中国人民大学出版社,2007.

[24] R. S 武德沃斯,H. 施洛斯贝格著. 曹日昌等译. 实验心理学[M]. 北京:科学出版社,1965.

[25] 理查德. 格里格,非利普·津巴多著. 心理学与生活[M]. 北京:人民邮电出版社,2003.

[26] 查尔斯·莫里斯,阿尔伯特·梅斯托著. 心理学导论[M]. 北京:北京大学出版社,2007.

[27] B. H. 坎特威茨,H. L. 罗迪格,D. G. 埃尔姆斯著. 郭秀艳等泽. 实验心理学——掌握心理学的研究[M]. 上海:华东师范大学出版社,2000.

[28] R. L 索尔索,M. K. 麦克林著. 张奇等译. 实验心理学[M]. 北京:中国轻工业出版社,2004.

[29] 孙晓敏,张厚粲. 二十世纪一百位最著名的心理学家(Ⅱ)[J]. 心理科学,2003,26(3):525—526.

[30] 林崇德,杨志良,黄希庭. 心理学大辞典. 上海:上海教育出版社,2003.

[31] JGW 心理实验台实验指导书. 天津市高师教学技术装备公司.

[32] PsyKey 心理教学系统实验手册. 北京心灵方舟科技发展有限公司.

[33] 心理实验指导书. 北大青鸟科教仪器设备有限公司.

[34] 心理实验指导书. 华尔师范大学科教仪器厂.

[35] Kebbell M, Giles C. Some experimental influences of lawyers' complicated questions on eyewitness confidence and accuracy[J]. the Journal of Psychology, 2000,134(2):129-139.

[36] Abraham S Luchins. Six differences in reasons given for responses to the water-jar problems[J]. the Journal of Psychology, 1984,118(2):207-220.

[37] Shaw J, Garcia L, McClure K. A lay perspective on the accuracy of eyewitness testimony[J]. Journal of Applied Social Psychology, 1999,29(1):52-71.

[38] Galton, F. On instruments for (1) testing perception of

differences of tint and for (2) determining reaction time[J]. Journal of the Anthropological Institute,1899,19: 27-29.

[39] Woodworth, R. S. and H. Schlosberg. Experimental Psychology [M]. New York, Henry Holt, 1954.

[40] Fieandt, K. von, A. Huhtala, P. Kullberg, and K. Saarl. 1956. Personal tempo and phenomenal time at different age levels. Reports from the Psychological Institute, No. 2, University of Helsinki.

[41] Welford, A. T. Choice reaction time: Basic concepts. [M]// A. T. Welford, Reaction Times. Academic Press, New York, 1980:73-128.

[42] Brebner, J. T. and A. T. Welford. Introduction: an historical background sketch. [M]// A. T. Welford (Ed.), Reaction Times. Academic Press, New York, 1980: 1-23.

[43] Hermann Ebbinghaus. Memory: a contribution to experimental psychology[EB/OL] http://psychclassics, yorku, ca/Ebbinghaus/index, htm.

[44] Elizabeth Loftus. Reconstruction of automobile destruction: an example of the interaction between language and memory[J]. Journal of Verbal Learning and Verbal Behavior, 1974,13:585-589.

[45] Zaidel E. &. Peters A. M. Phonological encoding and ideographic reading by the disconnected right hemisphere: two case studies[J]. Brain and Language 1981,14:205-234.

[46] Holtzman J D. Interactions between cortical and subcortical visual areas: Evidence from human commissurotomy patients[J]. Vision Research, 1984, 24: 801-813.

[47] Corballis P. M. Visual spatial processing and the right hemisphere interpreter. Brain Cognition[J]. 2003, 53:171—176.

[48] Kendler, K. , Karkowski, L. , &.Prescott, C. Fears and phobias: reliability and heritability[J]. Psychological Medicine, 29(3):539-553.

[49] Hiroto D S and Seligman M E P. Generality of learned helplessness in man[J]. Journal of Personality and Social Psychology, 1975, 31: 311-327.

[50] Maier S F and Seligman M E P. Learned helplessness: Theory and evidence[J]. Journal of Experimental Psychology: General, 1976, 105: 3-46.

[51] Small, W. S. Experimental study of the mental processes of the rat II [J]. American Journal of Psychology, 1901, 12: 206-239.

[52] Donders FC: On the rhythm of the sounds of the heart. Dublin Quarterly MedSci, 1868: 89-225.

[53] Moray. N. D. E. Broadbent: 1926-1993. American Journal of Psychology, 1995: 117-121.